二間瀬敏史
Futamase Toshifumi
東北大学名誉教授
京都産業大学教授

宇宙大全 これからわかる謎の謎

さくら舎

❶アルマ望遠鏡が見たCMBにあいた穴
宇宙を満たしているCMB（宇宙マイクロ波背景放射）は銀河団中の高温プラズマによって散乱を受ける。これをスニヤエフ・ゼルドビッチ効果といい、画像はこれによってCMBの温度が下がり（黒い部分）、穴があいたように見えている

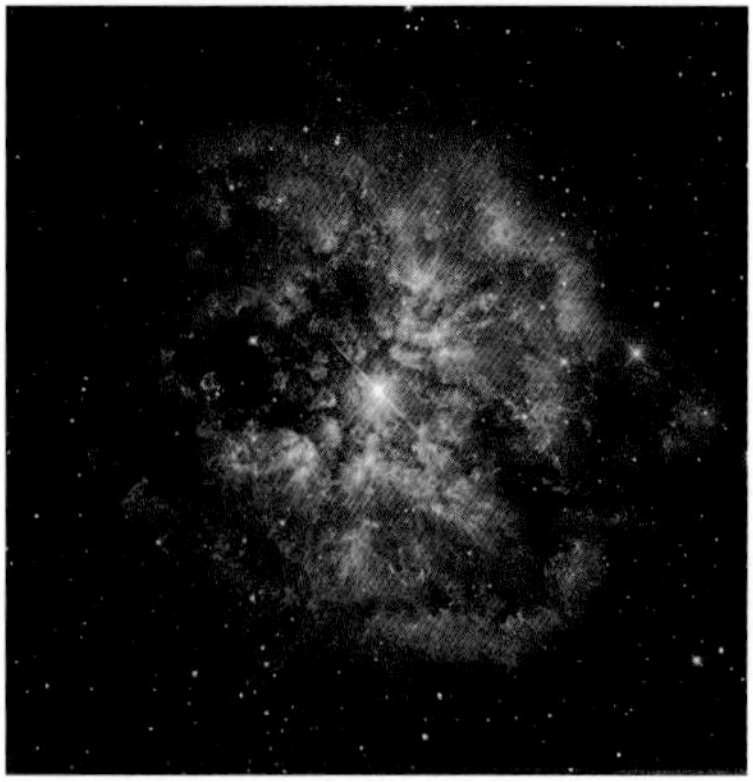

❷ ウォルフ・ライエ星124の爆発

地球からや座の方向1万5000光年彼方にある、非常に高温で高光度の恒星の最終段階の姿。激しい星風で外層をほとんど吹き飛ばしてしまったこのような星をウォルフ・ライエ星といい、その表面温度は10万度、放出するエネルギーは太陽の数十万倍にもなる

❸ 相互作用銀河Arp271

1億2700万光年彼方にある同程度の大きさの2つの渦巻銀河が、お互いの重力で相互作用している様子。1785年、天文学者ハーシェルによって発見された。数十億年後の銀河系とアンドロメダ銀河の姿か?

❹ バタフライ星雲NGC6302

さそり座方向4000光年彼方にある3光年にわたって広がる高温ガス雲。中心には厚いトーラス状(ドーナツ型)のチリ円盤に囲まれた白色矮星があり、その表面温度は約20万度にもおよぶ。トーラスの上下方向に放射される強い紫外線によってガスが明るく輝き、蝶が羽を広げたように見える。鉄イオンからの光を赤い色で強調している

❺ 重力レンズ銀河団 Abell1689

おとめ座方向の約24億光年彼方にある全天でもっとも強力な重力レンズ銀河団Abell1689。この銀河団の重力レンズ効果でより遠方の銀河がアーク状に引き伸ばされたイメージが見える。暗黒物質（ダークマター）分布が詳細に測定されていて、「冷たい暗黒物質」の予想と一致することが確認されている

❻イータ・カリーナ星雲の「ミスティック・マウンテン」

7500光年彼方のりゅうこつ座にあるイータ・カリーナ星雲中の「ミスティック・マウンテン」と呼ばれる柱状のチリとガスの分布。巨人の頭のような柱の先端内部には誕生したばかりの星がある。柱の長さは3光年におよぶが、300万年程度で消えてしまうと考えられている

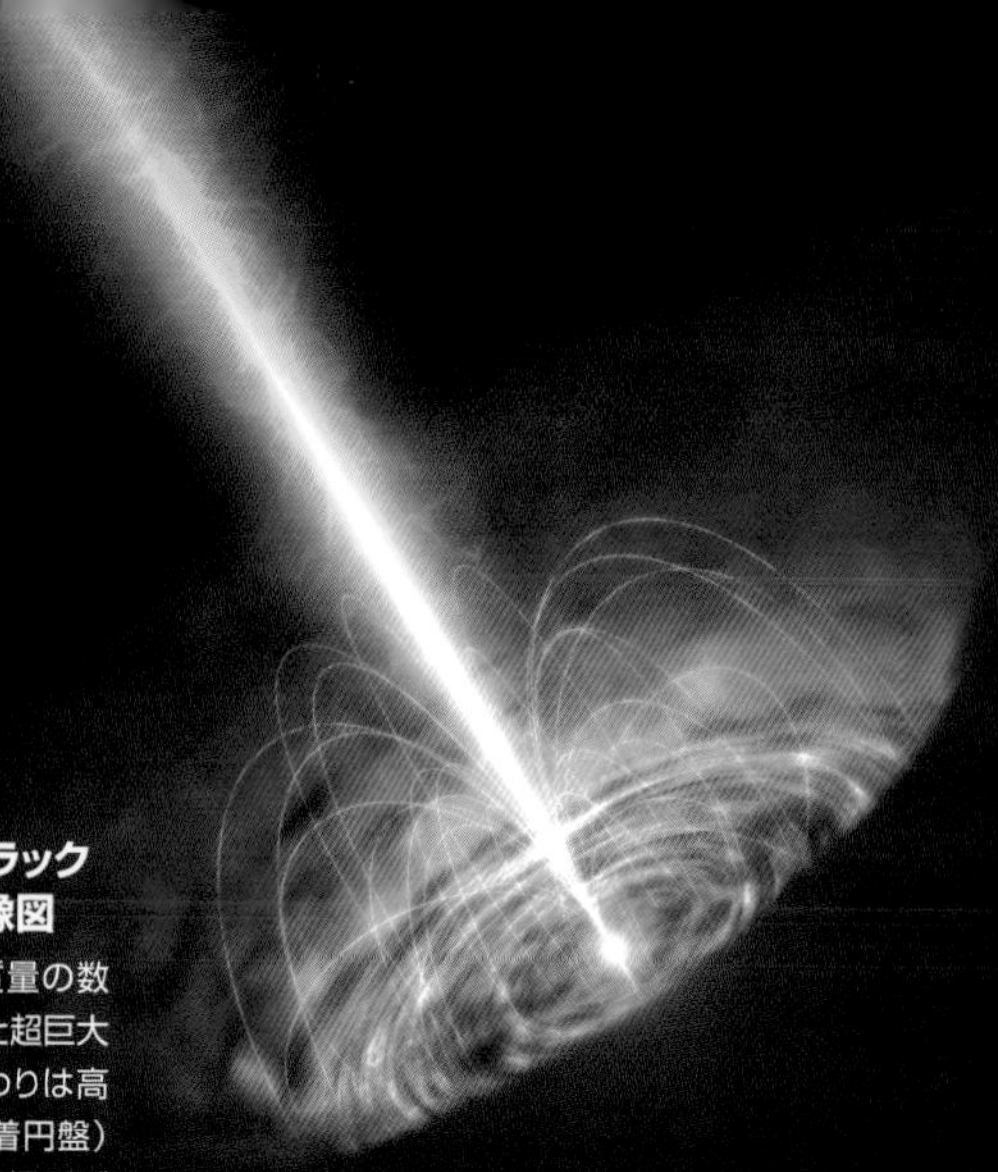

❼銀河中心に潜む超巨大ブラックホールを囲む降着円盤の想像図

ほとんどの銀河の中心には太陽質量の数百万倍から数十億倍の質量をもった超巨大ブラックホールが存在し、そのまわりは高速回転している高温ガス円盤（降着円盤）が取り囲んでいる。非常に強い磁場がブラックホール近傍に存在し、極から細長く伸びたジェットの形成にかかわっていると考えられている

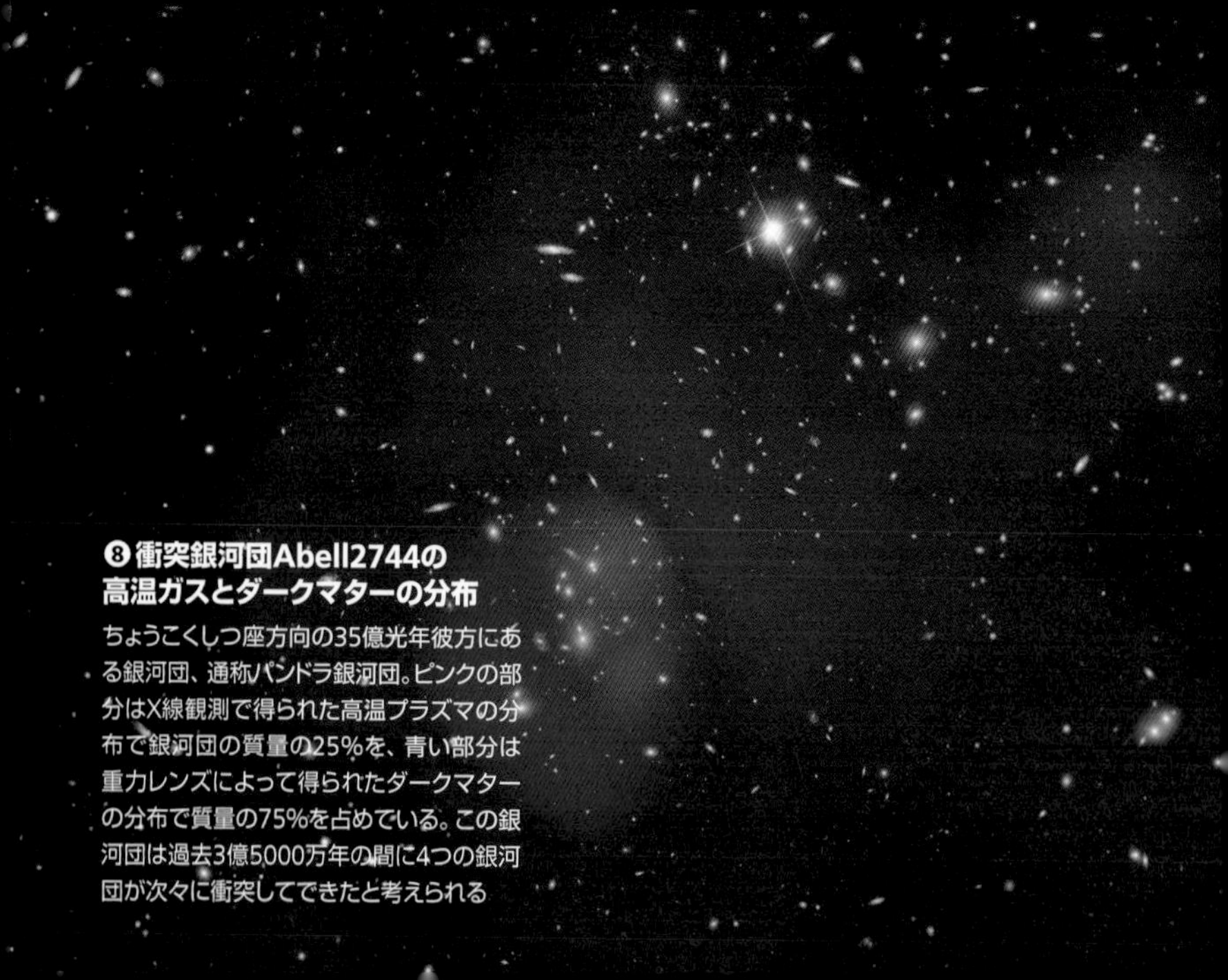

❽衝突銀河団Abell2744の高温ガスとダークマターの分布

ちょうこくしつ座方向の35億光年彼方にある銀河団、通称パンドラ銀河団。ピンクの部分はX線観測で得られた高温プラズマの分布で銀河団の質量の25%を、青い部分は重力レンズによって得られたダークマターの分布で質量の75%を占めている。この銀河団は過去3億5000万年の間に4つの銀河団が次々に衝突してできたと考えられる

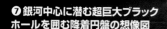

はじめに

20世紀後半から21世紀にかけて新たな観測装置の登場、コンピュータの発展、理論の進歩などによって天文学は目覚ましい発展をとげました。本書は、それらの成果にもとづいて太陽系から宇宙の果てまで、宇宙に関して現在までにわかっていること、まだわからないこと、そして近い将来に解明されるだろうことを解説したものです。

じつは本書には原本というべきものがあります。それは筆者が１９９１年から2年間にわたってある雑誌に連載した解説をまとめた単行本『だから宇宙は面白い』（１９９３年刊）です。この本はのちに文庫『ここまでわかった宇宙の謎』（１９９９年刊）となりました。当時の最先端の観測や理論に基づいて宇宙の不思議さ、面白さを伝えようとする内容で、さいわいなことに好評を得た文庫は増版を重ね、27刷となりました。

月日のたつのは早いもので、連載時からすでに30年近くもたってしまいました。この間、先にもふれたように宇宙に関する私たちの理解はさらに大きく進展しました。

すぐに思いつくだけでも土星探査機カッシーニ、小惑星探査機はやぶさなどによる太陽系内天体の観測、系外惑星の発見、すばる望遠鏡、ケック望遠鏡など8～10メートルクラスの光赤外望遠鏡、アルマ望遠鏡、電波望遠鏡など大型観測装置の登場、WMAP衛星、プランク衛星による宇宙マイクロ波背景放射（CMB）の観測、ニュートリノの質量の確認、ヒッグス粒子の発見など素粒子物理学の進展、重力レンズの観測、宇宙の加速膨張の発見、ブラックホールシャドウの観測、重力波の検出など、さまざまなものが挙がります。いままで見えなかった宇宙の姿が見えるようになり、続々と新しい発見がなされてきました。

そしてこの間にノーベル物理学賞の8回が宇宙に直接・間接にかかわる研究に与えられたことからも、天文学、天体物理学の進展がうかがえます。

私自身も、1995年に東北大学に異動し、同僚や多くの優秀な学生に恵まれて宇宙論の理論的研究、すばる望遠鏡を用いた観測的研究にたずさわることができ、この間の研究の進展に参加することができました。2016年に京都産業大学に新たにできた宇宙物理学・気象学科に異動しましたが、新たな環境で新たな刺激を受けて研究をつづける幸運に恵まれています。

ひるがえって『だから宇宙は面白い』を読み返してみると、当時はわからなかったこと、確実ではなかったけれどその後明らかになったことが多々あることが実感され、改訂を思い立ちました。しかし30年分の進展や新情報は惑星科学、天文学、宇宙論などほとんどの分野に広がっていて、単なる改訂ではおさまらず、結果的に新しい本となり、現在わかっている宇宙の姿がこの一冊でわかる本をめざすことになりました。

宇宙はどこまでいっても不思議なことだらけで、人間はその謎のひとつひとつを解明しようとしています。観測によって謎が解けることもありますが、ブラックホールや重力波のように、理論的に予想された天体や現象が謎を解くカギとなることもあります。謎が解明されれば不思議さが消えていくということはありません。

たとえば星が輝くメカニズムは１９３０年代には解明されていますが、実際に星の中でそのメカニズムが起こっていることを知って星を見ると、自然の仕組みの神秘さ、不思議さにあらためて驚きます。宇宙はいつまでたっても不思議で、天文学の発展はその不思議さをどんどん深めていくのです。

本書の目的はそんな天文学のワクワクするような発展を紹介し、宇宙の不思議さや自然科学の面白さを伝えることです。この本を読んで、「だから宇宙は面白い」と思ってくだされば幸いです。

二間瀬《ふたませ》敏史《としふみ》

目次◎宇宙大全 これからわかる謎の謎

第2章　宇宙のはじまりは奇跡のドラマ

第4章　ブラックホールの深遠なる謎

第5章　星と惑星と生命の生々流転《せいせいるてん》

第6章　地球外生命は存在するか？

生命はどんな環境に誕生するのか

火星に生命は存在できるか？

太陽系外生命を探す

宇宙大全　これからわかる謎の謎

第1章　宇宙はどこまでわかったか

宇宙はどれくらい広いのか

▼太陽系外へも到達していない人類

まず、クエスチョン。満天に星が輝く夜空の適当な方向に向かって、光を発射してみます。仮に大気の影響を無視して、この光は星にぶつかって止まるまでまっすぐ進むとします。どのくらい走ったら、この光は星とぶつかると思いますか？

答えは、この項の最後で出てきますが、気の遠くなるような数値になります。

本書は最新の宇宙についての話題や知見をわかりやすく解説したものですが、その手はじめに「宇宙」という言葉でいったい何を表しているのか、そしてそれはどれだけの広がりをもっているのかを考えてみましょう。

いったい私たちはどれだけの大きさを実感できるのでしょうか？　せいぜい太陽系くらいでしょうか？

太陽系には水星・金星・地球・火星・木星・土星・天王星・海王星の8つの惑星《わくせい》（太陽のような恒星《こうせい》のまわりを周回している、ある程度以上に大きな天体。自分自身では光らない）がありま す。そのほとんどに、探査機が着陸したり、そこに接近して驚異的な映像が送られてきたりしています。この意味で、太陽系の惑星はわれわれの手の届く世界といえるでしょう。

現在、人類が送った探査機の中で最も遠いところを飛んでいるのは、NASA（米国航空宇宙局）が1977年に打ち上げたボイジャー1号と2号です。ボイジャー1号は地球から約222億キロメートル、2号は185億キロメートルの彼方《かなた》を、時速5万キロメートル程度の速度で飛んでいます。

太陽と地球の平均距離は約1億5000万キロメートルで、これを1天文単位といい、太陽系の大きさをはかるのに便利な単位です（図1）。

ちなみに1天文単位は、光の速度で約500秒しかかかりません（光が1秒で進む距離を1光秒、1年で進む距離を1光年といいます）。

天文単位を使えば、ボイジャー1号までは地球から149天文単位（光で約21時間）となります。太陽系のいちばん外側の惑星である海王星までの太陽からの平均距離は約30天文単位ですから、ボイジャーがどのくらい遠くまで飛んでいるかがわかるでしょう。

とはいっても、ボイジャーはまだ太陽系を脱出しているわけではありません。太陽系とは太陽とその引力の支配下にある天体の集団です。先の8つの惑星やその衛星以外にも、さまざまな天体が存在します。**太陽系の最も外側には「オールトの雲」が広がっている**と考えられています。

オールトというのは、1950年にこの雲の存在を予言した天文学者の名前です。この雲は1

図1　天文単位と太陽系

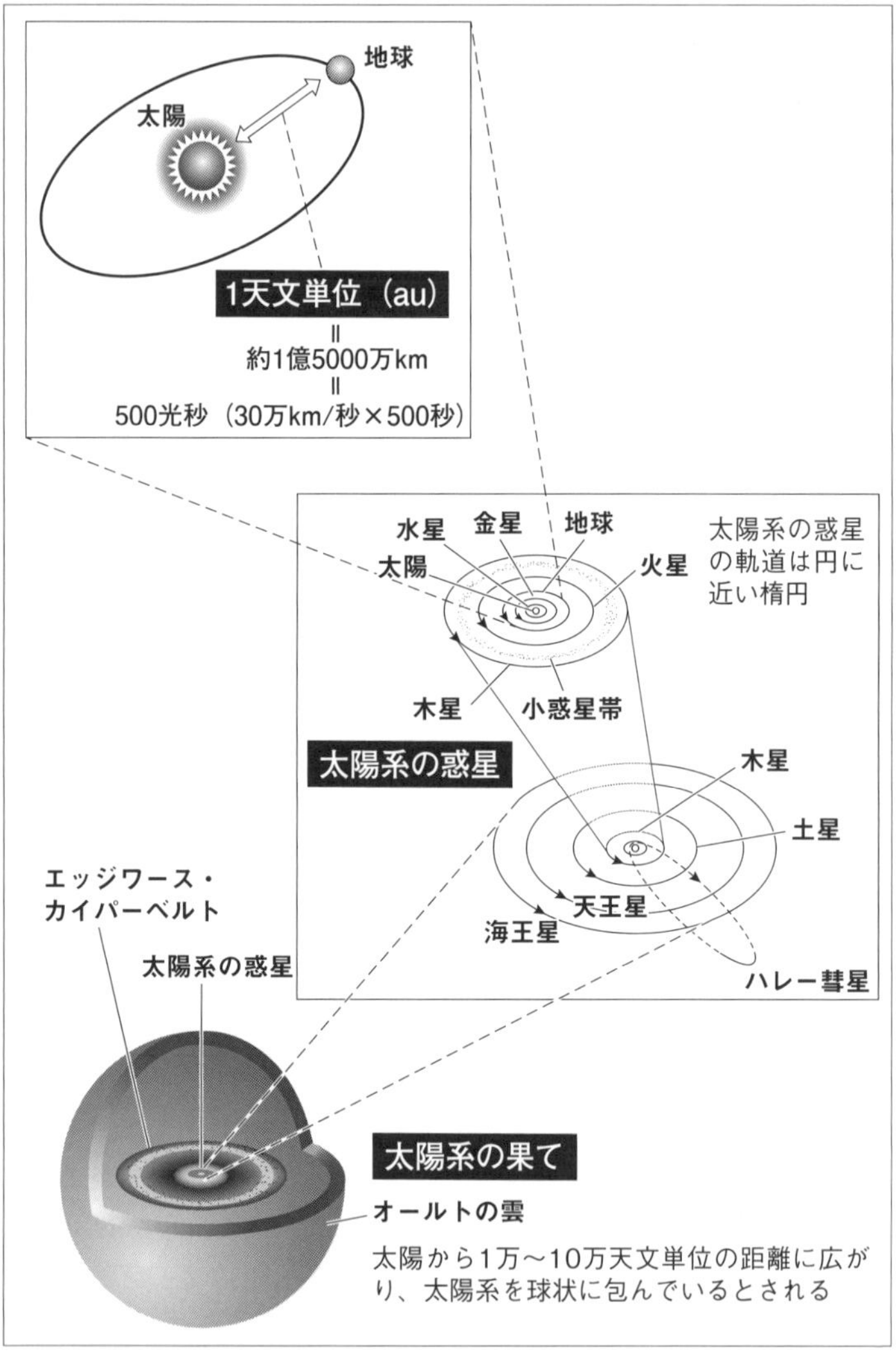
地球
太陽
1天文単位（au）
＝
約1億5000万km
＝
500光秒（30万km/秒×500秒）
水星
金星
地球
太陽系の惑星の軌道は円に近い楕円
太陽
火星
木星
小惑星帯
太陽系の惑星
木星
土星
エッジワース・カイパーベルト
天王星
海王星
太陽系の惑星
ハレー彗星
太陽系の果て
オールトの雲
太陽から1万～10万天文単位の距離に広がり、太陽系を球状に包んでいるとされる兆個以上の微小天体の集まりで、これらの微小天体が何かのはずみで太陽系の中心部に落下すると、彗星《すいせい》として観測される、というわけです。

したがって「オールトの雲」は、彗星の巣ともいうべきものです。まだ観測されておらず、太陽から1万～10万天文単位（０・１５８～１・５８光年程度）の距離に広がっていると考えられています。

１９９０年以前、冥王星より遠くの太陽系外縁部は、漠然《ばくぜん》と彗星のような小天体がまばらに存在しているだけの広大な領域と考えられていました。しかし大望遠鏡の登場や、観測技術の進展によって海王星以遠で冥王星サイズの天体が続々と発見され、また太陽系外縁部の天体の観測が惑星系の形成の理解にとって重要な役割を果たすこともわかってきました。このような太陽系外縁部については、第5章でふれることにします。

さて、これに比べると、ボイジャーはまだまだ太陽系の中心部にいるといってもいいかもしれません。

ボイジャーには異星人に遭遇《そうぐう》したときのために地球や太陽系、そして人類とその文化などさまざまな情報が、「ゴールデンディスク」と呼ばれる金属の円盤に書き込まれて搭載《とうさい》されています。

人類が滅んだ後、いずれボイジャーはオールトの雲を抜けて、人類が存在したという証拠をたずさえて、本当の太陽系外に踏み込むでしょう。

図2　銀河系を大きく包むダークマターハロー

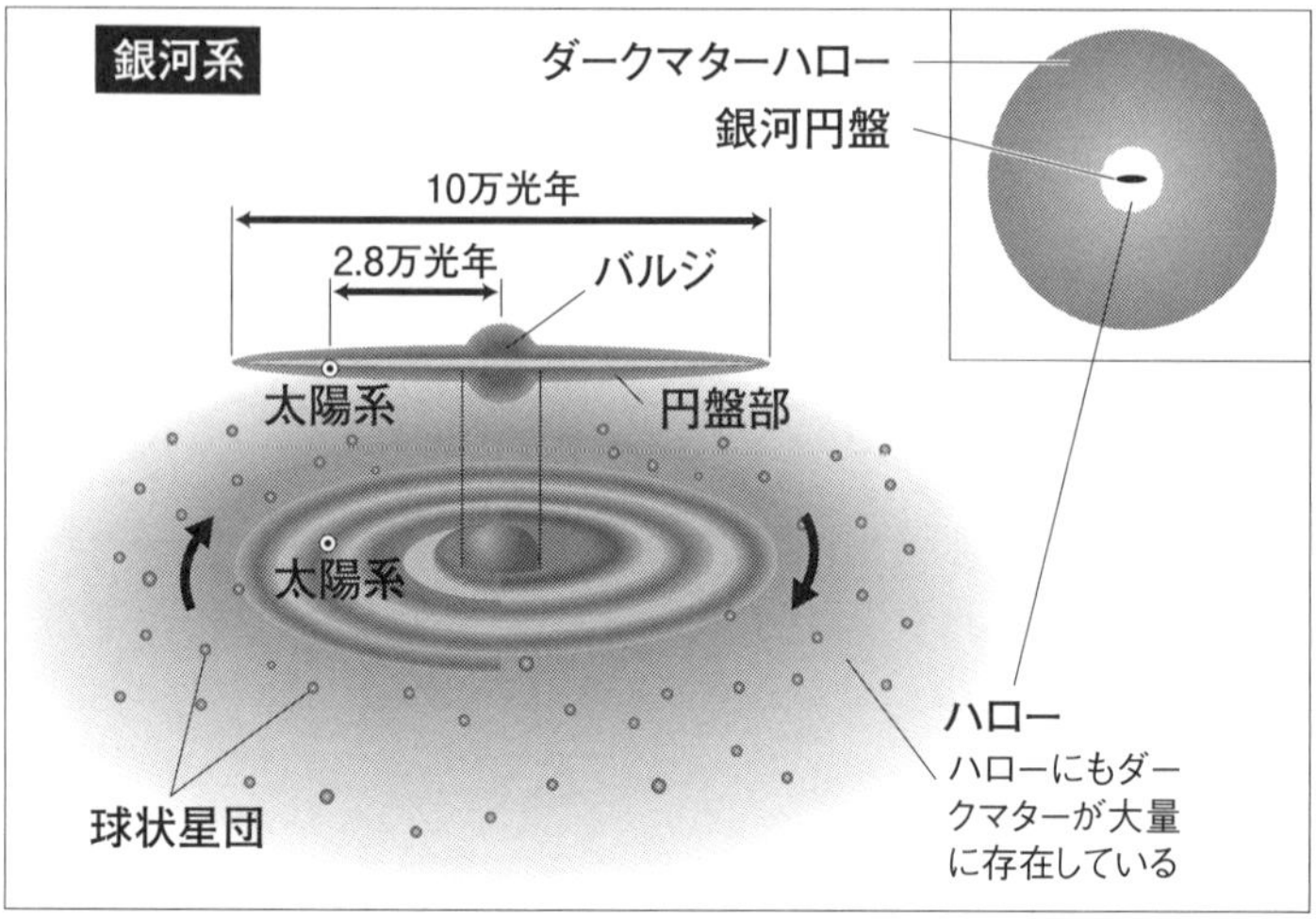

▼銀河のサイズは宇宙では最小単位

オールトの雲の外は、果てしない宇宙の大海原《おおうなばら》が広がっています。太陽にいちばん近い恒星は約4・25光年彼方の「プロキシマ・ケンタウリ」です。1光年は約9兆4600億キロメートルで、地球と太陽の距離の約6万3000倍、すなわち6万3000天文単位です。

じつはこの星は三重星の1つで、3つ合わせて「ケンタウルス座アルファ星系」と呼ばれています。プロキシマ・ケンタウリは太陽の7分の1程度の大きさしかありませんが、2016年にこの星のごく近くを周回する惑星が発見されて話題になっています。この話は第6章でくわしくしましょう。

太陽から10光年以内に10個程度の恒星がありますが、**恒星と恒星の平均的な距離はだい**

たい3光年程度です。

このようなまばらな間隔で星が２０００億個程度集まった集団が、「天の川銀河」と呼ばれるわれわれの銀河系です。

われわれの銀河系の形（図2）は、半径が約5万光年、厚さが約１０００光年という薄い円盤状で、中心部に直径約1万光年の「バルジ」と呼ばれる上下方向に潰れた球状の恒星の集団をもち、その中心には太陽の質量の約４００万倍というブラックホールが潜《ひそ》んでいます。その銀河円盤を、球状星団や薄い星間物質からなる「ハロー」がぐるりと取り囲んでいます。

太陽系はわれわれの銀河系の中心から約2万８０００光年ほど離れていて、銀河中心のまわりを約2億３０００万年ほどかけてゆっくりと回転しています。ゆっくりとはいっても秒速２４０キロメートル、時速にすると86万４０００キロ程度というものすごい速さです。

何万光年とか何億年というスケールになると、私たちの実感できるスケールとははるかにかけ離れていますね。

宇宙には天の川銀河のような莫大《ばくだい》な恒星の集団、銀河が無数にあって、**銀河は宇宙の構造の最小単位**とみなされるものですが、この最小単位ですら、もうわれわれの実感はともなわなくなってきます。しかし宇宙の大きさは、こんなものではないのです。

▼暗黒物質に包まれた天の川銀河

じつは銀河系の大きさすら、実際にはもっともっと大きいことがわかっています。「ダークマター（暗黒物質）」**と呼ばれる光をまったく出さない物質が、ハローに囲まれた銀河系のまわりをさらに大きく取り囲んでいることがわかっているからです。**

われわれの銀河系ばかりではありません。すべての銀河はダークマターに囲まれています。この銀河を大きく囲むダークマターを「ダークマターハロー」といいます。ハローとは後光《ごこう》のことです。ダークマターは光を出しませんが、イメージとしては後光のように大きく銀河を包み込んでいるということです。

私たちが写真で見る銀河の姿は、ダークマターハローの中心部にある恒星の大集団からの光なのです。

恒星はおもに水素からできていますが、ダークマターは私たちが光（＝電磁波）で見ることができる水素のような物質の数倍の質量をもっています。見えているものは、いわば氷山の一角にすぎないのです。

「見えないのになぜその存在がわかるのか？」

と疑問に思う人もいるでしょう。天文学者の中にも少数ですが、ダークマターの存在を疑っている人もいます。しかし大多数の天文学者は、**ダークマターがなければ銀河も生まれていなかっ**たと考えています。

ダークマターの問題は現代宇宙論の大きな謎のひとつなので、第3章でくわしくふれることにしましょう。

▼60億年後に出現する巨大銀河ミルコメダ

われわれの銀河系のまわりには、いくつかの小さな銀河がお供のように連れ添っています。その代表的なものは大小2つの「マゼラン星雲」です（実際は銀河だが肉眼では雲のように見えるためこう呼ばれる）。大マゼラン星雲は太陽系から約16万光年、小マゼラン星雲は約19万光年の距離にあり、その質量はそれぞれ天の川銀河の10分の1程度と100分の1程度です。

このような小さな銀河を矮小《わいしょう》銀河といい、1990年代の観測技術の進展によって、銀河系のまわりに続々と小さく暗い矮小銀河が発見されるようになりました。

たとえば1994年に発見された「いて座矮小楕円《だえん》銀河」は、地球から見て銀河系の反対側にあり、銀河系のたった1000分の1の質量、大きさが1万光年程度という小さな楕円形の銀河です。太陽系からの距離は約7万光年で、数億年後にはわれわれの銀河系円盤を通過し、最終的には銀河系と合体すると考えられています。

このような銀河の運動は、莫大な数の恒星の運動をくわしく調べることでわかってきました。さらに矮小銀河の質量のほとんどはダークマターがになっていることや、現在までに、十数個の矮小銀河が銀河系を取り巻いていることがわかっています。

この銀河集団を少し離れると、天の川銀河よりも大きな巨大な渦巻《うずまき》銀河が見えてきます。これがわれわれの銀河系から約250万光年彼方にある「アンドロメダ銀河」です。

アンドロメダ銀河は、肉眼でも人里離れた暗い夜空では容易に見ることができます。その茫洋《ぼうよう》とした光の広がりは満月の5倍ほどもあり、このような広がった天体は望遠鏡よりも双眼鏡のほうが観望に向いていています。

いま現在見ているアンドロメダ銀河からの光は、約250万年という膨大《ぼうだい》な時間をかけて地球に届いたものです。

250万年前といえば地球上ではアウストラロピテクス猿人が石器を使いはじめた頃。つまり、**遠くを見るということは過去を見ること**なのです。

天の川銀河と同じようにアンドロメダ銀河も十数個の矮小銀河を従えています。このように銀河はたいてい単独では存在せず、群れをつくって存在しています。

また銀河系とアンドロメダ銀河は、それぞれ矮小銀河を引き連れてまったく無関係に存在しているわけではありません。お互いの重力で引きあっていて、秒速115キロメートルの速さでお互いに近づいているのです。

天の川銀河とアンドロメダ銀河は、40億年後には衝突しはじめ、さらに20億年程度かかって1

図3　宇宙の階層構造

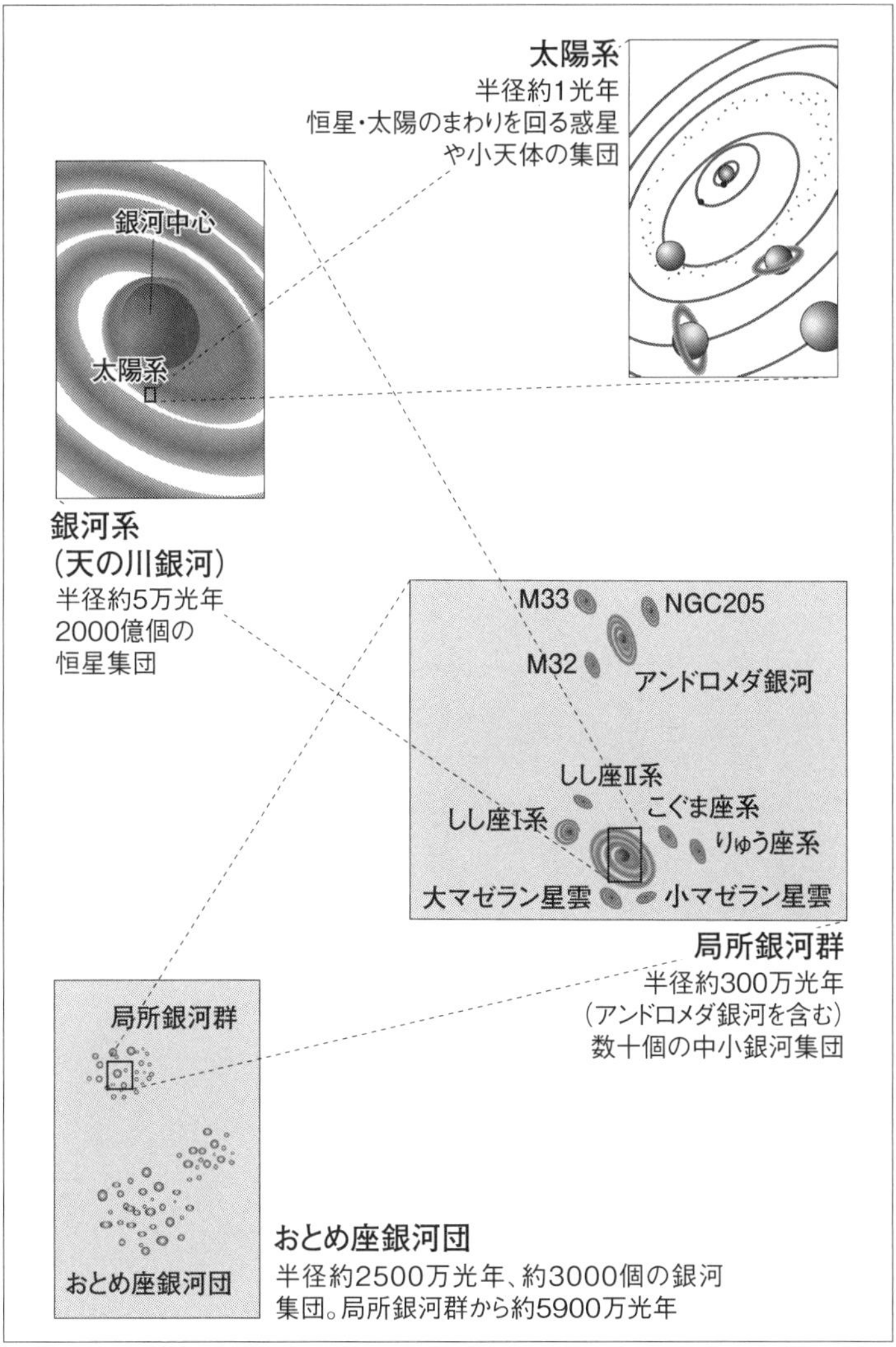
太陽系
半径約1光年
恒星・太陽のまわりを回る惑星
や小天体の集団
銀河中心
太陽系
銀河系
(天の川銀河)
半径約5万光年
2000億個の
恒星集団
M33
NGC205
M32
アンドロメダ銀河
しし座Ⅱ系
こぐま座系
しし座Ⅰ系
りゅう座系
大マゼラン星雲
小マゼラン星雲
局所銀河群
半径約300万光年
(アンドロメダ銀河を含む)
数十個の中小銀河集団
局所銀河群
おとめ座銀河団
おとめ座銀河団
半径約2500万光年、約3000個の銀河
集団。局所銀河群から約5900万光年

つの巨大な銀河になると思われています。この合体した仮想的な銀河の名前は、天の川銀河（英語でMilky Way Galaxy）とアンドロメダ銀河（Andromeda Galaxy）を2つ合わせて「ミルコメダ（Milkomeda）」と呼ばれています。

天の川銀河とアンドロメダ銀河は1つの大きな銀河の群れの2大要素であると考えられていて、この銀河の集団を「局所銀河群」と呼んでいます（図3）。

局所銀河群は銀河の集団ですが、じつは「大集団」ではありません。むしろ宇宙の中では「小集団」にすぎません。というのは、局所銀河群よりもはるかに大きな銀河の集団が宇宙には無数に存在するからです。

局所銀河群からおとめ座方向に離れること約5900万光年、3000個ほどの銀河が5000万光年以上の範囲に広がって分布しています。これが、「おとめ座銀河団」で、太陽の質量の600兆倍程度の質量が含まれています。

このような1000個以上の銀河の集団である銀河団は、すでに1万個程度観測されています。

ここでひとつ注意しておくことがあります。数億光年、数十億光年といった遠くの銀河までの距離のような莫大な数値にはある程度の不定性があるということです。どの程度の不定性かは、考えている対象とその性質によりますが10％程度、あるいはそれ以上の場合もあります。

以下、本書で数値をあげるときは現在推定されている最も確からしい値《あたい》を採用しますが、このような不定性があることを念頭においてください。

図4　ボイドと超銀河団

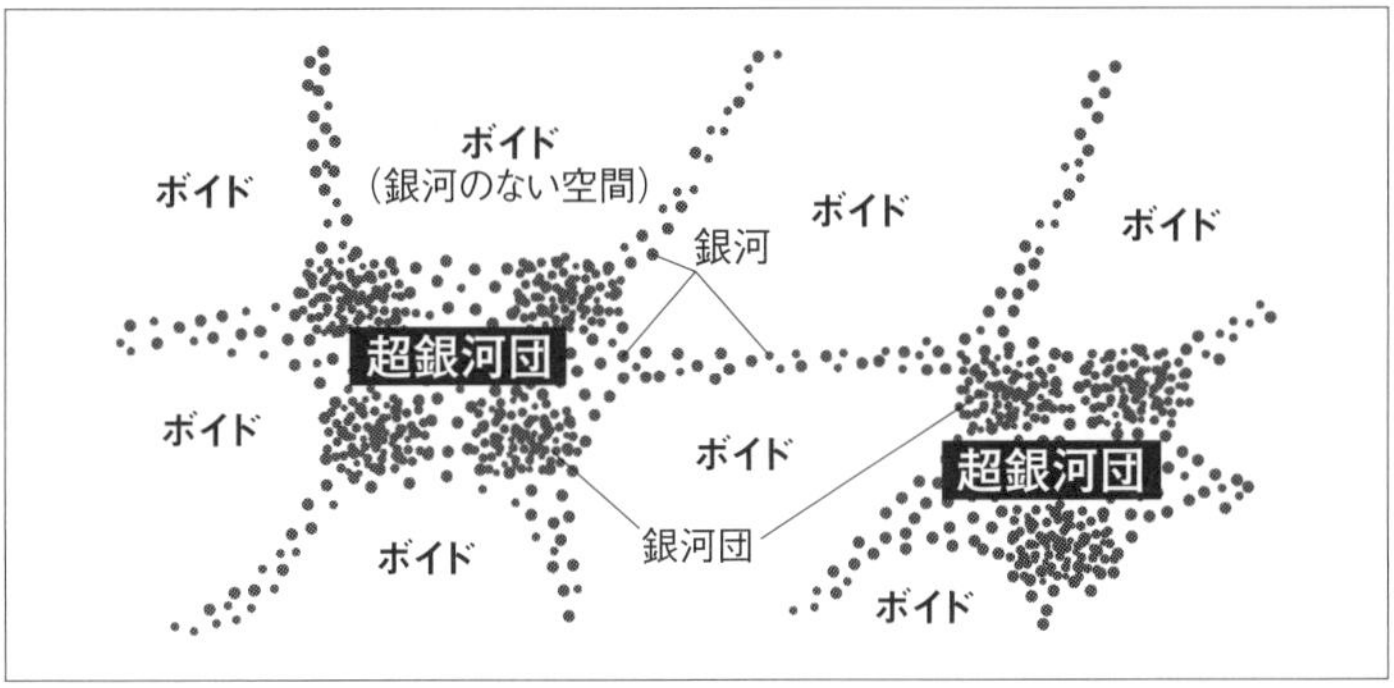

▼われわれが見えるのは半径１３８億光年の範囲だけ

もっと驚くことがあります。おとめ座銀河団を中心に、１００個程度の銀河群や銀河団が、円盤状に2億光年程度の広がりの中に分布しているのです。これを「おとめ座超銀河団」、あるいは「局部超銀河団」と呼ばれています。われわれがいる局所銀河群は、この超銀河団の端に位置しています。

このほかにも「うみへび座・ケンタウルス座超銀河団」や「かみの毛座超銀河団」など、1億光年以上の広がりをもったいくつかの超銀河団が発見されています。

そしてこれらの超銀河団は、銀河がほとんど存在しない直径2億光年程度の「ボイド」と呼ばれる空間を取り巻くように分布しているのです（図４）。

なお、われわれが原理的に**観測可能な宇宙の広がりは、われわれのまわりの半径１３８億光年ほどの球内です。**

このことは、「われわれが宇宙の中心にいて」、観測できる現在の宇宙の果てが１３８億光年彼方にあるということではありません。宇宙のどこからでも、138億年前までの宇宙が観測できるのです。

宇宙はいまから138億年ほど前に「ビッグバン」と呼ばれる大爆発ではじまり、それ以降空間は現在にいたるまで膨張《ぼうちょう》をつづけているのです。これが現代宇宙論の基礎になっている考え方です。

そして、遠くを見るということは過去を見るということです。したがって半径138億光年の球内というのは、138億年前に出た光がわれわれに到達する範囲のことです。

次章で述べますが、ビッグバンで誕生した宇宙は、その後晴れ上がり、光が直進できるようになってからが138億年なのです（細かいことをいうと、138億年前のビッグバンから38万年後です）。

ですから、**138億年前が現在観測できる宇宙の果てです。**

▼宇宙の本当の果ては464億光年の彼方

ただ、「138億年前の宇宙の果て」は、そこからの光が現在に届くまでの時間の間に、膨張で空間が大きくなっています。宇宙は138億年前から1100倍膨張しているのです。現在での距離に換算すると、「宇宙の果て」は**われわれから464億光年の彼方に広がっています。**図5にある「外の宇宙」の領域です。

この「現在の宇宙の果て」に行こうとすると、光速度で行っても464億年かかります。ゴー

図5　観測可能な宇宙と現在の宇宙の果て

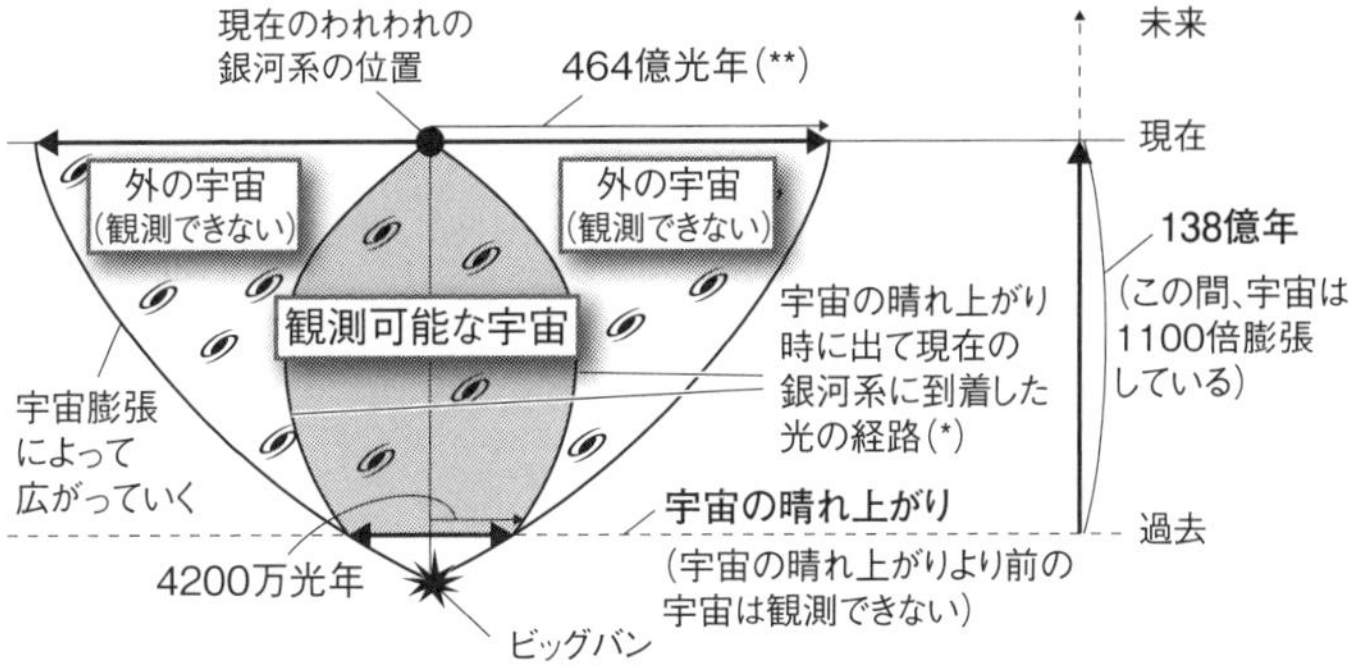

*過去にさかのぼると宇宙はどんどん小さくなるので、光の経路も直線ではなく図のように曲がる　**宇宙の晴れ上がり時の半径4200万光年×1100≒464億光年

観測可能な宇宙とは、過去の宇宙。過去の宇宙は現在までに1100倍膨張し、半径464億光年の大きさになっている。そこが「現在の宇宙の果て」

ルが動くようなもので、めざしていた果てに着いたときには、そこは膨張によってすでに宇宙の果てではありません。

こうして、**宇宙の果てにはけっしてたどり着くことはできない**のです。

この観測可能な宇宙の中に、ボイドを取り囲むように超銀河団が存在し、超銀河団はたくさんの銀河団や銀河群を含み、そして銀河団、銀河群はたくさんの銀河を含んでいる。そのような銀河の中の1つがわれわれの天の川銀河で、天の川銀河の2000億の恒星のうちの1つが太陽です。

これが現代天文学の描き出す宇宙の姿です。**想像を絶する広大な空間に対して、天体をつくっている物質は非常にまばらにしか分布していない**のです。

ダークマターがあるじゃないか、と思っ

た方もいるかもしれません。しかし、ダークマターは普通の物質の数倍存在して重力を及ぼしますが、光すなわち電磁波とはまったく無関係で、見たり触ったりするなど感知することはできません。

宇宙の大きさが実感できたでしょうか。

実感できなくても心配ありません。天文学者だって何十億年とか何億光年とか、そういう数値に慣れているだけで、実感しているわけではありません。

さて、最初のクエスチョンに戻りましょう。

宇宙は膨張しているのですが、いまはそれを忘れましょう。そして実際の宇宙はこれまで見たようにさまざまな構造が入れ子のように複雑に分布しているのですが、話を簡単にするため星は空間に数光年の平均間隔で無限に分布しているとしましょう。

光をさまざまな方向に飛ばすと、ある光はすぐ星にぶつかり、あるものはなかなかぶつかりません。したがって特定の方向に出した光ではなく、何百万、何十億本もさまざまな方向に光を出して、それらが星にぶつかる距離の平均を考えてみましょう。

このように平均すると、**光が星にぶつかるまでになんと、10^{23}（1の後に0が23個つく）年走りつづけなければならない**のです（宇宙膨張や銀河の分布を考慮すると、さらに大きな値が得られます）。

宇宙の現在の年齢は、１３８億年＝１・３８×10^{10}年ですから、平均するとその約10^{13}倍、すなわち10兆倍もの時間を走りつづけて、ようやく星にぶつかるのです。

もちろん、ぶつかる先は観測可能な宇宙のはるか彼方です。

星は夜空を埋め尽くしているように見えますが、じつは宇宙の広大さに比べ、星の数は取るに足らないのです。

ここまでわかった宇宙の姿

▼古代人が考えた宇宙モデル

人間が宇宙に対して抱くイメージは、時代とともに変わってきました。どの古代文明も天地創造の神話や宇宙のモデルをもっています。

たとえば、中国には盤古《ばんこ》という巨人の神の話があります。まず卵のようなものが存在して、その中でいつしか盤古が生まれます。１万８０００年という年月の間ゆっくりと成長をつづけ、卵が割れ、その体の一部が大地となり、ほかの一部が天になったという話です。そうして生まれた盤古は、できた天を支えているのだそうです。

インドでは大地を象が支え、象は亀によって、亀は蛇によって支えられていると考えられていました。

中国やインドの思想は、すべての天体の運動を実際の運動パターンの観測に基づいて予言できるような、合理的な宇宙のモデルへとは発展しませんでした。

そのような宇宙モデルができ上がるのは、神話や宗教から離れて自然現象を観察できる、強靭《きょうじん》な精神をもった人たちの登場を待たなければならなかったのです。

それは、文明が誕生してから何千年もたった紀元前6世紀、地中海に面したイオニア地方にようやく現れた古代ギリシャの人々です。

有名なところでは、万物の根源は水としたターレス、数学のピタゴラス、原子論を唱えたデモクリトスなどがいます。

ターレスは紀元前585年5月28日に、いまのトルコで起こった日食を予言したと伝えられています。またピタゴラスは、地球が丸く自転しており、天体の運動は円運動であると唱《とな》えました。

古代ギリシャの哲学者アリストテレスによると、宇宙は有限であり、地球を中心とする9つの球面があって、太陽、月、そして火星などの惑星が1つ1つの球面にくっつき、いちばん遠くの球面に恒星がくっついているとしています。

いちばん外側の球面は、中心である地球のまわりを24時間で1回転します。1回転する時間が

24時間と決まっているので、いちばん外側の球面は、遠くにあればあるほど速い速度で回らなければなりません。

もし無限に遠くにあれば、無限大の速度で回転しなければなりません。無限大の速度など無意味と考えて、アリストテレスは宇宙が有限であると確信していました。

このアリストテレスの宇宙観は、のちにキリスト教の権威と結びつき、ルネサンスまでのヨーロッパ思想の基礎となります。

▼天動説から地動説へ、そして天体望遠鏡で宇宙を調べる

ルネサンス期に入ると、ケプラー、ガリレオといった人々による天体の運動の精密な観測によって、天動説から地動説への大転換が起こりました。これは科学史のみならず、人間を宇宙の中心から引きずり下ろしたという点で、哲学上の大事件でした。

もはや人間のいる場所は、宇宙において何の特別な意味ももたないのです。**そして宇宙全体も有限ではなく、無限であるという考え方が支配的になってきました。**

これに決定的な影響を与えたのは、ガリレオが望遠鏡を宇宙に向けたこと、そしてニュートンによる「重力の法則」の発見です。

望遠鏡によって、それまで神のいる神聖な世界と思われていた天上界を調べてみると、そこでは惑星たちがニュートンの重力の法則にしたがって、地上の物体と同じように運動していること

がわかったのです。

ニュートンは宇宙全体にも自分のつくった法則を当てはめて、こう考えました。

「もし宇宙が有限とすれば、どこかに端があるはずだ。そしてその外には何もない。すると内部に多数の星々があるのだから、その重力のため端は内部に引っ張られてしまうだろう。こうして有限の宇宙は潰《つぶ》れてしまう。だから宇宙は無限に広がっているはずだ」

もっともニュートンは、宇宙は神の創造物であると信じていました。神であるからこそ無限の存在をつくれる、というわけです。

ちなみにニュートンはガリレオの使った望遠鏡とは違うタイプの望遠鏡を発明しています。レンズを使って星の光を集めるのではなく。反射鏡を使って星の光を集める反射望遠鏡です。

ニュートンはこの望遠鏡を夜空に向けはしたでしょうが、くわしい天体観測をしたという記録は残っていません。ニュートンは星の観測よりも錬金術により興味があり、その実験に没頭《ぼっとう》していたのです。


ニュートンが活躍したのは17世紀から18世紀にかけてですが、18世紀の後半からさまざまな人が大きな望遠鏡を自作して宇宙の観測がはじまりました。

その中のひとりハーシェルは、自作の望遠鏡で見える限りの星の分布を調べました。ニュートンは「無限に広がった空間に星は一様に分布している」と考えましたが、ハーシェルは、星は薄い円盤状に分布していることを見つけたのです。

その結果、彼は宇宙が円盤状でそのほぼ中心に太陽系が位置していると考えたのですが、すでに見たとおりこれは間違いでした。

▼太陽系は銀河系の中心ではなかった

正しい太陽系の位置が決定されるのは、20世紀に入ってからです。ハーシェルの間違いの原因は、実際に見えている星の分布だけを考えたことにあります。

ハーシェルの望遠鏡で見える星の限界はだいたい14・5等級で、そもそもあまり遠くの星は見えなかったのです。見えるのは３０００光年程度までです。なお、星の明るさは等級で示し、最も明るい星を1等星、肉眼で見えるいちばん暗い星が6等星、と数字が大きくなるほど暗くなります。

現在、太陽系は銀河系中心から2万８０００光年程度の位置と見積もられています。ハーシェルが見たのは、銀河系の中の太陽系を中心とするほんの一部だけだったのです。

実際の銀河系の大きさが推定されるようになったのは、20世紀に入ってからです。

１００万個程度の星が球状に集まった星団を「球状星団」といいます。アメリカの天文学者シャプレーはこの球状星団に注目しました。

「セファイド型変光星」という明るさが周期的に変わる変光星があります。当時、その変光周期からその星までの距離を求める方法がわかっていました。シャプレーは数十個の球状星団の中にセファイド型変光星を見つけて、それらまでの距離を測定したのです。

球状星団は銀河円盤からはずれたところに分布しているので、シャプレーは球状星団が銀河円盤を取り囲むように分布していると考えました。

そうして観測した球状星団の分布から、銀河系の大きさが約30万光年であること、そして太陽系があるのは銀河系の中心ではないことを発見したのです。

▼星の宇宙から銀河の宇宙へ

セファイド型変光星による距離の測定法（324ページ参照）は、天文学における画期《かっき》的な発見でした。この発見をしたのは、ヘンリック・スワン・リービットという女性の天文学者です。

天体までの距離を測ることはとてもむずかしく、それだけでひとつの物語となるのですが、それはまたの機会にゆずるとして、この事実がどれほど宇宙に関するわれわれの認識を変えたかという話をつづけましょう。

シャプレーは銀河系の大きさを直径約30万光年の円盤としましたが、当時の天文学にはもうひとつの大問題がありました。

秋の夜空に見えるアンドロメダ座には、昔から雲の切れ端のような天体があることが知られていました。アンドロメダ大星雲です。

この大星雲はよく観察すると渦巻き構造をもっていることがわかります。アンドロメダ大星雲ほど大きくはありませんが、このほかにもいくつか渦巻き構造をもった星雲が知られていました。問題は、アンドロメダ大星雲のような渦巻星雲が銀河系の中の天体なのか、それとも銀河系から離れた銀河系と同等の大きさをもった天体なのか、ということでした。

シャプレーは「銀河系の中の天体」という意見でした。この問題に決着をつけるには、アンドロメダ大星雲までの距離を測ることが一番です。

それをおこなったのがアメリカの天文学者ハッブルです。

ハッブルは、１９２４年、ウィルソン山天文台にある当時世界最大の口径２・５４メートル望遠鏡を使って、アンドロメダ大星雲の中にセファイド型変光星を見つけました。

そしてわれわれからの距離が約80万光年であること、したがってアンドロメダ大星雲はわれわれの銀河系の外にあって、われわれの銀河系と同等の莫大な数の星の集団であることを突きとめたのです。

これ以降、アンドロメダ大星雲ではなくアンドロメダ銀河と呼ばれることが多くなりました。

現在では、アンドロメダ銀河までの距離は約２５０万光年と推定されています。ハッブルが観測した当時は、セファイド変光星には2種類あることなどが知られておらず、正確な距離の推定ができなかったのです。

いずれにせよ、**宇宙にはわれわれの銀河系よりもはるかに広く無数の銀河が存在し、われわれ**

図6　膨張する宇宙

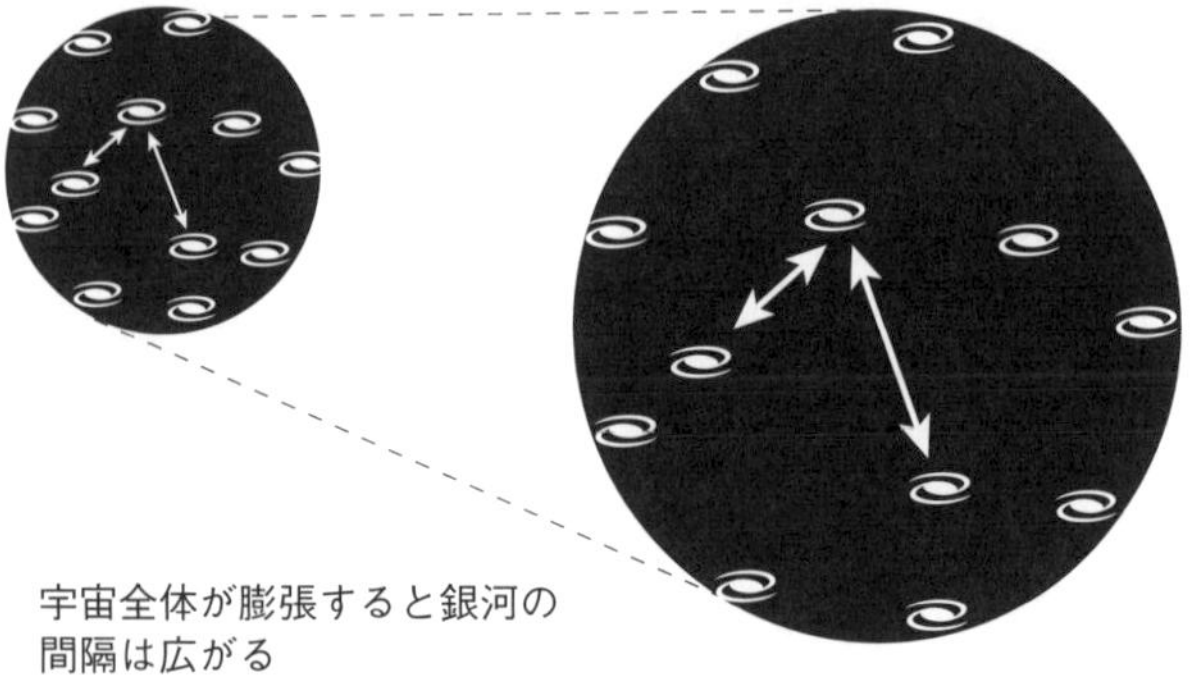

・どの銀河から見ても他の銀河が遠ざかるように見える
・遠くの銀河ほど遠ざかる割合が大きい

の銀河系はその中のありふれたひとつにすぎないことがわかったのです。

▼衝撃の「宇宙膨張」の発見

さらに驚きはつづきます。ハッブルはウィルソン山天文台技官のシューメーカーとともに多くの銀河の距離とその運動を観測して、1929年、「遠くの銀河ほど速い速度でわれわれから遠ざかっている」ことを発見しました。

一見するとこの発見は、われわれの銀河系が宇宙の中心にあることを示しているように思えます。

しかし天文学者はそうは考えません。むしろわれわれの銀河系が宇宙の中で特別であるはずがないと考えます。そして宇宙の中のどの銀河から見ても、ほかの遠方の銀河は遠ざかっていると考えます。

このことが可能になる状態は、空間自体が時々刻々広がっているということです。このことを宇宙膨張といいます（図6）。

遠くの銀河ほど速い速度でわれわれから遠ざかっていることを、これまで「ハッブルの法則」と呼んでいましたが、２０１８年の国際天文学連合総会で「ハッブル・ルメートルの法則」と呼ぶことが推薦されました。

これは１９２７年、ベルギーの聖職者・物理学者ジョルジュ・ルメートルが宇宙の膨張を提案していたからです。しかし彼の論文はベルギーのあまり有名でない雑誌にフランス語で掲載されたため、日の目を見ることがなかったのでした。

さらにルメートルは、１９３０年前後にガモフが提唱したビッグバン理論と同等の理論も、ガモフに先駆けて提案しています。

▼宇宙は永遠不変ではなかった

ハッブルによる観測と同様に、われわれの宇宙観に決定的な影響をもたらしたのが、アインシュタインによる新しい重力理論「一般相対性理論」の提唱です。一般相対性理論を宇宙全体に適用する先駆的な研究は、アインシュタイン、フリードマン（ソビエト連邦の気象学者・数学者）、ルメートルといった人たちによってなされました。

彼らは**「空間のどこにも特別な場所はなく（一様性）、特別な方向はない（等方性）」**と仮定しました。これを**「宇宙原理」**といいます。

アインシュタインはさらに、**「宇宙は時間的に不変である（定常性）」**と仮定しました。これは**「定常宇宙論」**というもののひとつで、宇宙にははじまりもなく終わりもなく、現在の大きさのまま永遠不変であると考えます。

しかし、それが不可能であることはすぐにわかりました。重力は万有引力とも呼ばれるように引力、つまり物体が互いに引き合う力です。その結果、**宇宙をある大きさにとどめようと思っても、宇宙の中の物質の重力で潰れてしまう**のです。

未来永劫《えいごう》変わらない一定の大きさの宇宙を創ろうと思ったら、**重力と釣り合う反発力**を設定しなければなりません。アインシュタインは自分の理論の中に反発力を入れて、それを**「宇宙定数」**と名づけました。これが1917年のことです。

その12年後の1929年、ハッブルの宇宙膨張の発見を知るにおよんで、宇宙定数を導入したことを悔《く》やんだそうです。

しかし、アインシュタインは「パンドラの箱」を開けたことに気がつきませんでした。宇宙定数は80年後に復活するのです。この復活は近年の宇宙論の最大の発見なので、第3章でくわしく説明しましょう。

▼3つの宇宙モデルと宇宙の未来

さて、空間の一様性と等方性を仮定すると、一般相対性理論によって宇宙の空間はたった3種類しかないことがわかります。「平坦な宇宙」「閉じた宇宙」「開いた宇宙」の3つです。そして、それぞれの宇宙の未来も予測できます（図7）。

3次元空間を視覚化するのはむずかしいので2次元空間、すなわち面で説明しましょう。「平坦な宇宙」の空間に対応するのが、無限に広がった平たい面です。この平面が広がっていくことが宇宙膨張に対応します。このとき平面内のどの2点の間隔も、宇宙膨張によって広がっていきます。**平坦な宇宙の場合、ゆるやかな膨張をつづけ、膨張が止まるのは無限の未来です。**

「閉じた宇宙」の空間は、球面を思い浮かべてください。この空間は一点からはじまり宇宙膨張とともにどんどん膨らみ、ある最大の大きさになると、今度は縮みだして最後に一点になります。各瞬間での球面の大きさは有限で、**最初の一点から最後の一点になるまでの時間が宇宙の寿命で、その寿命は有限**です。

もしわれわれの宇宙が閉じていれば、いつの日にか膨張が止まり、収縮に転じます。最初の一点がビッグバンの瞬間で、宇宙が最後の最後の一点になったときを「ビッグクランチ」と呼んでいます。

「開いた宇宙」の空間は、馬の背につける鞍《くら》の表面のように、ある方向には凸で、ほかの方向には凹であるような無限に広がった面です。われわれの宇宙が開いていれば、いつまでたっても膨

図7　3つの宇宙モデルと宇宙の未来

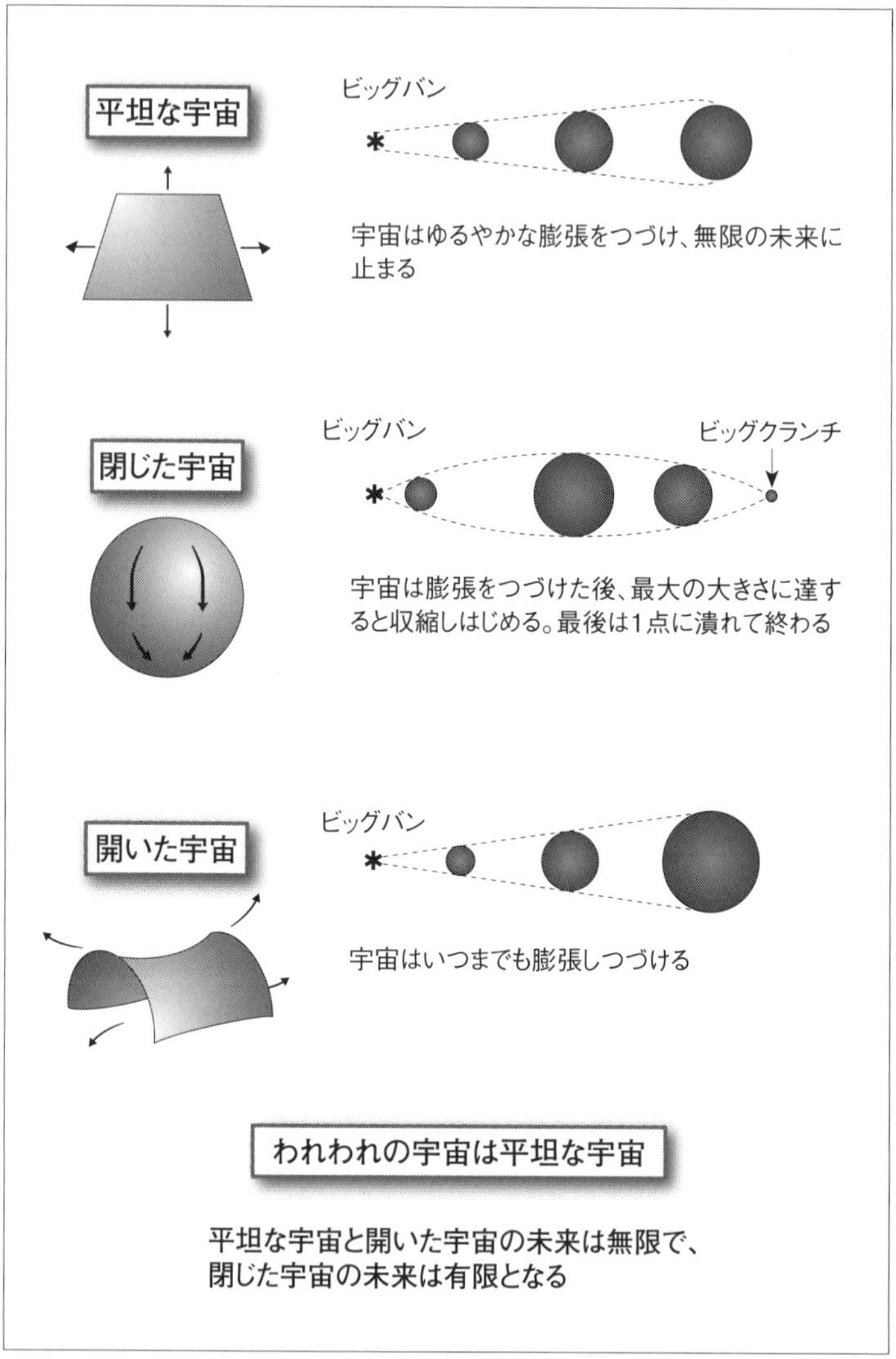

平坦な宇宙
ビッグバン
宇宙はゆるやかな膨張をつづけ、無限の未来に止まる
閉じた宇宙
ビッグバン
ビッグクランチ
宇宙は膨張をつづけた後、最大の大きさに達すると収縮しはじめる。最後は1点に潰れて終わる
開いた宇宙
ビッグバン
宇宙はいつまでも膨張しつづける
われわれの宇宙は平坦な宇宙
平坦な宇宙と開いた宇宙の未来は無限で、
閉じた宇宙の未来は有限となる

張がつづきます。平坦な宇宙では無限の未来に膨張は止まりますが、**開いた宇宙では膨張がけっして止まることはありません。つまり宇宙の寿命は無限です。**

閉じた宇宙や開いた宇宙の空間のような平坦でない空間を、「曲がった空間」といいます。現在までの観測では、**われわれの宇宙は「平坦な宇宙」**であると考えられています。

▼宇宙は時間も空間もない状態から生まれた――特異点

現在の宇宙は膨張していることから、宇宙の初めへと時間をさかのぼっていくと大きさがどんどん縮まり、一点にまで縮んでいくでしょう。**宇宙が一点になると、宇宙のすべての物質が無限に小さな領域に重なりあって、密度が無限に大きくなってしまいます。**

でも、実際に一点にまで縮むのでしょうか。

１９６０年頃までは、これは「宇宙が一様で等方的である」と仮定したからだと考えられていました。「一様」ということはどこも同じように膨張し、「等方的である」ということはどの方向にも同じように膨張しているということです。したがって、逆にたどると一点にまで縮んでしまうのです。

しかし、現実の宇宙は銀河があちらこちらにあって、一様でも等方的でもありません。

したがって現実の宇宙で膨張を逆にたどっても一点に縮むことはなく、漠然《ばくぜん》と、宇宙のはじまりは非常に高密度ではあるが、無限に密度の大きな状態が実現されるとは考えられていませんでした。

ところが1960年代前半、イギリスの数学者ペンローズと物理学者ホーキングは、一般相対性理論にしたがう限り、一様でもなく等方的でもない現実の宇宙の場合でも、宇宙の初めに「無限に密度が高く、時空の概念そのものが破綻《はたん》するような状態」が実現していたことを示したのです。このような状態を「特異点」といいます。

特異点とは時空の概念が破綻する領域です。ペンローズとホーキングは、「宇宙の初めには時間も空間も存在しない」といったのです。

これが一般相対性理論の予言する宇宙のはじまりです。**時間も空間もない状態から宇宙が生まれたということです。**

「宇宙」という漢字は、紀元前2世紀の前漢時代の思想書『淮南子《えなんじ》』に、「往古来今《おうこらいこん》これ宙という、四方上下これ宇という」からきています。

「往古」とは過ぎ去った過去、「来今」とはこれから来る今、すなわち未来ということで時間を表します。「四方上下」とはもちろん空間の広がりです。

宇宙という言葉は、まさに時間と空間を表しているのです。

20世紀の一般相対性理論は、『淮南子』のいうとおり「宇宙」は「時間と空間」であることを確認し、さらに時間と空間が特異点から現れたことを教えてくれたのです。

われわれはまだ特異点を扱える物理法則を知りません。宇宙がどうしてはじまったのかと問われれば、いまのところ「神の一撃ではじまった」というしかないのです。とはいえ、宇宙創成の謎を解く有力候補は登場しています。後述する「超弦理論」です。

▼素粒子たちが宇宙解明のカギを握っている

物理学、天文学の発展とともに、人間は神を宇宙の中心から引きずり下ろし、また神が活躍できる場所もなくなってきました。唯一《ゆいいつ》、「宇宙の初め」が現在の科学でも侵《おか》すことのできない神の場所です。

しかし、この場所も神にとって安住の地ではないでしょう。多くの物理学者は、「宇宙の初めも物理法則によって決まる」と考えているからです。一般相対性理論はミクロの世界の物理法則である量子力学（２１４ページ～参照）を考慮しておらず、量子力学の影響を考えれば特異点が扱えるという期待があるからです。超弦理論はこの量子力学を考慮した重力理論のひとつです。

ミクロの世界の主人公は素粒子《そりゅうし》です。素粒子とは物質を構成する最小単位で、原子《げんし》も素粒子の集まりです。

現在の素粒子物理学の基本的な理論である「標準理論」では、電子《でんし》や陽子《ようし》などの物質を構成する素粒子が存在します。じつは素粒子には物質を構成するものだけでなく、ほかにも素粒子があるのですが、それはあとで説明しましょう。

これら**の素粒子の振る舞いを決めている法則が量子力学**です。後述するように宇宙の初めは、物質は原子の形で存在しておらず、素粒子に分解されています。したがって宇宙の初めの様子を知るには量子力学の知識が必要なのです。

この量子力学の特徴のひとつは、「反粒子《はんりゅうし》」と「生成消滅《せいせいしょうめつ》」です。

すべての素粒子にはその反粒子（反素粒子）というものが存在します。反粒子は元の素粒子と質量が同じで、その帯びている電気（電荷《でんか》）のプラス・マイナスが反対の粒子です。

たとえば電子（電荷はマイナス）の反粒子は陽電子《ようでんし》と呼ばれ、電荷がプラスである以外は電子とまったく同じ性質をもっています（ただし光の粒である光子《こうし》のように、素粒子とその反粒子が同じというものも例外的に存在します）。

そして、素粒子はその反粒子と衝突《しょうとつ》すると光子2個になって消えてしまいます（対消滅《ついしょうめつ》）。その逆に、十分エネルギーの大きな光子2つが衝突すると、光子が消えてそのエネルギーに対応する素粒子とその反粒子に形を変えてしまいます（対生成《ついせいせい》）。

このように、**素粒子は反粒子とペアになって、できたり消えたりする（素粒子の生成消滅）**のです。

たとえば現在の素粒子理論では、真空の状態というのはエネルギーのいちばん低い状態のことをいいますが、この状態は何も起こらない状態ではありません。素粒子とその反粒子ができては消え、消えてはできています。宇宙全体についてこのことを当てはめたひとつの考えを紹介しましょう。

宇宙のはじまりは、先に述べた特異点で、時間も空間もできていない状態です。したがって、**時間、空間があることを前提としている現在の物理学では扱うことができません**（ちなみに、この特異点はブラックホールの中にもあります。宇宙がはじまる特異点では時間、空間、物質ができますが、ブラックホールの特異点では反対に時間、空間、物質が消えてしまいます）。

特異点という状態は、重力が時空を引きちぎるほどに強く、またごくごく小さな領域の状態です。このような状況では重力だけではなく、量子力学も重要な影響をもっています。**重力の理論である一般相対性理論と量子論を融合した量子重力理論と呼ばれる理論が必要となります。**

そのひとつの候補が「超弦理論」です。

超弦理論は、**素粒子よりもさらに小さな「弦《げん》」**（バイオリンの弦やゴムひもを想像してください）**が根本的な存在だと考える理論です。**弦がさまざまな振動をすることで、それが違った種類の素粒子に見えるというのです。

もし超弦理論が正しいなら、**宇宙のはじまりやブラックホールの中心は、この「弦」ができた**

り消えたりしている状態かもしれません。その状態から時間と空間が生まれたり消えたりしているのでしょう。

そして宇宙の場合、**生まれては消える時空（宇宙）の中でごくたまに大きく成長する宇宙があって、その1つがわれわれの宇宙**だというのです。

宇宙の生まれるときに神の助けはいらず、超弦理論によって計算される確率で生まれるのです。

このように、重力と量子力学を融合した量子重力理論が特異点を扱うことができる物理学の最終理論と考えられていて、数多《あまた》の天才たちが競って、この理論を探しています。超弦理論はその有力な候補のひとつですが、未完成の理論なのです。

神のいる場所は本当にないのかどうかは、この最終理論が解明できていない現在ではだれにもわかりません。

これからわかる宇宙の謎

宇宙にはさまざまな現象が起こり、また宇宙自身の誕生やその歴史の中で銀河の形成、銀河の中での恒星や惑星の誕生など、解明すべきことは無数といっていいほどあります。

これらの問題を解明するのは、観測や理論を総動員して挑戦しなければなりません。

本書でも紹介するように、20世紀後半から21世紀にかけて観測と理論が大きく進展し、宇宙に関する多くのことが解明され、私たちはある程度宇宙について理解しました。が、同時にわからないことも出てきました。

たとえば、地球外生命はいるのか、ダークマター（暗黒物質）、ダークエネルギー（暗黒エネルギー）とは何か、そして宇宙のはじまりの様子はどんなものか、ブラックホールの本当の正体は何か、などさまざまです。

この本で、いま何がわかっていて、まだ何が謎なのかを説明していこうと思います。現在未解決の謎も今後、超巨大望遠鏡や新宇宙望遠鏡、重力波《じゅうりょくは》望遠鏡などの新たな観測装置が続々と現れ、解明される日も近いでしょう。さらに宇宙はどうやってできたのかという究極の謎も、超弦理論が進展することで、近い将来明らかになるかもしれません。

宇宙おもしろコラム1

太陽系外からの使者「オウムアムア」

▼太陽系外の天体がやってきて地球とニアミス

第1章で見たように、現在までに人類が到達している最も遠い距離は150天文単位程度ですが、太陽系の大きさに比べると、まだまだ太陽の近くです。

太陽から最も近い恒星までの距離は4・25光年程度です。ほかの恒星系からの天体を直接観測することは不可能だろうと思われていました。

ところが2017年10月19日、**観測史上初めて太陽系外からやってきた天体（恒星間天体）が観測されたのです。**

発見当初は20等星と暗く、太陽系の果て（前述したオールトの雲、太陽から1万〜10万天文単位程度のところにある）からやってくる普通の彗星《すいせい》と思われていました。

この天体は発見前の9月9日に太陽から0・248天文単位（水星の太陽からの平均距離は約0・387天文単位）まで近づき、その後、地球に2400万キロメートルでニアミス（地球と月の距離は約38万キロメートル）してから発見されたのです。

発見当初から、この天体の速度が同じような軌道をもった彗星に比べるとかなり速いことが着目されていたため、ＥＳＡ（欧州宇宙機関）が南米にもつ8メートル望遠鏡などで追観測がおこなわれ、形状が彗星ではないことが確認されました。

これらの観測から**この天体の軌道が太陽系の外からやってきたこと、形状が長さ８００メートルほどの棒状であること**がわかりました。

名称も当初はＣ／２０１７Ｕ１という無機質なものでしたが、２０１７年11月に**ハワイ語で「遠方からの初めての使者」という意味の「オウムアムア」**という固有名が与えられました。

オウムアムアは、太陽系のオールト雲内の小天体と同様に、水と氷、微小なチリからできており、長いあいだ宇宙をさまよっているうちに宇宙線にさらされ、表面から水分が蒸発し炭素を多く含んだ硬い表面でおおわれていると考えられています。

▼2番目の恒星間天体「ボリソフ彗星」

さて、オウムアムアはどこからやってきたのでしょう。

天文学者たちはオウムアムアの軌道をさかのぼって、７００万ほどの恒星データベースの中から最も接近していた星を探した結果、４つの候補を探し当てています。

その1つは「くじら座」にある12等級ほどの暗い星です。この星は太陽から約80光年の距離にある赤色矮星《せきしょくわいせい》と呼ばれる、太陽より小さな星です。**もしこの星がオウムアムアの故郷だとすると、**

100万年ほど前に故郷を離れて宇宙をさまよって太陽系に立ち寄ったのです。

驚くことはまだありました。2019年8月、アマチュア天文家のゲナディー・ボリソフは、自作の口径65センチ望遠鏡で一見、普通に見える彗星を発見しました。

その後の観測から、この彗星（ボリソフ彗星）の軌道が決定され、太陽系の外からやってきたこと（つまり、2番目の恒星間天体です）、そして太陽系起源の彗星とほとんど同じ組成《そせい》をもっていることがわかりました。

このことは**太陽系以外の恒星系でも、太陽系と同じように惑星ができる**ことを物語っているのです。

また、短期間に2つもの太陽系外天体が太陽系を訪れたことから、**恒星間空間には想像以上に数多くの天体が行き来している**ことが推測できます。

その中にはボイジャーのように、どこかの宇宙人が異星人に向けてのメッセージとして送った宇宙船があるのかもしれません。

第2章　宇宙のはじまりは奇跡のドラマ

宇宙のはじまりはいつ？

▼各地に残る天地創造の話

昔から人々は、世界のはじまりを漠然《ばくぜん》と考えてきました。各地の古代文明は、神話で世界のはじまりを論じています。この場合の「世界」とは、われわれが「宇宙」と呼ぶものと考えてよいでしょう。有名なところでは、『旧約聖書』の天地創造の話があります。それによると、神がまず「光あれ」といい、天と地をつくったといいます。

ちなみに、ヨーロッパでは中世まで聖書の話は真実と信じられていて、アイルランドのアッシャーという人は、聖書に載っている人々の歳《とし》を数え上げて、神が世界をつくったのは紀元前4004年だと断言しています。

あのニュートンでさえ、天地創造は紀元前3988年といっているのです。人類史上最高の頭脳でさえ、時代の束縛《そくばく》から逃れるのはむずかしかったのです。

では、現代のわたしたちは、宇宙のはじまりについてどんなことを知っているのでしょうか。本当に宇宙にはじまりがあったのでしょうか。

われわれが昔の人と違っているのは、宇宙のはじまりといった日常経験とまったくかけ離れた問題に対しても、宗教ではなく観測に基づいて議論をしていくことです。

「宇宙のはじまりを議論できる観測」とは、いったいどんなものなのか、まずはそこから話をはじめましょう。

▼アインシュタイン人生最大の失敗――宇宙定数

１９２０年代後半、アメリカの天文学者ハッブルが、奇妙なことに気づきました。

当時はようやくアンドロメダ銀河のような天体が、われわれの天の川銀河の中の天体ではなく、はるか彼方にあり、天の川銀河と同じような莫大《ばくだい》な数の恒星の集団であることが知られたばかりでした。

このことにもハッブルは重要な役割を果たしていますが、それ以上にハッブルは私たちの宇宙に対する概念をひっくり返すような大発見をしたのです。

ハッブルは当時最大の口径２・５４メートルの望遠鏡で、遠方にある多くの銀河を観測しているうちに、それらの銀河のほとんどが天の川銀河から遠ざかっていて、しかもその速さは遠くの銀河ほど大きなことに気がついたのです。

「遠方の銀河ほどその距離に比例した速度で遠ざかっている」ことを**「ハッブルの法則（ハッブル・ルメートルの法則）」**と呼びます。

では、四方八方の銀河がわれわれから遠ざかっているということは、天の川銀河が宇宙の中心にいるということを意味するのでしょうか？

われわれの住んでいる銀河が宇宙の中心にいるというのは、優越感をくすぐる考えですが、そんなことはありそうもないと科学者は考えます。ハッブルはこれを「宇宙が膨張しているからだ」と説明しました。ハッブル以前に宇宙膨張を予言したルメートルの話は第1章でしたので、ここでは省きます。

銀河自身が運動して遠ざかっているのではなく、銀河と銀河の間の空間が時々刻々広がっているというのです。空間が広がっていく？　そんなことは可能でしょうか？

ハッブルの解釈に複雑な思いを感じたのは、アインシュタインです。彼はハッブルの観測の10年以上前に、空間が膨張、あるいはその反対に収縮する可能性を指摘していたのです。

アインシュタインの一般相対性理論という重力の理論では、物質の存在はそのまわりの空間を曲《ま》げ、そればかりか時間の進み具合までも遅らせます。**空間や時間も伸び縮みする**のです。

アインシュタインは一般相対性理論を宇宙全体に適用して、宇宙が大きくなったり小さくなったりすることに気がついたのです。

ところが彼は、「宇宙は無限の過去から無限の未来まで変わらず、宇宙には初めも終わりもない（定常宇宙論）」と固く信じていました。

このため今日、「宇宙定数」と呼ばれる重力と釣り合う反発力を導入して、宇宙が広がったり縮んでしまうことを強引に止めてしまいました。当時の常識として、空間自体が膨張するということは受け入れがたかったのです。

さて、ハッブルの発見を知ったとき、アインシュタインは宇宙定数を導入したことを「人生最大の失敗」と後悔したといいます。

じつはアインシュタインのつくった初めも終わりもない静かな宇宙は、ちょっとつつくとすぐ膨張、あるいは潰れてしまうようなきわめて不安定な宇宙であることがわかっています。彼の信じた永遠の宇宙は、所詮《しょせん》はかない夢だったのです。

▼宇宙は１３８億年前の一点からはじまった

宇宙が膨張しているということは、たとえば現在、われわれの天の川銀河から10億光年離れた銀河は、過去の宇宙ではもっと近くにあったことになります。

その銀河がどれだけの速さで遠ざかっているのかがわかれば、その銀河がいつわれわれの銀河に重なっていたのか、つまり「いつ宇宙がはじまったのか」がわかるはずです。

そうして出てきた答えが１３８億年なのです。遠くの銀河ほど速い速度で遠ざかっているので、すべての銀河はわれわれからの距離に関係なく、１３８億年前には一点に集まるのです。

いうまでもありませんが、天の川銀河が宇宙の中心に位置しているわけではありません。時間をさかのぼれば、どの銀河同士の間隔もどんどん小さくなっていって、138億年前には間隔がゼロになり、すべての銀河が重なりあっていたということです。

もちろん、そのような時期には銀河は存在していません。銀河はビッグバンから数億年たってからできはじめたと考えられているので、実際に銀河が138億年前に重なりあっていたわけではありません。

138億年前に宇宙がどうなっていたかを知るには、もうひとつの観測事実が必要なのです。

▼いたるところからやってくる謎の「雑音」

その事実は、宇宙膨張の発見から三十数年後、まったく偶然《ぐうぜん》のことから発見されました。電話の発明で有名なアメリカの発明家ベルがつくった会社の研究所に勤めていたペンジアスとウィルソンのふたりは、1960年代、衛星通信実用化のため非常に感度のよいアンテナをつくっていました。

衛星からの微弱な電波を受信するためには、ほかからやってくる放送局や雷《かみなり》などの自然現象から出てくる電波（信号以外の電波を雑音といいます）の原因を調べる必要があります。

ほとんどの雑音は原因がわかりましたが、最後までどうしても原因がわからない雑音がありました。彼らはアンテナに潜《もぐ》り込み表面にこびりついた鳩のフンまで落として、雑音の原因を追究しました。

図8　電磁波の種類

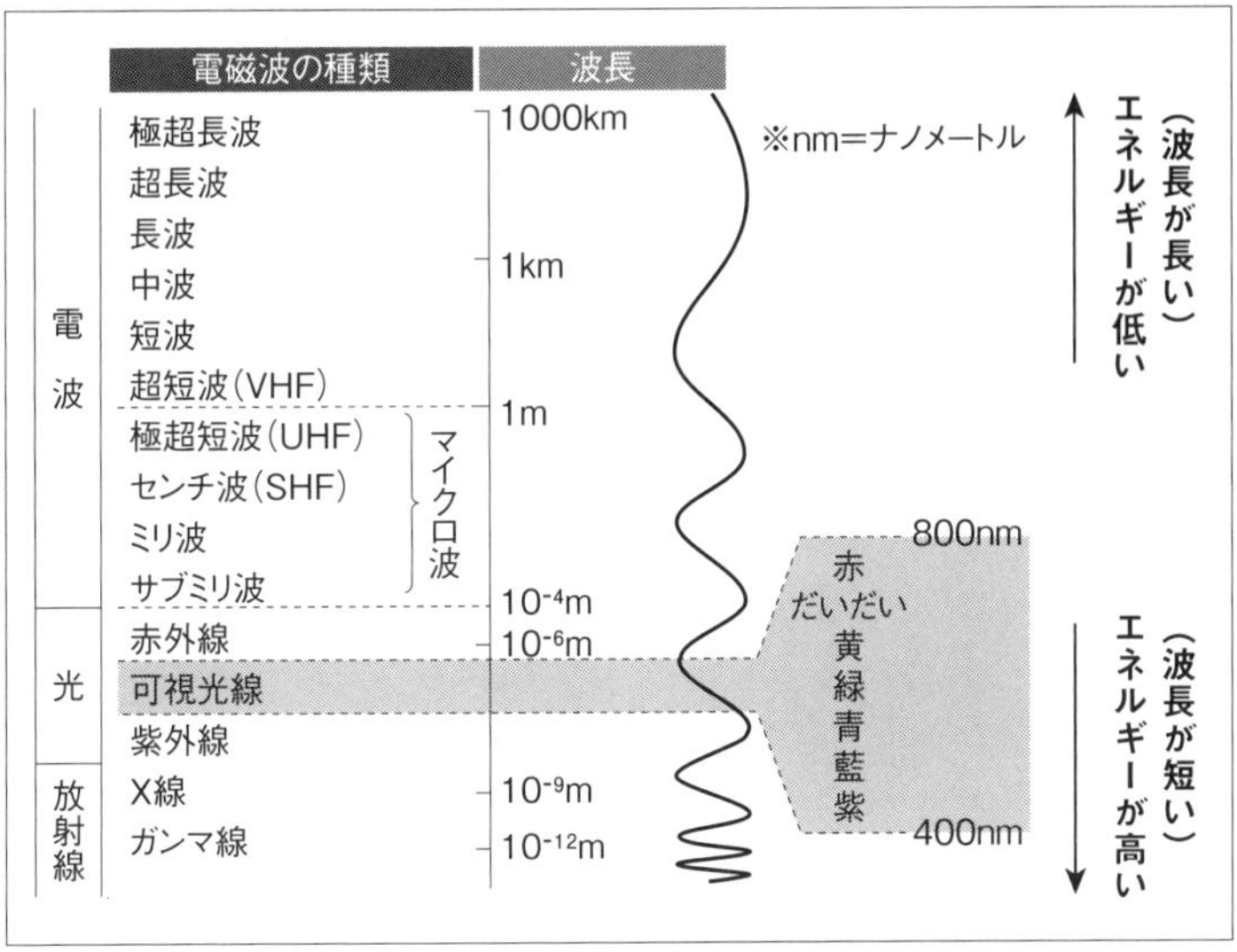

その結果、その電波は「地球上から出たものではない」ことを発見しました。24時間いつも同じ強さの電波が、アンテナをどの方向に向けてもやってくるからです。もし地球のどこかから放出された電波なら、一定の方向からやってくるはずです。

つまりその雑音は、「宇宙のいたるところからやってくる」と結論せざるをえませんでした。ペンジアスとウィルソンは、何かはわからないが宇宙からとても重要なメッセージを受け取っている、と確信したのです。

これが**宇宙をくまなく満たしている電波の発見**です。

電波は電磁《でんじ》波の一種です。天体や天体現象からはいろいろな波長の電磁波が放出されています。私たちが目で見ることができる光（可視光《かしこう》）は波長が1万分の4ミリメートル（４００ナノメートル）〜1万分の8ミリメートル（８００ナノメートル）程度の電磁波です。

可視光よりも波長の長い電磁波を赤外線、さらに波長の長い電磁波を電波といいます。一方、可視光より波長の短い電磁波を紫外線、紫外線より波長が短い電磁波をX線、さらに波長が短い電磁波はガンマ線です。

彼らが発見した電波は波長が1ミリメートル前後、エネルギーを温度で表すと絶対温度２・７２５度（絶対温度０度は摂氏《せっし》マイナス２７３度）でマイクロ波と呼ばれる電波です。絶対温度２・７２５度の物体から出てくる電磁波ということです。

▼灼熱の火の玉宇宙の名残——宇宙マイクロ波背景放射

電磁波という言葉はあまりなじみがないかもしれないので、ここでは電磁波の代わりに光という言葉を使いましょう。

この光はどこからきたのでしょうか。それがわかるのに、それほど時間はかかりませんでした。

光のもっているエネルギー（温度）は、波長が長くなるにつれて下がっていきます。**宇宙の膨張によって空間が大きくなると、その中を伝わっていく光の波長も長くなっていき、それにつれて光のエネルギー（温度）が下がっていきます。**

逆にいうと、宇宙の大きさが現在の10分の1のとき、ペンジアスとウィルソンが観測した光の温度は27・25度、１００分の1のとき、２７２・２５度というように過去に戻れば戻るほど、光の温度は上がっていきます。

くわしくは次項で述べますが、**ビッグバンから約38万年後**、宇宙が現在の１１００分の1の大きさに縮んでいたとき、宇宙の歴史の一大事件が起こります。**これより前と後の宇宙では、物質の存在する形がまったく違う**のです。

ビッグバンから38万年たったとき、光は突然自由になって、何物にも邪魔《じゃま》されずまっすぐ進めるようになります。

１３８億年かけてまっすぐ進んでくる間に宇宙は１１００倍大きくなり、それにつれて光の波長は１１００倍に伸びて温度は２・７２５度に下がります（図９）。これがペンジアスとウィルソンが発見したマイクロ波です。

ふたりは偶然に宇宙の初めからやってきた光を見つけたのですが、この光の存在を予言し、しかも検出しようと実験の準備をしていたグループが、ベル研究所の近くのプリンストン大学にいたのです。有名な実験物理学者ディッキーを中心とするグループです。

彼らは１９４０年代に提唱された、宇宙が超高温、超高密度の火の玉状態から爆発的にはじまったという「ビッグバン理論」を研究して、現在の宇宙に宇宙初期から出てきた光が満ちていると考えていたのです。

ペンジアスたちは見つけた光の正体について、このグループに相談したのですが、まさにその

図9　絶対温度2.725度の光

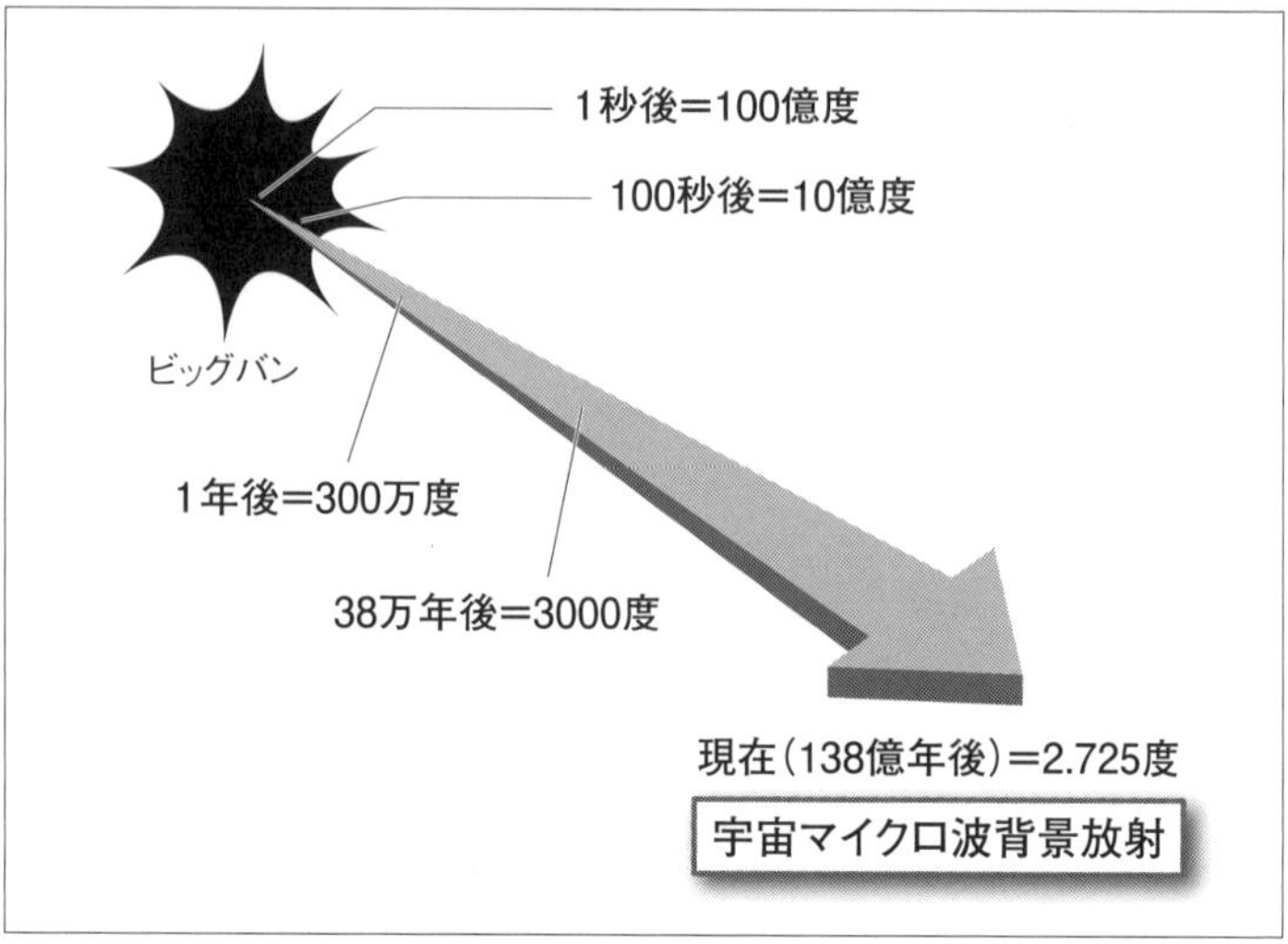

光こそ彼らが考えていたものだったのです。相談を受けたグループの無念さは、察するにあまりあります。

もっともディッキーも、すでに1940年代にビッグバンの提唱者たちによってこの光の存在が予言されていたことは知りませんでした。

ペンジアスとウィルソンが見つけた、宇宙を満たしている138億年前からやってきた光を「宇宙マイクロ波背景放射」と呼びます。この発見によって138億年前の宇宙は灼熱《しゃくねつ》の火の玉状態で、現在私たちが見るような形で物質は存在できなかったことがわかるのです。ペンジアスとウィルソンの見つけた光は、この灼熱状態の名残《なごり》だったのです。

この発見によってペンジアスとウィルソン

は、発見から13年後の1978年、ノーベル物理学賞を受賞しました。ちなみにこの受賞は天文学がノーベル賞の対象になった初めての受賞でした。その後は数年ごとに天文学関係の研究にノーベル物理学賞が充《あ》てられています。

ディッキーはさぞ残念だったでしょうが、2019年にはディッキーの学生で当時、宇宙マイクロ波背景放射の理論的研究をしていたピーブルスが、宇宙論への長年の貢献によってノーベル物理学賞を授与されました。ディッキー先生も草葉の陰で喜んでいることでしょう。

次に、宇宙マイクロ波背景放射の存在からわかる宇宙のはじまりの様子を、もう少しくわしくお話ししましょう。思いもかけない大事件が次々に起こったのです。

宇宙の初めに何が起こったか？

▼宇宙は〝真っ暗〟ではない

前項では宇宙膨張の発見と、宇宙を満たす光の発見の話をしました。このふたつの発見によって、わたしたちは時間をはるかにさかのぼって、宇宙の初めの様子を知ることができるのです。

ここではその話をしましょう。

最初に前項でも出てきましたが光の温度とは何を意味するのか、はっきりさせておきましょう。物体を熱すると赤くなります。それは赤い光が放出されるからです。さらに熱すると黄色くなり、そして白くなっていきます。

熱せられた物体から出てくる光の波長が、物体の温度が上がるにつれてだんだんと短くなり、短くなるにつれ色が変わっていくからです（実際にはある一定の温度から出た光の波長は特定の波長をもっているわけではなく、ある範囲に分布しています。いろいろな波長の光が混ざっているということです。ここでは理解しやすくするため、その範囲の中で最も強い光の波長だけを考えることにします）。

つまり、**光の色、あるいは波長を見れば、それがどんな温度の物体から出たかがわかることになります。**

この光を放出する物体の温度をもって、「光の温度」ということにします。

温度が高い物体から出た光ほど、波長が短くエネルギーが大きくなります。肉眼で見ることができる光（可視光）は４００〜８００ナノメートル程度の範囲です（1ナノメートルは1メートルの10億分の1）。

１９６４年にペンジアスとウィルソンが発見した光の波長は、ちょうど**絶対温度２・７２５度（氷点下２７０・２７５度）という極低温**《ごく》**の物体から放出された光と同じ**だったのです。

では、その光はどんな物体から放出されたのでしょう？

この宇宙に、絶対温度が２・７２５度の天体が満ちていて、それから放出された光なのでしょうか。

この解釈は当てはまりません。なぜなら、**この光はあらゆる方向からまったく均一にやってくるから**です。もし特定の天体が出す光だとすると、方向によって光に強弱があるはずだからです。

したがって光の原因は、個々の天体ではありません。

とすればこの光は、いったいどこからきたのでしょうか。

われわれの見る自然界の光のほとんどは太陽が出しています。太陽表面の絶対温度は５７７８度なので、それに対応する波長（５００ナノメートル前後）の光が特に強く出ています。

ペンジアスとウィルソンが発見した光とは、太陽をはじめとする星の光をすべて消したとしても、残っている電磁波のことです。**あらゆる明かりをすべて消しても、宇宙は真っ暗ではない**のです。

▼ビッグバンから38万年後、宇宙が晴れ上がる

個々の天体からの光でなければ、**宇宙には初めから光があった**のでしょう。すると、驚くべきことがわかります。

宇宙が膨張すると、それによって光の波長が伸ばされます。逆にいえば、**現在２・７２５度の**

光は過去には高温だったことになります。初めから宇宙に光があるということは、その光は非常に高温だったということになるのです。

宇宙の大きさがゼロだったビッグバンの瞬間を時間のはじまりとすれば、1秒後の光の温度は100億度、100秒後が10億度、1年後が300万度というようにどんどん下がっていき、138億年後の現在が2・725度になったのです。

この光の温度のことを「宇宙の温度」ということにします。現在はあまりに弱々しいので、1964年までだれもそんな光に気がつかなかったのです。

温度はエネルギーの目安ですから、**現在弱々しい光も宇宙の初期には非常に大きなエネルギーをもっていた**ことになります。

そして**ビッグバンから38万年後、温度が3000度のとき**（＝宇宙の大きさが現在の1100分の1のとき）にわれわれがいたとすれば、**宇宙全体が太陽の表面のように輝いているのを見る**でしょう。

それどころかあまりに温度が高くて、われわれの体をつくっている原子《げんし》はすべて破壊されてしまうでしょう。

原子は、中心の原子《げんし》核《かく》とそのまわりを回る電子からできています。原子核はプラスの電荷《でんか》を帯びていてマイナスの電荷をもった電子を引きつけ、電子が飛び出さないようにしています。（79

ページ図12参照）

しかし、高温の光が原子にあたると電子が激しく揺さぶられ、原子核の引力を振り切って外に飛び出し自由になってしまいます（原子核は電子の２０００倍以上重たいので、３０００度程度の温度の光では激しく揺さぶられることはありません）。

物質はもう原子という形では存在できないのです。したがってその時期を境にして、物質の構造に大きな変化が起こります。

宇宙の温度が３０００度を超える初期の高温の宇宙では、物質は原子としては存在せず、原子核と電子がそれぞれ別々に、まったく自由に飛び回り、絶えず光とぶつかっていました。その頃の状態を見ようとしても、光は絶えずそれらとぶつかるので、まるで雲の中にいるようにまったく見通しがききません。

宇宙が膨張し温度が３０００度にまで下がってようやく、電子は原子核につかまり原子がつくられました。

すると雲がさっと晴れたように、光は何物にも邪魔されずに進めるようになります。いわば、**宇宙が晴れ上が**ったのです。

そのときの光が、宇宙膨張によってさらに波長が伸ばされ、温度２・７２５度の宇宙マイクロ波背景放射として観測されたのです。

その光は、ビッグバン後38万年のスナップショット、あるいは光の化石といえるでしょう。古生物学で化石を調べるといろいろなことがわかるように、宇宙マイクロ波背景放射を調べると、その時代の宇宙の様子がわかります。

たとえば、宇宙マイクロ波背景放射の温度が2・725度というのは、やってくる方向ごとに温度が違ってその平均が2・725度ということではありません。あらゆる方向からやってくる宇宙マイクロ波背景放射の温度が同じ2・725度なのです。

このことはこの光が出てきた3000度のときの宇宙のどこでも、温度がほとんど同じであったことを意味します。その頃の宇宙はのっぺらぼうで、ほとんどでこぼこがなかったことがわかるのです。

▼その前は電子、陽子、中性子、光子が飛び交う

宇宙のもっと昔はどうなっていたのでしょう。

さらにさかのぼり、どんどん温度が上がっていくと、原子核ですら存在できなくなります。原子核をつくっている陽子《ようし》と中性子《ちゅうせいし》を結びつけている力は「核力《かくりょく》」と呼ばれ、原子核と電子を結びつけている「電気力（電磁気力《でんじき》）」よりはるかに強いことが知られています。そのため原子核は原子が壊れるような高温でも存在できるのです。

しかし温度が90億度を超えると、光のエネルギーは原子核ですら壊してしまいます。このよう

な高温では、光は光子《こうし》と呼ばれるエネルギーの粒として考えたほうが適当です。

宇宙の温度が100億度というと、ビッグバンから約1秒後です。したがって、ビッグバンから1秒くらいまでは原子核は存在せず、陽子、中性子、そして電子が自由に飛び交い、ひんぱんに光子とぶつかっていたのです。

じつはこのとき、宇宙の登場人物はそれら以外にも陰に隠れて存在しています。ニュートリノとダークマター（暗黒物質《あんこくぶっしつ》）を構成している素粒子《そりゅうし》です。

しかしこれらの素粒子は、陽子、中性子、電子、そして光子とも一切無関係に宇宙を飛び回っているだけです。まるでお化けのような存在ですが、のちのちわれわれの存在に関わる重要な役割を果たすことになります。

▼もっと前には素粒子が飛び交う

もっと時間をさかのぼってみましょう。

現在の素粒子論では、陽子や中性子は素粒子ではなく「クォーク」と呼ばれる基本粒子が3個集まってできたものとされています（86ページ図13参照）。このクォーク同士を結びつけている力は「強い力」と呼ばれ、原子核を結びつけている核力の原因となっている力です。

ビッグバンから100万分の1秒（0・000001秒）より前の、温度が2兆度程度を超える頃には、陽子や中性子でさえ壊れてしまい、それらをつくっていたクォークが自由に飛び回っています。

一方、第3章で後述するように、ニュートリノはとても小さく、ほかの素粒子を素通りしてしまうのが特徴なのですが、この頃にはニュートリノといえどもクォークや光子と頻繁《ひんぱん》に衝突しています。

このように**宇宙の初めは物質が何の構造物もつくらず、物質のもととなる素粒子としてバラバラに存在していた**のです。

これ以前にさかのぼるには、もっとくわしい素粒子の知識が必要なので、それは後回しにして、今度は100万分の1秒以後の宇宙を、時間を追って何が起こったかをたどっていきましょう（図10）。

▼0・1秒後、ニュートリノが宇宙に放たれる

ビッグバンから100万分の1秒たつと、それまで自由に飛び回っていたクォーク同士が結びついて、陽子や中性子という私たちにとってなじみのある粒子ができます。

そしてビッグバンから0・1秒（10分の1秒）後、温度が160億度程度に下がると、それまでほかの素粒子と頻繁に衝突して変身していたニュートリノが、もうほかの素粒子に変わることがなくなります。**ニュートリノがほかの素粒子とのきずなを断って自由に飛び回るようになる**のです。

図10　宇宙の初めの出来事年表

ビッグバン

超初期	**超高温**	クォークが自由に飛び回り、ニュートリノと衝突している
0.000001秒（100万分の1秒）	**2兆度**	クォーク同士が結びついて陽子と中性子ができる
0.1秒	**160億度**	ニュートリノ（変身せず）が自由に飛び回りはじめる（宇宙背景ニュートリノ放射）
1秒	**100億度**	陽子、中性子、電子が飛び交い、光子と衝突している
4秒	**50億度**	電子、陽電子が消えて光子だけが残る
100秒	**10億度**	陽子と中性子が引きつけあう
3分	**8億度**	ヘリウム原子核ができる
5万年	**1万度**	宇宙のエネルギーの割合が光から物質優位になる（光の宇宙から物質の宇宙へ）
38万年	**3000度**	宇宙初の原子誕生（宇宙の晴れ上がり）

このとき自由になったニュートリノは1種類につき、1立方センチメートル当たり112個程度存在しています。ニュートリノには3種類あるので、この3倍の数のニュートリノが現在も宇宙のいたるところに満ちあふれているはずです。**これを「宇宙背景ニュートリノ放射」といいます。**

もしこの宇宙背景ニュートリノ放射が観測されれば、ビッグバンから0・1秒後の宇宙を見られることになるのですが、いまのところこのニュートリノを観測するメドはたっていません。

▼なぜ宇宙には反物質が存在しないのか

ビッグバンから4秒後、温度が50億度程度に下がると、宇宙から電子がほとんど消えていきます。このとき消えるのは電子だけではなく電子と正反対の性質をもった陽電子（電子の反粒子《はんりゅうし》）も宇宙から消えています。

第1章でも簡単にふれましたが、一般にすべての素粒子には性質が正反対の「反粒子（反素粒子）」が存在します。大きなエネルギーをもった光子が2個ぶつかると、そのエネルギーに対応した素粒子とその反粒子ができ（対生成《ついせいせい》）、逆に素粒子とその反粒子が衝突すると2つの光子となって消滅（対消滅《ついしょうめつ》）してしまいます。

宇宙の温度が50億度を超えると、光子と光子が衝突して電子（＝素粒子）、陽電子（＝反粒子）の対《つい》に変わったり、逆に電子、陽電子が衝突して2つの光子に変わることが頻繁に起こっています。

ところが**50億度に下がると**、光子のエネルギーが電子、陽電子の対をつくるには足りなくなって、電子、陽電子の消滅だけが起こり、**宇宙から電子、陽電子が消えて光子が増えていくことに**なるのです。

でも、いまの宇宙には原子の中に電子があります。この電子は宇宙初期に消滅しそこなった電子なのです。このことから**宇宙の初期には電子の数のほうが陽電子の数より多かった**ということがわかります。

どのくらいの差かは、現在の観測から知ることができます。宇宙に残っている光子の数と電子の数を比較すればいいのです。

たとえば電子が11個、陽電子が10個ある宇宙を考えると、10個の電子と10個の陽電子が消えて

図11　電子と陽子の対生成・対消滅

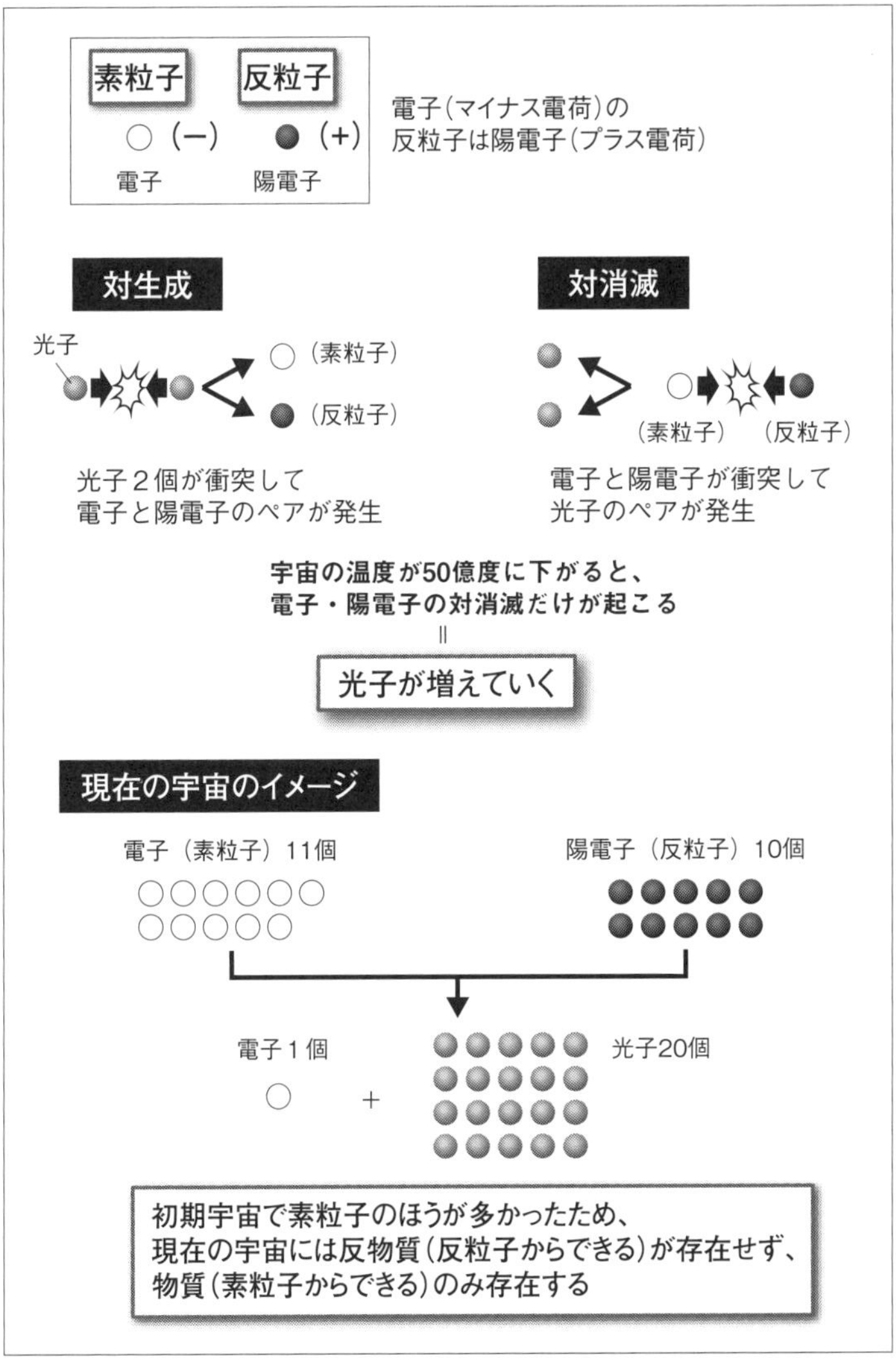

20個の光子に変わり、1個の電子が残って宇宙ができ上がります。

現在のわれわれの宇宙の場合、電子1個に対して光子は約50億個程度存在することが観測からわかっています。ということは、電子のほうが陽電子より25億分の1程度だけ多かったことになります。

電子に限らず、**すべての素粒子はその反粒子より25億分の1というほんのわずかな割合だけ多く存在していた**のです。

このため**現在の宇宙は、反粒子からできた反物質が存在せず、素粒子からできた物質だけが存在する**のです。反粒子が存在するのに、反粒子からできた反物質がほとんど存在しないのはこうしたしくみによるのです。

なぜ素粒子のほうが反粒子よりもほんのわずか多かったのかは、まだ解決できていない大問題なのです。

▼すべての元素は宇宙の初期にできたのか

さらに時間がたって、ビッグバンから約100秒後、温度が10億度程度に下がると、陽子と中性子の運動がおとろえて、お互い同士引きつけあう核力によって結びつきはじめます。中性子の質量は陽子よりわずかに重たいため中性子は陽子に変わりやすくなります（エネルギーが高い状態より低い状態のほうが安定するためです）。こうしてその頃までに中性子の数は陽子の7分の

図12　元素合成の例

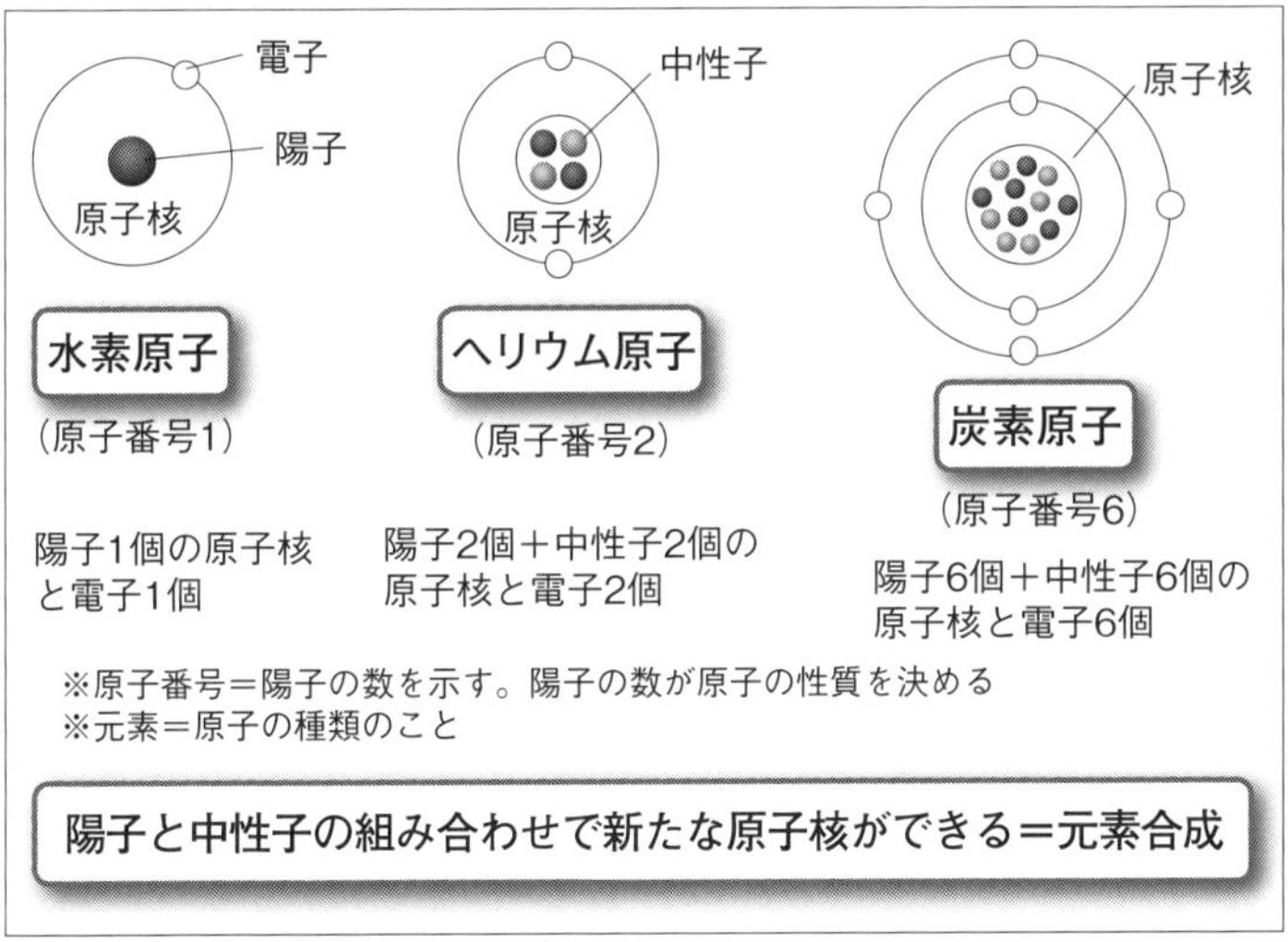

1程度になっています。

そして**ビッグバンから3分くらいで中性子2個と陽子2個が結びついてヘリウムの原子核ができる**のです。この過程で中性子はすべてヘリウム原子核に取り込まれ、余分な陽子が残ります。**残った陽子はのちに電子をつかまえて水素原子になる**のです。

現在の宇宙には100種類以上の違った原子核が存在しています。**陽子と中性子から新たな原子核が合成されることを元素合成とい**いますが、このような違った原子核は、いつ、どこでできたのでしょうか。

この疑問に部分的な解答を与えたのが、ロシア生まれのアメリカの物理学者ガモフです。彼は、宇宙が超高温、超高密度状態から爆発的にはじまったというビッグバン理論を唱えた物理学者として有名ですが、遺伝子と遺伝の仕組みについても立派な業績もある万能の科学者でした。

1940年代、彼は**宇宙初期の状態が星の中心部の状態と似ている**ことに気がつきました。

星の中心部では、4個の陽子から何段階かの核融合反応を経て、ヘリウム原子核がつくられています（235ページ図45参照）。その結果、中心部で陽子がなくなってヘリウム原子核がたまってくると、いったん核融合反応が終わり星の中心部の圧力が減って中心部は収縮しますが、収縮して圧縮されることで、温度が3億度程度に上がり、ヘリウム原子核同士の融合反応がはじまります（243ページ図48参照）。

その後、星の内部では、次から次へとより複雑な原子核がどんどんできるのです（どこまで核融合反応が進み、どのような原子核ができるかは星の質量で決まり、重たい星ほどより重たい原子核がつくられます）。

宇宙の初期にも同じように核融合反応が進み、現在宇宙に存在しているすべての原子核がつくられたのではないか、とガモフは考えたのです。

しかし、**宇宙の初期は星の中心部とは違います**。星の場合、その質量にもよりますが、中心部の超高温状態が長期にわたってつづきます。太陽なら100億年程度もつづくのです。

一方、宇宙の場合は膨張しているため、核融合反応が起こるような超高温、超高密度状態は長つづきしません。その結果、核融合反応はヘリウム原子核をつくった段階で終わってしまいます

（正確にはリチウムの原子核などもほんのわずかにできます）。

ということで、**われわれになじみのある炭素や酸素、鉄などの原子核は宇宙の初期につくられたものではなく、星の中でつくられて、その後宇宙空間へとばらまかれたもの**なのです。

宇宙の初期にできたヘリウムは、現在宇宙に存在するすべての元素の25％程度（重さの割合）を占めるだけです。残りのほとんどはヘリウム原子核に取り込まれなかった陽子が担っています。陽子は水素の原子核です。水素とヘリウム以外の原子核は全部合わせても2％程度にすぎません。

宇宙の初期にすべての原子核をつくろうとしたガモフの夢はかないませんでしたが、水素の原子核である陽子とヘリウム原子核を合わせると98％程度となって、現在宇宙にある原子核の98％は初期にできたことになります。

ちなみに、宇宙初期の核融合反応でできるのはヘリウム原子核までだということを指摘したのは日本の物理学者、林忠四郎《はやしちゅうしろう》です（実際には陽子が3個と中性子が4個のリチウム原子核と陽子4個、中性子4個のベリリウムの原子核もわずかにできます）。

▼光の宇宙から物質の宇宙への変貌

ビッグバンから3分後の宇宙にあるのは光子が最も多く、そのほかは、ニュートリノ、電子、陽子（水素の原子核）、ヘリウム原子核、そしてダークマター粒子でした。このうち陽子とヘリウム原子核、そして電子は電荷を帯びているため、光子と頻繁に衝突をくり返していました。

アインシュタインの特殊相対性理論から「質量はエネルギーと等価」なので、**エネルギーの総量としては光子が宇宙の大半をになっています。**

光のスープの中にスパイスのように微量の電子、陽子、ヘリウム原子核が混じっている、そんな状態がその頃の宇宙です。ニュートリノとダークマターはすでにまったく他の粒子と無関係でお化けのような存在になっているので、ここでは考えないでおきます。

しかし、このような状態も長くはつづきません。宇宙が膨張をつづけていき温度が下がると、光子の波長も長くなっていきエネルギーが減っていきます。

一方で、物質のエネルギーの大半はその静止質量（運動していなくても質量の形でもっているエネルギー）がになっているので、膨張してもほとんど変わりません。

こうして**宇宙に占めるエネルギーの割合が光から物質優位へ**と変わっていきます。

ビッグバンから約5万年後、光はもはや宇宙の主人公ではなくなり、物質がそれにとって代わります。**光の宇宙から物質の宇宙への変貌《へんぼう》**です。

▼宇宙初の原子が誕生

光はエネルギーとしてはもはや宇宙の主人公ではなくなりますが、電子、陽子、ヘリウム原子核と頻繁に衝突することで、まだこれらの物質に影響を与えつづけます。しかし、それも長くはつづきません。

さらに温度が下がってビッグバンから約38万年後、**温度が３０００度の頃、陽子が電子をつかまえて水素原子となります。その少し前にはヘリウム原子がつくられています。**ヘリウム原子が先につくられるのは、ヘリウム原子核の中に陽子が2個あって電荷が2倍なので、電気的な引力が強く電子をより強力に引きつけるからです。**こうして宇宙に初めて原子ができたのです。**

原子は全体として電気的に中性なので、これを「物質の中性化」とも呼んでいます。

光は中性の粒子とはほとんど衝突することがないので、それまで物質と頻繁に衝突していた光は、**これ以降物質とほとんど衝突することなく宇宙を飛び交うことになります**、**これが「宇宙の晴れ上がり」**で、**不透明な宇宙から透明な宇宙への変化の瞬間**です。

このときから現在にいたるまで宇宙は約１１００倍膨張し、それによってこのときに解き放たれた光の波長も約１１００倍に引き伸ばされて、波長1ミリメートル程度のマイクロ波としてペンジアスとウィルソンによって発見されたのです。彼らはビッグバンから38万年後の宇宙のスナップショットを受け取ったわけです。

その後、**宇宙に最初の星が生まれて宇宙を明るく照らすまでの時間を「宇宙の暗黒時代」**といいます。暗黒時代がいつ終わったのかはまだ完全にはわかっていませんが、ビッグバンから2億～3億年後だろうと考えられています。

宇宙で最初に生まれた星を「ファーストスター（初代星《しょだいせい》）」といいますが、**ファーストスター**

を探し、いつどのように生まれたのかを解明することがこれからの観測の目的のひとつです。

大まかなストーリーとしては、次のようなものです。物質の小さな揺らぎから最初の星が生まれ、それらが集まって原始の銀河をつくります。原始の銀河がいくつも合体して、一人前の銀河へと成長します。そして銀河同士が集まってきて、銀河の集団をつくります。

こうして現在のわれわれが観測している宇宙ができあがったのです。

銀河がどのようにして生まれたのかは、ダークマターと深い関係があります。このことは第3章でくわしく説明しましょう。

宇宙創成の謎を解く素粒子たち

▼主役は原子から素粒子へ

時間をさかのぼって宇宙の初めを考えると、宇宙膨張を逆にたどることになって温度や密度が際限なく高くなっていきます。それにつれて物質は、構造をもたない素粒子のレベルにまで分割されてしまいます。

したがって、宇宙ができた頃の様子を探るには、素粒子の知識が不可欠になってきます。前項で謎だった「なぜ宇宙には反物質がないのか」とか「ダークマターとは何なのか」といったことも、素粒子の知識がなければ答えの手がかりさえつかめないのです。

ここでは、素粒子の基礎知識とともに、素粒子論の現状とそれによって予想される宇宙初期の出来事、そして究極の理論の最有力候補である「超弦理論」とそれの描き出す宇宙の姿の話をしましょう。

20世紀の初め頃には、物質は原子や分子《ぶんし》が集まってできていることがわかっていました。分子は原子がいくつか集まってできているので、その当時は原子が物質の最小の単位と考えられていました。

物質のさまざまな性質は、100種以上もの違った原子が世の中に存在し、それらの間に多種多様の力が働いていることに由来します。

ところで、もし原子が本当に物質の最小単位なら、どうして100以上もの違った原子が存在するのでしょう。究極的な単位は1種類のほうが、よっぽどスッキリします。

原子は究極の単位ではなく、もっと小さな粒子《りゅうし》が集まって原子をつくっている。そして原子の種類の違いは、その小さな粒子がいくつ集まっているかの違いではないのか……。

このように考えて原子の構造やその中で働いている力を研究しているうちに、ハイゼンベルク、パウリ、ディラック、フェルミ、湯川秀樹《ゆかわひでき》などといった理論物理学の天才たちによって、193

図13　原子の構造

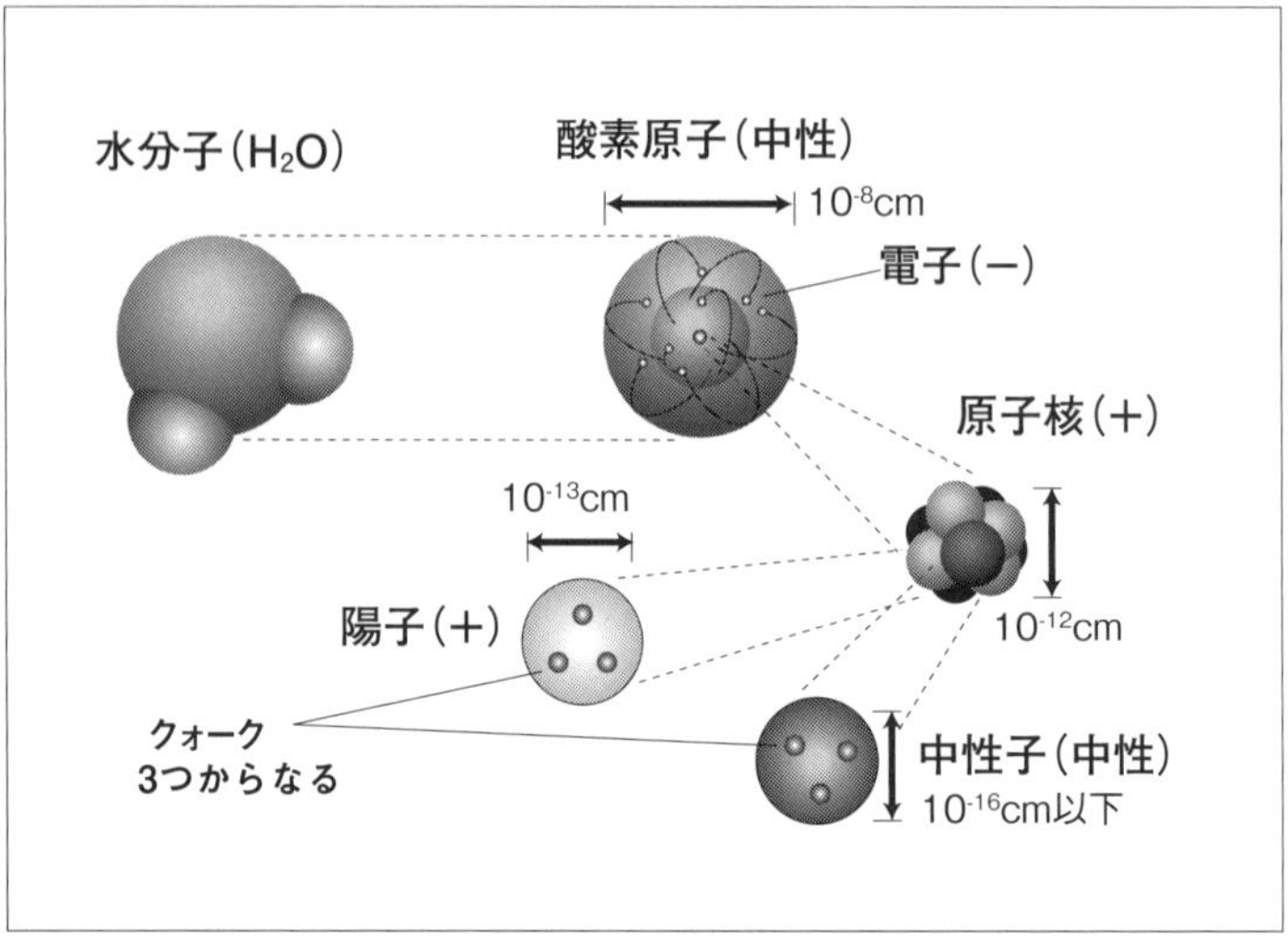

0年代には次のことがわかってきました。

原子には真ん中に原子核という核があり、そのまわりを何個かの電子が回っています（図13）。原子核と電子を結びつけている力は電気力で、電気の力は磁気《じき》の力と一緒になって電磁気力と呼ばれます。**電磁気力は、電荷をもった粒子の間で光子が交換されることで生じる力**です。

原子の質量の大半は原子核がになっていて、原子核は陽子と中性子という粒子の集まりです。陽子の大きさは1ミリの1兆分の1程度で、電子（マイナス電荷）と反対のプラス電荷をもっています。

原子核を取り巻く電子の数は、原子核の中の陽子と同じで、原子は全体として中性になっています。

一方、中性子は電荷をもたず、原子核の中ではたいてい陽子と同じ数になっています。たとえば酸素原子の場合、原子核には8個の陽子と8個の中性子があって、そのまわりを8個の電子が回っています。陽子と中性子をまとめて「核子《かくし》」と呼びます。

また、**原子核が自然に壊れて別の原子核に変わることがある**こともわかりました。これを「**原子核崩壊**」といい、**原子核の中の中性子が陽子に変わることで起こる現象**ですが、中性子にある種の力が働いた結果と解釈されました。

この力は陽子や中性子同士を結びつけている力に比べるとはるかに弱く、「**弱い力**」と呼ばれます。「弱い力」の本当の姿は、1970年代になるまでわかりませんでした。

一方、**陽子や中性子同士を結びつけている力は「強い力」**と呼ばれます。そして強い力は、「パイ中間子」と呼ばれる粒子が陽子や中性子の間で交換されることが原因です。「強い力」の本当の姿も、やはり1970年代になってようやくわかることになります。

この間の歴史や事情は大変込み入っているので、一足飛びに現在、素粒子の標準理論として知られている枠組みを説明しましょう。

ただ、ここで南部《なんぶ》陽一郎《よういちろう》や小林誠《こばやしまこと》、益川敏英《ますかわとしひで》といった日本人物理学者が重要な役割を果たしたことは指摘しておきましょう。

▼クォークとレプトン――素粒子の標準理論

素粒子の基本理論である標準理論で表される世界は、登場人物である素粒子とその間に働く3つの力（強い力、弱い力、電磁気力）からでき上がっています。

まず素粒子の世界の登場人物を紹介しましょう。次の3つに大別されます。①物質をつくる素粒子、②力を伝える素粒子、③質量を与える素粒子です。

①物質をつくる素粒子

原子核の構成要素である核子（陽子と中性子）はもはや主人公ではありません。もっと小さく、それ以上分割できないクォークとレプトンが物質をつくる素粒子で次のものがあります。

・クォーク＝アップ、ダウン、チャーム、ストレンジ、トップ、ボトム
・レプトン＝電子、ミューオン、タウオン、電子ニュートリノ、ミューニュートリノ、タウニュートリノ

それぞれを説明しましょう。

まずクォークは2つずつペアになって、そのペアが3組あります。それぞれアップとダウン、チャームとストレンジ、トップとボトムというペアになります。

たとえば陽子はアップクォーク2つとダウンクォーク1つ、中性子はアップクォーク1つとダウンクォーク2つ、という組み合わせからできています。

図14　標準理論で考えられている素粒子

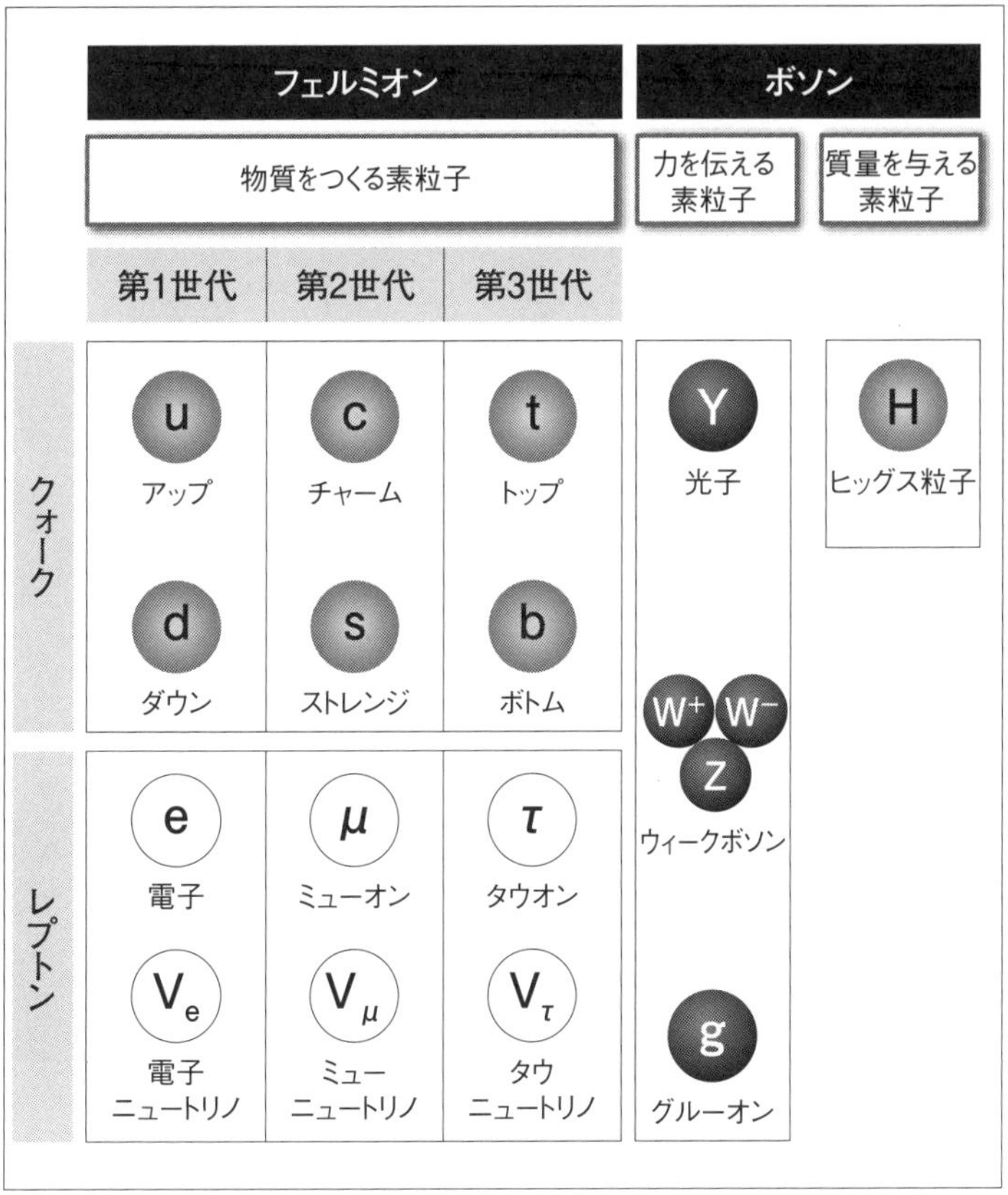

一方、電子とニュートリノもこれ以上分割できない素粒子ですが、それぞれには親戚のような素粒子がもう2種類あります。

電子の場合は、質量の小さい順から、電子、より質量が大きなミューオン（ミュー粒子）、さらに大きなタウオン（タウ粒子）です。

ニュートリノの場合は、電子とペアを組むものを電子ニュートリノ、ミューオンとペアを組むものをミューニュートリノ、タウオンとペアを組むものをタウニュートリノと呼びます。

これら電子とニュートリノたちをまとめて「レプトン」といいます。レプトンという名前は、古代ギリシャ語の「軽い」という言葉からきているように、クォークに比べると非常に軽く、電子は陽子の約2000分の1、ニュートリノにいたっては陽子の100億分の1程度しかありません。

そして、**すべての物質はこのクォークとレプトンの組み合わせからできています。**

たとえば水素原子はクォークからできた陽子とレプトンである電子からできており、陽子はプラスの電荷を担当し、レプトンはマイナスの電荷を担当しています。

また、レプトンは後で説明する「強い力」を受けないという点がクォークと違っています。

クォークのペアが3組あることに対応して、レプトンのペアも3組あります。この3組のことを「世代」といいます。

第1世代をみると、クォークがアップとダウン、レプトンが電子と電子ニュートリノといった具合です。なぜクォークとレプトンに同じようなペアが3世代あるのかはまだわかっていません。

そして、この**クォークとレプトンは「フェルミオン」**というグループのメンバーです。

フェルミオンとは「2つ以上の同じ素粒子は、同じエネルギー状態にならない」という性質をもつ素粒子を指します。この定義はちょっとわかりにくいかもしれませんね。

おおざっぱにいえば、同じ種類のフェルミオンを何個も同じ状態で物質の中に押し込むことはできないということです。これを「パウリの排他原理」といい、**物質が簡単には潰れないのは、それがパウリの排他原理を満たすフェルミオンからできているから**です。

②力を伝える素粒子

ミクロの世界まで細かく分けていくと、物質は素粒子からできていることがわかりました。同様に、強い力、弱い力という**力（相互作用）も素粒子が媒介《ばいかい》している**ことが明らかになりました。

力を伝える素粒子には次のように光子、ウィークボソン、グルーオンがあり、これらをフェルミオン間でやりとりすることで力が働きます（力を伝える素粒子には、ほかに重力子も想定されますが、いまのところ未発見で、ミクロの世界でもその力は弱くて無視できるため、標準理論には含まれていません）。

・光子＝電磁気力を伝える

・ウィークボソン（W粒子2種類とZ粒子の3種類）＝弱い力を伝える

・グルーオン＝強い力を伝える

これらの素粒子は、フェルミオン（クォークとレプトン）とはまったく違った性質をもっています。「同じ種類の素粒子が何個でも、同じエネルギーの状態になることができる」のです。つまり、**物質の中に同じ状態に何個でも押し込めるということです。この性質をもつ素粒子のグループを「ボソン」**といいます。

③質量を与える素粒子

素粒子にはクォークやレプトンのように質量をもつものと、光子のように質量をもたないものとがあります。その違いを生むのが、**素粒子に質量を与えるヒッグス粒子**です。ヒッグス粒子もボソンの仲間で、詳細は後述します。

・**素粒子はフェルミオンとボソンという2つのグループに大別される**
・**物質はフェルミオンによってつくられ、力を伝えるボソンをやりとりすることによって結びついている**
・**それらの素粒子の質量はヒッグス粒子（ボソン）によって与えられている**

これが素粒子を軸にミクロの世界の現象を説明した標準理論の枠組みです。

図15　ミクロの世界で働く3つの力と素粒子

電磁気力

プラスとマイナスの電荷をもつものに作用する。磁石のNSが引き合ったり、原子核と電子を結びつける力。光子が媒介

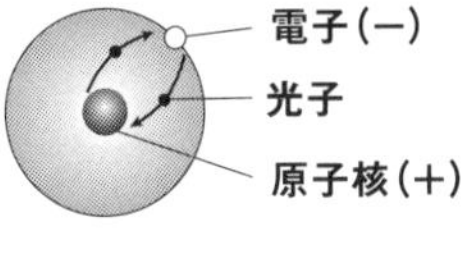

強い力

ミクロの世界でしか現れない。陽子や中性子などをつくっているクォーク同士を結びつけている力。グルーオンが媒介

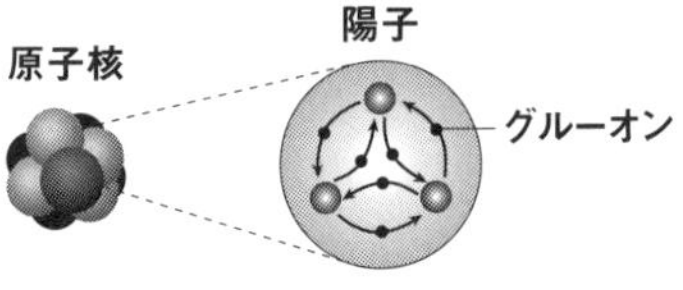

弱い力

ミクロの世界でしか現れない。中性子が電子とニュートリノを放出して陽子に変わる「ベータ崩壊」のときに働く力。ウィークボソンが媒介

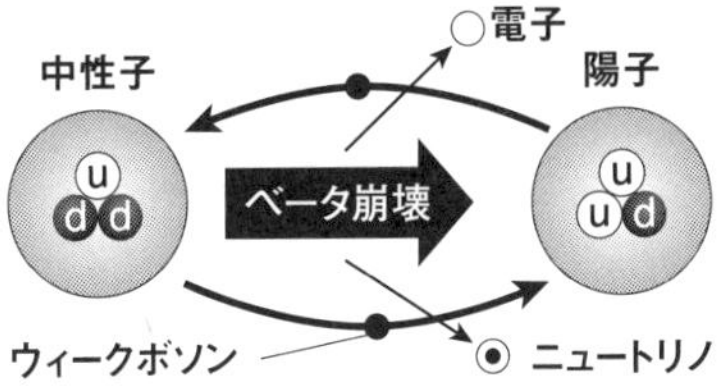

▼ミクロの世界で働く3つの力

あらためて、フェルミオン同士の間でボソンがやりとりされて働く3つの力（相互作用）を整理しておきましょう。

・電磁気力＝原子核（プラスの電荷）と電子（マイナスの電荷）を結びつける力。光子が媒介
・強い力＝クォーク同士を結びつける力。グルーオンが媒介
・弱い力＝クォークの種類を変えて、中性子が陽子に変わる原子核のベータ崩壊を引き起こす力。ウィークボソンが媒介

このうち電磁気力は、日常でも見られるプラスとマイナスの電荷や磁石が引き合う力のことであり、19世紀末にはその

基本的な性質がわかっていました。

素粒子レベルでのその正体は1930年代に解明されていて、電荷をもったフェルミオンの間で光子が交換されることで引き起こされる力です。

それに対して「強い力」と「弱い力」の解明は1970年代です。ずいぶん遅れたのは、この2つの力が原子核の中のようなごくごく小さな距離までしか届かないミクロの世界の現象だからです。

まず「強い力」は最初、「核子（陽子と中性子）同士を結びつけて原子核をつくっている力」として認識されました。このことに大きな貢献をしたのが湯川秀樹です。

湯川は核子の間にパイ中間子と呼ばれる粒子が交換されることによって「強い力」が生まれると考えたのです。

現代では、核子も中間子もクォークからできていることがわかっているので、本当の「強い力」は「クォーク同士を結びつけて核子や中間子をつくっている力」となります。湯川が考えた核子同士の間に働く力は、この本当の「強い力」が核子の外に染み出したようなものです。「強い力」は前述のとおり、クォーク同士の間にグルーオンが交換されることで働きます。

次に「弱い力」です。この力は原子核の中の中性子が、電子とニュートリノ（正確には反電子ニュートリノ）を放出して陽子に変わること（ベータ崩壊。原子核崩壊の一種）で、発見されました。ある種の力が中性子に働いたと考えたのです。

この力の強さは、「強い力」に比べて非常に弱いので「弱い力」と名づけられました。ちなみにミクロの世界では、電磁気力は弱い力に比べてもさらに弱い力です。

標準理論では、中性子はアップクォーク1つとダウンクォーク2つからできていて、陽子はアップクォーク2つとダウンクォーク1つからできていますから、ベータ崩壊はダウンクォークがアップクォークに変わったということになります。

このようにクォークの種類を変える力が「弱い力」です。それだけでなく、電子を電子ニュートリノに変えるように、ペアになっているフェルミオンを入れ替える力です。「弱い力」は、フェルミオン間でウィークボソンを交換することで働きます。

以上、12種類のフェルミオンと3種類のボソンの関係を見てきましたが、もう1つ大事な素粒子の働きがあります。それが「神の粒子」と呼ばれるヒッグス粒子です。

ヒッグス粒子は、現代の素粒子論にとっていちばん重要な「力の統一」に需要な役割を果たし、しかも宇宙の初めにとってまったく想像していなかった事件を引き起こします。これについてはのちほどくわしく説明しましょう。

図16　重力はとても弱い力

重力

質量をもつすべての物質に作用する。惑星を公転させ、地上に物質をとどめている力だが、他の３つの力と比べると非常に弱い。重力子が媒介

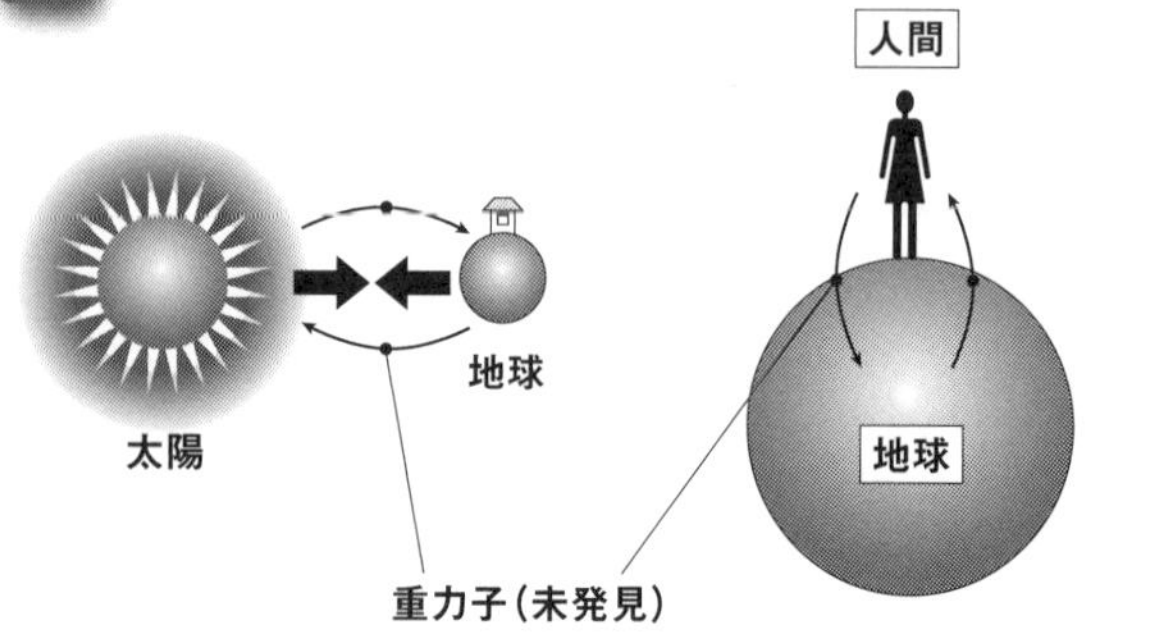

▼重力はとてもひ弱な力

素粒子間の力には、これまで出てきた「強い力」「弱い力」「電磁気力」の3つのほかに、「重力」も働いています。惑星が太陽のまわりを回るのも、月が地球のまわりを回るのも、そしてわれわれが地球上で生活できるのもすべて重力のおかげです。

重力も素粒子レベルで見ると「重力子《じゅうりょくし》」と呼ばれるボソンの交換によって生じる力となります。ただし、重力子は未発見の素粒子です。

私たちは日常経験から重力が最も強い力のように感じています。しかし実際のところ素粒子の間に働く力としては、先の**3つの力に比べると重力は極端に弱い力**です。

われわれが重力が強いと感じるのは、重力の強さがそれを及ぼす質量に比例するためで

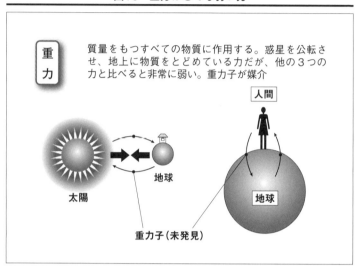

す。地球や太陽など天体の質量が莫大だから、重力が強いと感じるのです。
一方、素粒子の質量ははるかに小さいため、素粒子の間では重力はまったく無視できる力です。

▼力の統一は素粒子の統一

自然界に現れるすべての力は、「強い力」「弱い力」「電磁気力」「重力」の4つの力が元になっています。この宇宙で起こっているすべての現象が、元をたどれば、このたった4つの力で説明できるということは驚くべきことですが、物理学者はそれで満足しません。「なぜ4つなのか？」とさらなる問いをもつのです。

物理学者は、もともと1つの力だったものが、ある理由で4つに分かれたと考えたほうが理論的に「美しい」と感じるのです。こう考えた最初の物理学者はアインシュタインです。

1915年にニュートンの重力理論にとってかわる新しい重力理論である一般相対性理論を完成したアインシュタインは、さらに一般相対性理論を拡張して、電磁気力の存在も同時に説明しようとしました。

しかし、彼の努力はあまりに時代に先駆けていました。当然知っておかなければならない実験事実が、当時はなかったのです。彼はクォークの存在すら知りませんでした。力の統一はすなわち素粒子の統一ですから、基本粒子であるクォークを知らないことは致命的でした。

アインシュタインが一般相対性理論をつくったときは、彼の天才的な思考だけでよかったのですが、今度はそうはいきませんでした。

力の統一というアインシュタインの試みが成功したのは、1960年代後半のことです。このとき統一されたのは、「重力」と「電磁気力」ではなく、「電磁気力」と「弱い力」でした。

「電磁気力」と「弱い力」には非常に大きな違いがあります。「電磁気力」は磁石の力など日常でも経験できるように、ミクロの世界にとどまらずマクロの世界でも観測できる力です。一方、「弱い力」は原子核の中のようなごくごく小さなミクロの世界だけに働く力です。

この違いがあるにもかかわらず、なぜ「電磁気力」と「弱い力」が同じ力と考えられるのでしょう。

この**力の到達距離の違いは、力の原因となっている素粒子間に交換される粒子の質量の違いから**きています。

「電磁気力」の場合は光子の交換、「弱い力」の場合はウィークボソンの交換ですが、光子の質量がゼロなのに対してウィークボソンの質量は陽子の質量の80〜90倍と、素粒子としては非常に重く、そのため交換できる距離が短いのです。

もし「弱い力」で交換されるウィークボソンの質量がゼロだったとすると、「弱い力」は「電磁気力」と同様にマクロな力になるでしょう。

図17　ヒッグスの海を走る素粒子

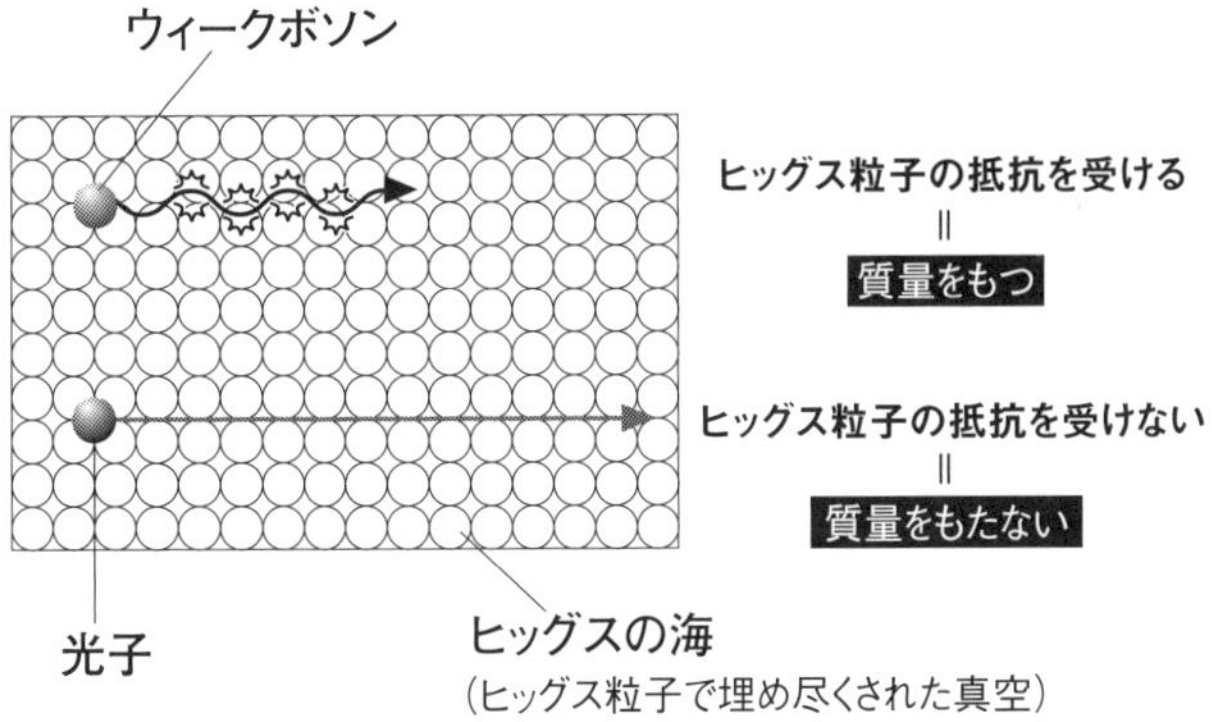

▼質量を与える素粒子「ヒッグス粒子」

一方で、1964年頃、ベルギーの物理学者ブルーとアングレール、スコットランドの物理学者ヒッグスは、真空状態とはある種の粒子が空間にぎっしりと詰まっている状態と考えることで、素粒子に質量を与えるメカニズムを提案していました。

今日、その粒子は「ヒッグス粒子」と呼ばれています。いわば**真空とはヒッグス粒子で埋め尽くされた海のようなもの**です。

ほとんどの素粒子は、このヒッグスの海の影響を受けて光速度で走ることができません。光子だけがヒッグスの海の影響をまったく受けずに、光速度で走ることができるのです。

素粒子の速度とその質量には関係があって、**質量をもたない粒子だけが光速度で走ることができる**のです。**それより遅い粒子は質量をもっ**

ているということです（図17）。

ヒッグスの海の影響を強く受ける粒子ほど、質量が大きく、遅く進むことになるのです。

このヒッグス粒子は、２０１２年にスイスにあるCERN《セルン》（欧州合同原子核研究機構）の巨大加速器で発見されました。**現在の宇宙がヒッグスの海で満たされていることが確実になった**のです。

いったんヒッグスの海の存在を認めると、その海が干上がった状態も考えることができます。ヒッグスの海がないということは、素粒子に質量がないということです。このような状態では「電磁気力」と「弱い力」は同等に扱うことができます。

このように考えて、アメリカの物理学者ワインバーグとパキスタンの物理学者サラムが、**「電磁気力」と「弱い力」を「電弱力」として統一**しました（電弱統一理論）。この研究によって１９７９年、彼らと２つの力の統一に関して先駆的な研究をしたアメリカの物理学者グラショウはノーベル物理学賞を受けています。

なお２０１２年にヒッグス粒子を発見したヒッグスとアングレールも、その翌年、ノーベル賞を受賞しています。アングレールの共同研究者ブルーは、残念ながらすでに亡くなっていてノーベル賞を受賞できませんでした。

図18　4つの力の統一

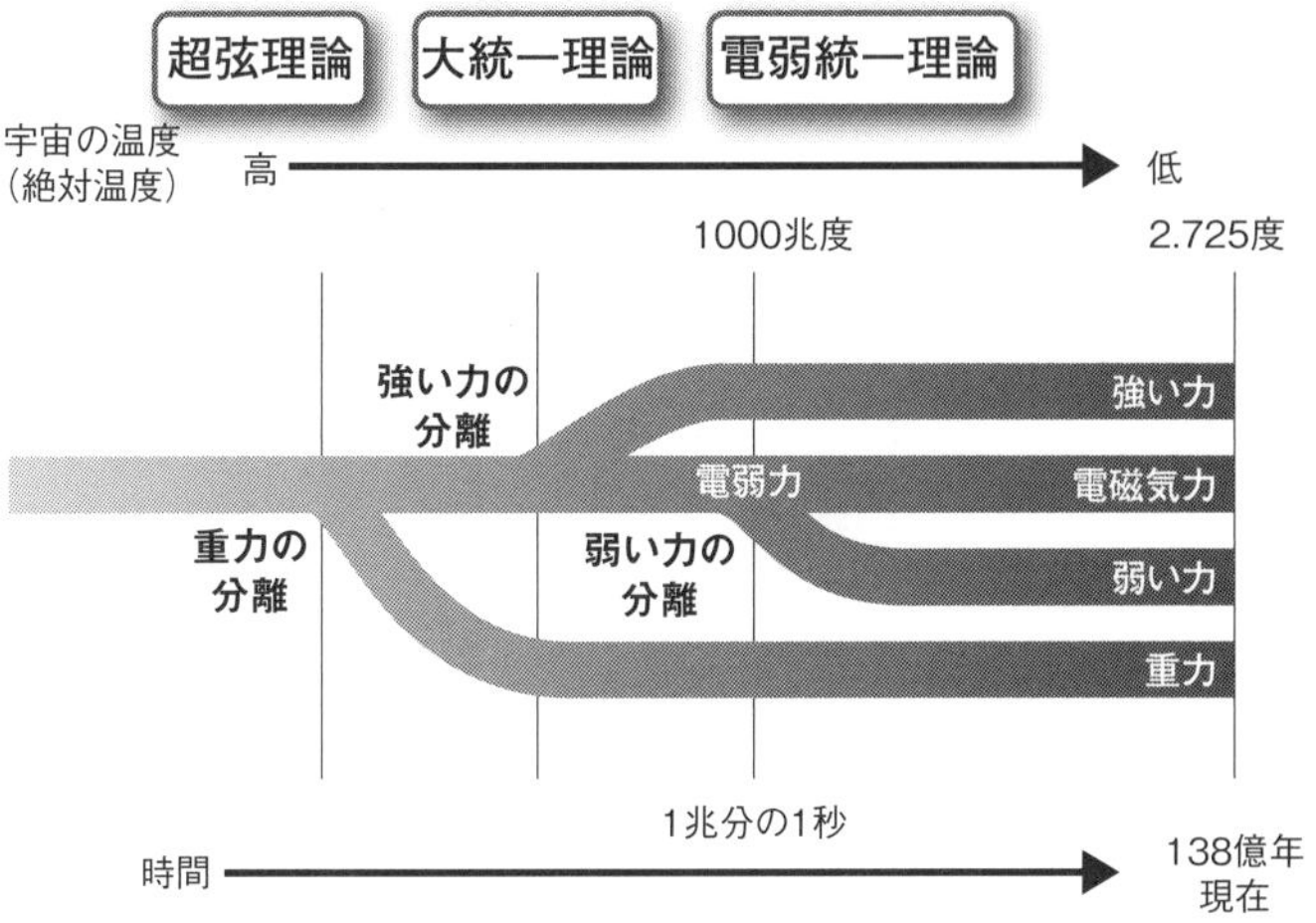

電弱統一理論で電磁気力と弱い力を統一できた。現在は強い力と電弱力を統一する大統一理論が試みられている。重力まで含めた４つの力すべてを統一する最終理論は超弦理論が有望視されている（大統一理論も超弦理論も未完成）

▼真空が一変したヒッグスの海

ヒッグスの海が干上がることが、実際に起こるでしょうか？

鍋に入れた水を想像してみてください。この水を熱すると水分子が激しく運動をはじめ空気中へと逃げ出していきます。水が蒸発するのです。そして最後には鍋の水が干上がってしまいます。

これと同じでヒッグスの海を熱すると、ヒッグス粒子の運動が激しくなって、ヒッグスの海が蒸発しはじめます。そしてある温度以上になると、ヒッグスの海は干上がってしまいます。

水は温度を上げていくと固体状態（氷）から液体状態（水）へ、そしてさらに温度を上げると液体状態（水）から気体状態（水蒸気）に変わります。H_2Oという水分子は変わっていませんが、温度という外的な条件が変わることによってその存在形態（相）が変化するのです。これを相転移《そうてんい》といいます。**ヒッグス粒子の場合、温度が約1000兆度を超えるとその相が変化するので、「真空の相転移」と呼ばれています、**

これを宇宙の初期に当てはめてみると、次のようなことが起こることが予想されます。

ビッグバンから1兆分の1秒以前、宇宙の温度が1000兆度を超えるとヒッグス粒子は空間を激しく飛び回っています。

このときヒッグス粒子以外のあらゆる素粒子に質量はなく、空間を光速度で飛び回っていました。そしてこの宇宙には、「重力」「強い力」「電弱力」の3種類の力がありました。**温度が1000兆度に下がったとき、**ヒッグス粒子は空間に凝縮《ぎょうしゅく》してヒッグスの海をつくります。そして**光子以外の素粒子が質量をもち、「電弱力」が「弱い力」と「電磁気力」に分かれた**のです（図18）。

理論の予想どおりのヒッグス粒子が2012年に発見されたことにより、われわれはビッグバンから1兆分の1秒にまでさかのぼれるのです。

▼摩訶不思議な1兆分の1秒より前の宇宙

ではビッグバンから1兆分の1秒以前の宇宙はどうなっていたのでしょう。残念ながらこれについては、まだよくわかっていません。

それは残った3種類の力の統一理論がまだ確立していないからです。

力の統一理論の試みとして「大統一理論」という理論があります。これは重力以外の「強い力」と「電弱力」を統一する理論です（未完成）。

この理論では、確実に「陽子崩壊」という現象が起こります。

物質をつくっている原子の中の原子核は、陽子と中性子からできています。中性子は陽子よりわずかに重いため、平均15分程度で陽子に変わります。一方の陽子は安定で、大統一理論が考えられるまでは、未来永劫《えいごう》に変わらないと信じられていました。

しかし**大統一理論では、陽子がたとえば陽電子と中性パイ中間子に変わる陽子崩壊が可能な**のです。中性パイ中間子はすぐに2つの光子に変わるので、原子の中でこれが起こると出てきた陽電子は電子と出合って光子に変わり、結局、**原子は光に変わって跡形もなくなってしまいます**（図19）。

もちろんこんな現象は観測されていませんが、大統一理論では、**宇宙年齢よりもはるかに長い時間を待てばこの現象が起こることが予言**されています。

実際にこの現象を観測する目的の実験が、いま日本の神岡《かみおか》鉱山跡の地下で進行中です（第3章

図19　陽子崩壊で物質が消える!?

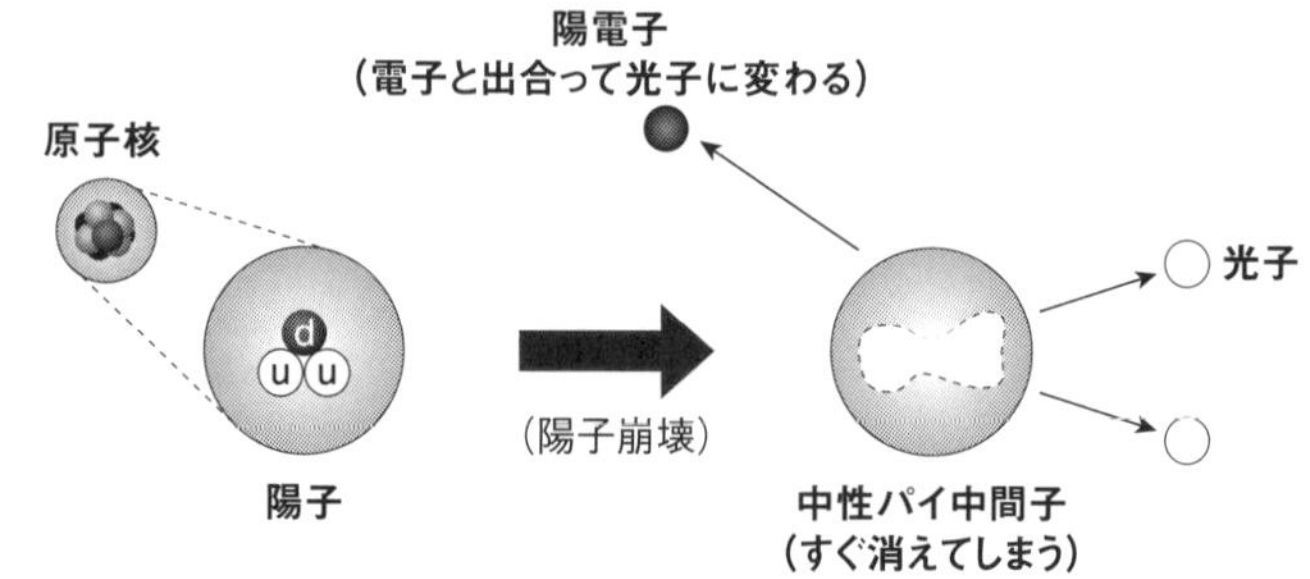

陽子が崩壊すると、陽電子を放出し中性パイ中間子に変わる。寿命が短い中性パイ中間子はすぐ２つの光子に変わって消えてしまう。放出された陽電子は原子核の周囲を飛び回る電子と出合って光子に変わる

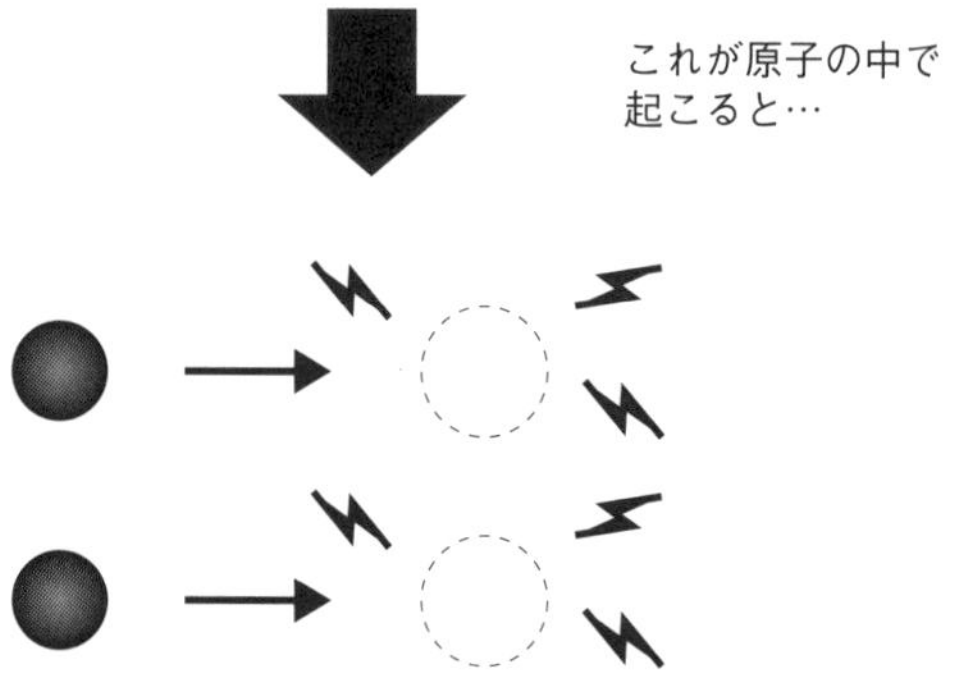

物質が光に変わって消えてしまう

参照)。

もしこの陽子崩壊という現象が観測されれば、「強い力」と「電弱力」は１つの力として統一されていることの証明となり、ノーベル賞間違いなしです。

▼カギをにぎる超弦理論

大統一理論では重力を考えていませんが、重力まで含めたすべての力の統一理論の試みも、もちろんさかんに研究されています。

すべての力の統一理論を最終理論といいます。第1章で述べたように、宇宙のはじまりやブラックホールの中には特異点が潜《ひそ》んでいますが、**特異点では時間、空間、物質が生まれたり消えたりすることが起こっています。それを調べることができる理論＝４つの力を統一できる理論、それが最終理論**なのです。

現在、**最終理論として最も有望と思われているのは「超弦理論」**です。

従来の理論の大前提は、クォークや電子などの素粒子とは、それ以上分割できないほど小さく何の構造ももたない点粒子という考え方です。

それに対して、素粒子はごくごく小さいけれど構造をもっているという考え方があります。とくに**「ひも」のように線状に広がった構造をもっていると考える理論が「ひも理論」**です。

図20　素粒子は「ひも」の振動

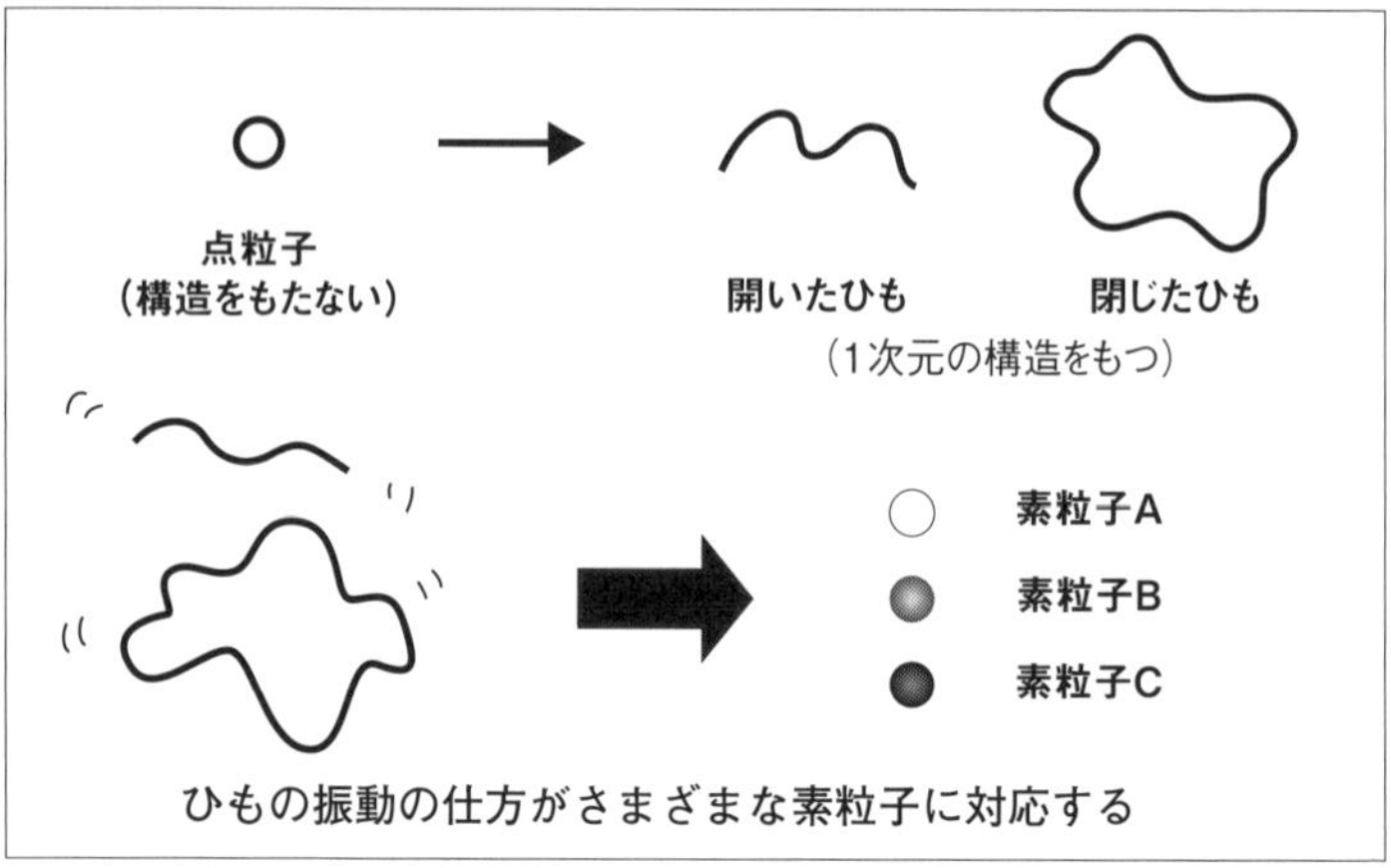

もちろんその長さはどんな観測装置を使っても検知することができない大きさなので、われわれから見ると一点にしか見えません。

しかし点粒子と根本的に違って、全体としての運動のほかに内部の運動を考えることができます。

具体的には、ゴムひもを想像してください。ぴんと張ったゴムひもの一部を引っ張って放すと、ゴムの張力で振動しますね。同じように、**いま考えている「ひも」も、張力をもっていて振動する**のです。

しかも振動の仕方はひと通りではなく、無数の仕方で振動します。**その振動の仕方ひとつひとつが違った素粒子に対応する**のです（図20）。まるで打ち出の小槌《こづち》のように「ひも」から無数の種類の素粒子が現れるのです。

素粒子が「ひも」の振動であるという理論を「ひも理論」、あるいは「弦理論」といいます。

最終理論は、ただの「弦理論」ではなく、もうひとつの考え方を取り入れています。

前にも述べたとおり、素粒子は大別すると、次のようにフェルミオンとボソンに分類できます。

・フェルミオン＝アップやダウンなどのクォーク＋電子やニュートリノなどのレプトン。物質をつくっている素粒子
・ボソン＝光子、ウィークボソン、グルーオンなどフェルミオンの間で交換されて力を伝える粒子＋素粒子に質量を与えるヒッグス粒子

素粒子の振動がただの「ひも（弦）」の振動では、ボソンしかつくりだすことができません。これでは最終理論にはなりません。

そこで、**フェルミオンをつくりだすようなひもの振動を理論的につけくわえたものが「超弦理論」**です。

この超弦理論は、フェルミオンもボソンも両方同時に扱えるので、4つの力が弦の運動から導かれることとなります。

4つの力のうち重力は、2つの粒子の間に重力子と呼ばれる素粒子がやりとりされて生じますが、重力子はまだ発見されていません。超弦理論では、輪ゴムのような「閉じたひも」の振動した状態が重力子と考えられます。そして、**時空はこの重力子からできていると考えられる**のです。

この点においても、基本的な存在を「ひも」とする超弦理論は好都合にできています。

従来の量子論の立場では、ブラックホールの内部や宇宙のはじまりに現れる特異点は重力子が無限に詰め込まれる領域となり、計算値が無限大になってしまうという束縛から逃れることができませんでした（電磁気力、弱い力、強い力の量子論でも無限大の問題は出てきますが、うまく処理することができるので致命的な問題にはなりません）。

でも、重力理論と量子論を融合させた超弦理論なら、これをクリアできそうです。基本的な存在は粒子ではなく広がりをもった「ひも」とするからです。この広がりが特異点を無限大という束縛から解放して、その正体を見せてくれるカギとなることが期待されています。

▼本当の宇宙は10次元、11次元？

もし超弦理論が正しい量子重力理論であるなら、それが完成したあかつきには、4つの力の統一だけでなく、時空のしくみや特異点の正体を解明し、宇宙がどうやってはじまったのかがわかるでしょう。

ただし、ここでひとつ問題があります。**超弦理論は時間1次元、空間9次元の10次元時空の理論です。**われわれの住んでいるのは時間1次元、空間3次元の4次元時空です。この4次元時空の広がりの中では、4つの力を統一する超弦理論が完成できないのです。

ということは、もし超弦理論が正しいとすると、**残りの6次元はどこかに隠れている、あるいは存在していてもわれわれには感知できない**ことになります。

この問題を解くための理論として「余剰次元」と「ブレーン理論」という2つがあります。

われわれの観測できていない余分な次元のことを余剰次元といいます。余剰次元の考え自体はかなり古く、１９２１年にドイツの物理学者カルツァが電磁気力と重力を統一するため5次元時空を考えたのがはじまりです。５次元目の空間が観測できないのは、それはなんらかのメカニズムで非常に小さくなったためだと考えたのです。

超弦理論の余剰次元も観測できないほど非常に小さいと考えればいいのですが、なぜ小さくなったのかについて何の説明もできていません。

もうひとつの考えは、われわれの宇宙は時間を別にすると、９次元空間に浮かぶ３次元の空間で、重力以外のあらゆる力はこの３次元空間以外には伝わらないとすることです。

じつは９次元空間に浮かんでいるのは３次元空間だけではありません。いろいろな次元の空間が浮かんでいます。

これら９次元空間に浮かんでいる、より低い次元の空間をブレーン（膜《まく》）と呼んでいます。

もし超弦理論が正しいとすると、宇宙の本当の姿はわれわれの知っているものとはまったく違います。

そもそも時空の次元は4次元ではなく、10次元となります。この中の9次元空間の中に浮かんでいる3次元空間がわれわれの認識する宇宙なのかもしれません。あるいは、われわれの認識する3次元空間の各点に小さな6次元空間が潜んでいるのかもしれません。

じつは超弦理論は最終理論ではなく、11次元時空の理論が最終理論だと考えている研究者もいます。

さらに、われわれが住んでいると認識している宇宙そのものが、ある種の幻《まぼろし》だという物理学とは思えないような話もあります。

この話の発端は、宇宙とは一見関係のないブラックホールの研究から出てきて超弦理論につながっていくので、第4章のブラックホールの話のときに説明しましょう。

いずれにせよ宇宙の本当の姿、この宇宙がどのようにしてはじまったのか、宇宙の初めの特異点の正体は何なのかを知るには、もう少し時間がかかりそうです。

これからわかる宇宙の謎

- 宇宙背景ニュートリノ放射の観測で、ビッグバンから0・1秒後の宇宙がわかる
- なぜ宇宙には反物質が存在しないのか
- 陽子崩壊の観測と強い力と電弱力の統一（＝大統一力）
- 4つの力の統一と時空のしくみ、特異点の正体を明らかにする最終理論の完成

宇宙おもしろコラム2

宇宙の金鉱「キロノバ」

▼金やプラチナの起源

恒星にも人と同じように誕生、成長、老化、死という一生があり、どのような一生になるかは、星の質量によって決まります。太陽よりも8倍程度重たい星の最期は、超新星《ちょうしんせい》（スーパーノバ）と呼ばれる大爆発です。

超新星爆発の結果、太陽質量の8～30倍程度の質量の星は中性子星《ちゅうせいしせい》に、それ以上の質量の星はブラックホールになると考えられています。

ただし、太陽質量の100倍を超える質量をもつ星の超新星爆発では、さまざまな事情によって星の一部が残ったり、星全体が爆発して何も残らないこともあります。

これらはいずれも単一の星の中心部が潰れることによって起こるため、「重力崩壊型超新星」と呼ばれています。

超新星は重力崩壊型だけではありません。中性子星と中性子星の連星《れんせい》（2つの星が万有引力を及ぼしあって、共通の重心のまわりを回っているもの）や、中性子星とブラックホールの連星系で起こる爆発による超新星があります。

こうした超新星は、**白色矮星**《はくしょくわいせい》**の表面で起こる爆発現象である新星の1000倍程度の明るさとなるので「キロノバ」**と呼ばれています（キロとは1000、ノバとは新星の意味）。

とはいっても、重力崩壊型の超新星に比べると10分の1、あるいは100分の1程度の明るさなのです。

しかしキロノバの重要性は、超新星に勝《まさ》るとも劣《おと》りません。**われわれの身のまわりには、金やプラチナといった鉄よりも重たい元素が存在します。その起源がキロノバなのです。**

▼鉄より重い原子核は星の中ではつくれない

物質の構成要素である原子は、原子核のまわりを電子が取り巻いています。原子核はプラスの電荷をもった陽子と中性の中性子からできています。中性子は本来15分ほどで陽子に変わってしまうのですが、原子核の中では安定に存在します。

基本的な原子の性質は、原子核の中に陽子が何個含まれているかで決まっています。そのため原子核の中の陽子の数を原子番号といい、原子の区別に使われます。原子核の中で陽子と中性子はたいてい同じ数含まれているので、**原子番号が原子の重さを決めているといえます。**

たとえば、いちばん軽い原子核は水素（陽子1個）で原子番号は1、次に軽い原子核はヘリウム（陽子2個）で原子番号2です（79ページ図12参照）。酸素は原子番号8です。

星の中でつくることのできるいちばん重たい原子核は、原子番号26の鉄です。**鉄より重たい原子核は星の中ではつくれない**のです。

▼中性子星同士の衝突で月1個分の金ができる

一方、金の原子番号は79です。このような重たい原子核は次のようにできると考えられています。

星の中でできた鉄などの重たい原子核に、大量の中性子が急速にぶつかることで、一時的に中性子が過剰な原子核ができます。過剰な中性子の一部は15分ほどで自然に陽子に変わることで中性子と陽子がほぼ同じ数になり、重たく安定な原子核がつくられます。こうして金などの鉄より重い元素ができるのです。

この元素合成の反応は莫大《ばくだい》な数の中性子を急速にぶつける必要があり、急速なという意味の「rapid」という英語の頭《かしら》文字を使って「r－過程」と呼ばれています。

問題はこのr－過程が宇宙のどこで起こっているかです。

従来は、超新星爆発の際に吹き飛ばされた物質に、大量の中性子がぶつかることで起こっていると考えられていました。しかし超新星の場合、中性子ばかりでなく大量のニュートリノも放出され、中性子がそのニュートリノを吸って陽子に変わってしまうため大量の中性子が確保できないことがわかったのです。

そこで**想定されたのが中性子星同士、あるいは中性子星とブラックホールの衝突**です。

このような衝突では軽いほうの中性子星の大部分は粉々に砕《くだ》け、重たいほうの星のまわりに円盤をつくりますが、10％程度の中性子は、光速の20％程度という超高速で宇宙空間に吹き飛びます。

その中性子がまわりの物質に衝突することで、中性子が過剰な原子核が大量にできるのです。中性子過剰な原子核は不安定で重たく、次から次へと軽い原子核に変わるときに発生するガンマ線によって輝きます。これがキロノバです。**1回の中性子星同士の衝突によって、月1個分の質量の金ができる**と推定されています。

▼世界中の望遠鏡がキロノバ探し

2013年6月、ガンマ線観測衛星スウィフトが40億光年彼方の銀河で発生したガンマ線バースト（228ページ参照）を観測しました。その後のハッブル宇宙望遠鏡によってガンマ線源の明るさが減光していく様子が観測されました。

キロノバの特徴である、中性子過剰な原子核が次から次へと軽い原子核に変わるときに発生するガンマ線によって減光の様子が予想され、その観測結果が予想と一致したのです。

２０１７年10月には、重力波望遠鏡LIGO《ライゴ》（３４２ページ参照）が中性子星同士の合体から放射される重力波を観測しました。

観測された重力波の波形から、２つの星の質量は太陽質量の１・１７〜１・６倍程度で、ブラックホールではなく中性子星であることがわかりました。重力波が検出されるとすぐに、すばる望遠鏡をはじめ世界中の望遠鏡が、この重力波がやってきた方向に対応する天体探しをスタートさせました。

その結果、重力波検出から11日後、１億３０００万光年彼方の銀河の中に対応する天体を見つけ、そのスペクトルや減光の様子からキロノバであることが確認されたのです。

第3章　宇宙をあやつる暗黒物質と暗黒エネルギー

銀河の構造をつくる宇宙の揺らぎ

▼COBE衛星が証明したCMBのプランク分布

現在の宇宙には銀河や銀河団（銀河の集団）が無数に存在しています。これらの構造がいつどのようにしてできたのか、だんだんわかってきました。この謎を解くカギは１９９２年に発見されました。

第２章（62ページ〜）で１９６４年、星が生まれる前から宇宙に存在した光が発見された話をしました。宇宙マイクロ波背景放射です。

この放射（電磁波）はビッグバンから38万年後の宇宙からやってきたものでした。そこでこの放射をくわしく調べれば、ビッグバンから38万年後の宇宙やそれ以前の宇宙の状態もわかるだろうという予想のもとに１９８９年、ＮＡＳＡはＣＯＢＥ《コービー》と呼ばれる観測衛星を打ち上げました。

ビッグバン理論の予言では、**もし宇宙マイクロ波背景放射が本当に宇宙の初めから存在していたとすると、放射はある特別なスペクトル分布（波長ごとの放射の強度）性質をもつことがわかっています。**

それは熱平衡《ねつへいこう》分布、あるいは「プランク分布」というものです。

19世紀末、ドイツの物理学者マックス・プランクは高温の溶鉱炉から出てくる光のスペクトル分布を研究して、それがある簡単な温度の関数で表される分布であることを発見しました。その分布がプランク分布です。

プランク分布は、温度が高くなるにつれ、短い波長にエネルギーが多く含まれるようになっています。逆にその分布を見れば、溶鉱炉の温度がわかります。

宇宙の初期もまさに溶鉱炉のように、超高温で放射はあらゆる物質（宇宙初期の場合は素粒子《そりゅうし》）とエネルギーのやりとりを頻繁《ひんぱん》にしていて、放射はプランク分布をしていたはずなのです。

高温の放射は、宇宙膨張によって波長が引き伸ばされて現在1ミリ程度になっており、絶対温度は2・725度まで冷えていますが、スペクトルはプランク分布のままなのです。

というわけで、現在観測されている宇宙マイクロ波背景放射が宇宙初期の超高温の名残《なごり》とすると、そのスペクトルはプランク分布になっているはずです。

ＣＯＢＥ衛星は実際に、**宇宙マイクロ波背景放射が絶対温度２・７２５度のほぼ完璧《かんぺき》なプランク分布であることを示した**のです。このことでビッグバン理論の正しさは疑いようがなくなりました。

以下、宇宙マイクロ波背景放射をＣＭＢ（Cosmic Microwave Backgroundの頭文字）と書くことにします。

▼これが銀河のタネなのか？

ＣＯＢＥ衛星は、ＣＭＢがプランク分布であることを観測しただけではありません。それ以上の衝撃を学界に与えました。それは**ＣＭＢの温度揺らぎの発見**です。温度揺らぎとは、天球上のいろいろな方向からやってくる放射の温度がわずかに違うという意味です。ＣＭＢの温度が２・７２５度というのは、天球上の全方向からやってくるＣＭＢの温度の平均値です。

じつは、この揺らぎこそ、天文学者が長年追いかけてきたものでした。

もし宇宙の初めの空間に物質がでこぼこでなく一様に広がっていたら、どんなに待っても銀河や銀河団はできません。**銀河や銀河団などの構造ができるためには、宇宙の初めに物質密度の高いところと低いところがあったはず**です。

密度の高いところは重力が強いので、まわりの物質をどんどん引きつけて、最終的には銀河、銀河団になるのです。これを「構造形成の重力不安定説」といいます。**物質密度の高いところが、銀河のタネとなる**のです（図21）。

物質密度の高いところでは熱くなります。一方で密度が高いと重力が強いので、そこから出てくる光は重力に逆らってやってくるため、エネルギーを失って温度が下がります。

図21　密度揺らぎの成長

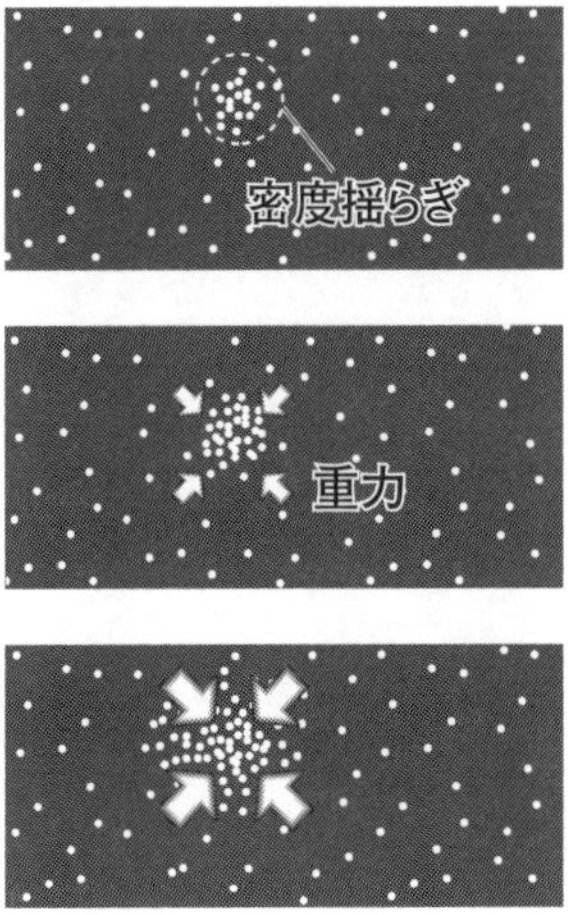

物質の分布密度が周囲よりわずかに高い部分（密度揺らぎ）

密度の高い部分は重力が強いので、周囲の物質を引き寄せる

さらに密度が高まって、密度揺らぎがどんどん成長していく

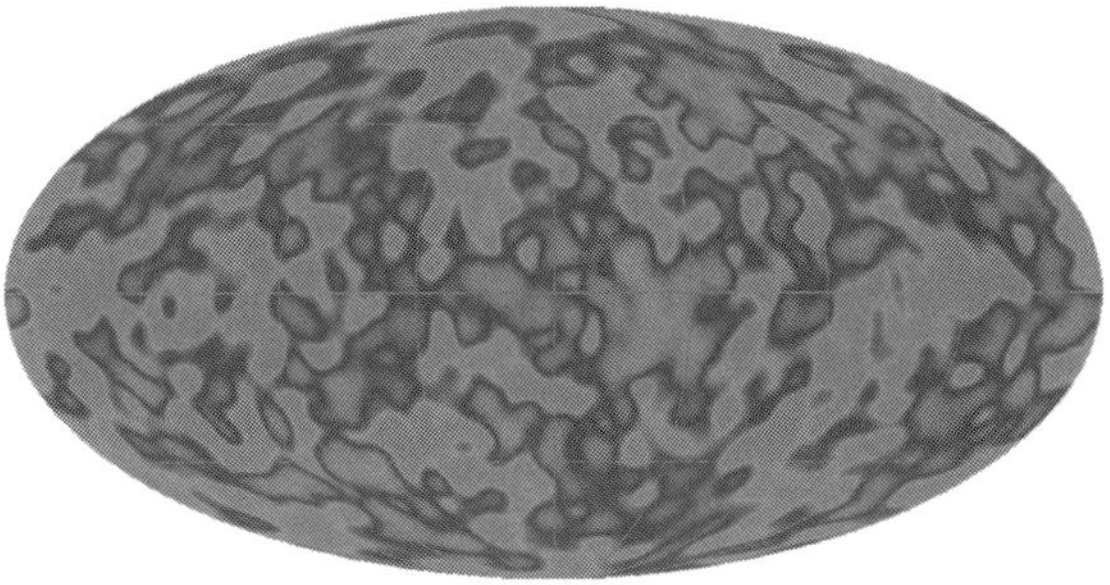

COBE衛星によるCMB温度揺らぎの全天マップ
（全天の球面を世界地図のように平面上に表したもの）

CMBの温度揺らぎ観測では低温の部分が高密度の部分となる。COBEは10万分の1の揺らぎを発見した

正味の効果としては、天球上の物質密度が高いところからやってくるCMBの温度はまわりより低くなるのです。

したがって、**天球上でCMBの温度が低いところが銀河のタネがある場所**なのです。

現在の宇宙に銀河があるわけですから、温度揺らぎがあるのは当然です。理論的にその揺らぎの大きさ（温度の平均値2・725度からの高低）は1000分の1程度ということもわかっていました。これは2・725度の1000分の1だけ温度が高い方向と低い方向があるということです。

ずいぶん小さいと思われるかもしれませんが、当時の観測技術でも十分検出可能な値《あたい》でした。したがって、当初、温度揺らぎはすぐ見つかると思われていました。

ところが、そう簡単には見つからなかったのです。

ようやく1992年、ついに温度揺らぎを発見しました。しかし**その揺らぎの大きさは1000分の1ではなく10万分の1**だったのです。

ただしCOBEの観測機器では、それほど細かい構造（温度の高低）は見えませんでした。

天球上の大きさは角度で表されます。たとえば満月を見ると、満月は天球上で直径0・5度程度の円です（私たちの目と満月の上の端と下の端で三角形をつくったとき、目の位置での角度が、0・5度ということです。図22）。天体の見かけの大きさを直径で表したものは視直径といいま

図22　月の見かけの大きさは0.5度

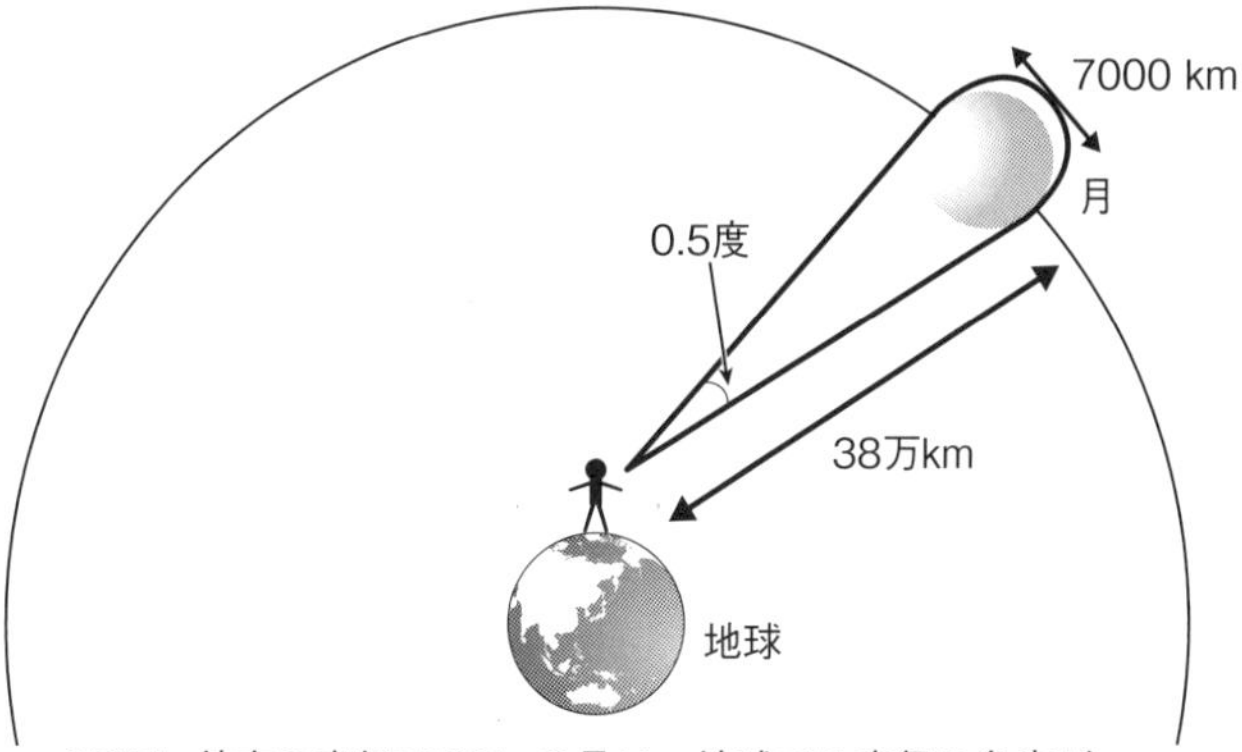

38万km彼方の直径7000kmの月は、地球では直径の角度が0.5度の円に見える

す。

ＣＯＢＥは、７度程度以下の模様は見えなかったのです。天頂から地平線までが90度ですから、**かなりぼやけた模様しか見えなかったのです。**

天球上の角度10度の広がりというのは、ＣＭＢがやってきたビッグバン38万年後の宇宙では、数百万光年の広がりに対応します。銀河の大きさは10万光年程度で、角度にすると１度程度に対応します。

したがって、ＣＯＢＥの見つけた温度揺らぎはじつは銀河の直接のタネではなかったのですが、宇宙の初めに小さな小さなでこぼこがあったことの証拠にはなりました。

▼暗黒物質がないと銀河がつくれない

そこでよりくわしくＣＭＢの温度揺らぎを

観測するために、ＮＡＳＡが２００１年、ＥＳＡ（欧州宇宙機関）が２００９年、ＣＭＢ観測衛星を打ち上げました。そして予想どおり、ＣＭＢに1度程度の温度揺らぎを検出したのです。ただし、でこぼこの大きさは、やはり10万分の1程度でした。

ちょっと整理して考えてみましょう。

・温度が高い部分＝物質の密度が低い
・温度が低い部分＝物質の密度が高い

密度の高い部分は重力も強く、まわりの物質を集めてどんどん密度を上げていきます。そしてついには銀河をつくるわけですが、そう単純な話ではありません。

なにしろ、密度のでこぼこが小さすぎることと宇宙が膨張していることで、成長が遅くなるのです。１３８億年といえば気の遠くなるほど長い時間と感じるかもしれませんが、**宇宙の晴れ上がりから現在まで、宇宙はたったの１１００倍しか大きくなっていません。銀河をつくるには１３８億年では短すぎる**のです。しかし、現実の宇宙は無数の銀河が存在しています。

このことは、これまでの話で何か見落としていることを意味しています。

実際に銀河はできたのですから、密度の成長は十分速かったのです。その理由は、まわりから物質を集める重力が強かったということでしょう。

重力を強くするには、より多くの質量が必要です。しかし、私たちになじみのある陽子《ようし》、

図23　太陽ー地球のラグランジュ点

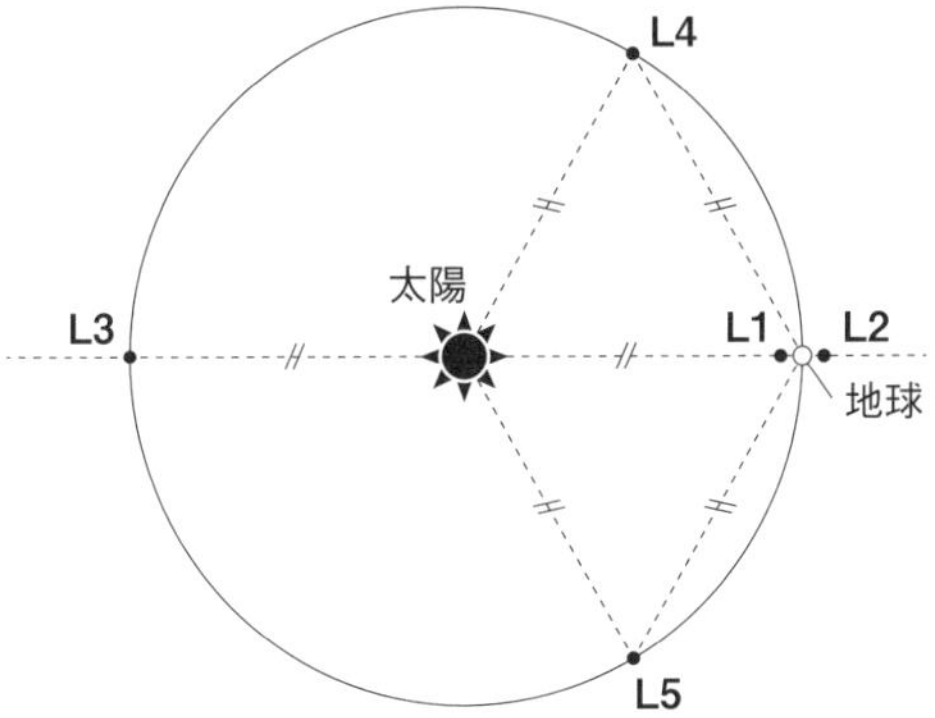

太陽と地球のラグランジュ点はL1〜L5の5ヵ所。太陽と地球からの引力と遠心力が釣り合う点なので、ここに置かれた天体はその位置を保ちながら太陽のまわりを公転する

中性子《ちゅうせいし》、電子からできた物質だけでは、質量が足りないこともまた事実です。

そこで見えないけれど、質量をもった物質が大量に存在して、その質量による重力がでこぼこを成長させて銀河をつくったと考えるのです。この見えない物質こそダークマター（暗黒物質）です。

▼宇宙はほとんど暗黒エネルギーと暗黒物質でできていた

2001年にNASAが打ち上げたCMB温度揺らぎ観測衛星は、当初Microwave Anisotropy Probeの頭文字をとってMAP《マップ》と呼ばれていましたが、その後、観測チームの一員でCMB観測のパイオニアのひとりだったデビッド・ウィルキンソンの名を最初に加えてWMAP《ダブリューマップ》と呼ばれるようになりました。

ＷＭＡＰの最大の目標はＣＭＢの温度揺らぎを、よりくわしく、より小さな角度まで検出することです。そのためにＣＯＢＥに比べると感度で45倍、33分の1の小さなでこぼこまで見つける装置を搭載《とうさい》しました。

ＷＭＡＰ衛星は、ハッブル宇宙望遠鏡に代わる新しい宇宙望遠鏡ジェームズ・ウェッブと同じく、地球から太陽と反対側に150万キロメートル離れた位置（図23のＬ２）で観測します。地球や太陽からの重力と遠心力が釣り合って無重力の状態となり、自然にそこにとどまることができる特別な場所を「ラグランジュ点」といい、5ヵ所が知られています。Ｌ２の位置は太陽がつねに地球に隠れるので、天体観測には最適となります。

さて、角度ごとの温度揺らぎの大きさを、「温度揺らぎのスペクトル」といいますが、ＷＭＡＰは2010年まで観測をつづけ、広い角度範囲で温度揺らぎのスペクトルを測定しました。その結果、温度揺らぎが1度程度でいちばん大きいことなど、さまざまな特徴がわかりました。

これらの特徴から、現在の宇宙の膨張の速さを表す「ハッブル定数」の値をはじめ、次のことがわかりました（ハッブル定数の単位はkm/s/Mpc。これは1メガパーセク〔Mpc＝324万光年〕離れた2つの銀河がお互いに遠ざかる秒速〔km/s〕を表します）。

【ＷＭＡＰの観測結果】

・ハッブル定数＝70

図24　宇宙の構成要素

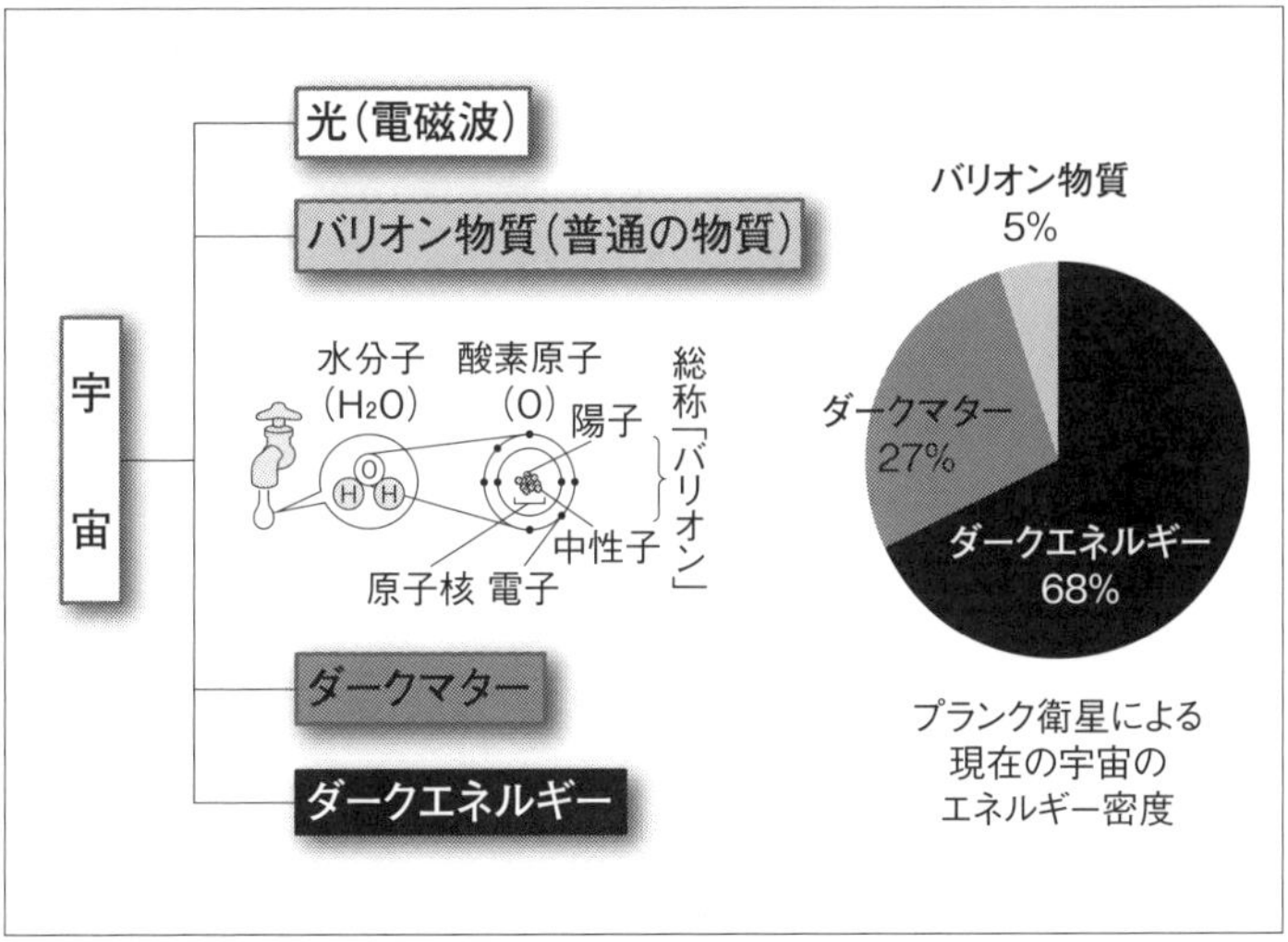

・宇宙年齢＝１３７億年
・宇宙の空間は平坦に非常に近い
また、宇宙のもつエネルギー（＝質量）の割合は、
・ダークエネルギー（暗黒エネルギー）＝72％
・ダークマター＝23％
・水素やヘリウムなどの普通の物質（バリオン物質）＝残りの５％
であることなど、それまでの観測とは比較にならない高精度でわかったのです。

また後述する、宇宙の初めにインフレーションが起こったことの間接的な証拠も得られました。

ＥＳＡが２００９年に打ち上げたプランク衛星は、ＷＭＡＰよりも数倍の感度、３分の１以下の小さな角度まで温度揺らぎを検出できる高い能力があります。ＷＭＡＰと同じラグランジュ点Ｌ２で観測がおこなわれ、２０１３年に運用となりました。

その結果、次のことがわかりました。

【プランク衛星の観測結果】

・ハッブル定数＝68

・宇宙年齢＝１３８億年

・宇宙のエネルギーの割合

ダークエネルギー＝68％、ダークマター＝27％、バリオン物質＝５％

これらの観測から、宇宙には私たちがよく知っている「普通の物質」、すなわちバリオン物質は５％しかなく、残りの95％は暗黒エネルギーと暗黒物質が占めている、ということが明らかになりました。**宇宙は正体不明のエネルギーと物質で満ちている**、というわけです。

▼ＣＭＢの偏光が伝えること

ＣＭＢの観測では、温度揺らぎのほかにもうひとつ重要な観測量があります。それはＣＭＢの偏光《へんこう》です。

電磁波とは、波の進行方向に対して垂直方向に電場と磁場が振動しながら伝わる現象です。電場と磁場の振動方向がある特定の方向だけのとき、電磁波は直線偏光しているといいます。

さまざまな電磁波が混じっている放射の場合、すべての電磁波が特定の方向に偏光していることはなく、ある方向の振動が他の方向より強い場合を部分偏光といいます。

プランク分布をしている放射は偏光をしていません。したがって、ＣＭＢも偏光はしていません。

しかし、宇宙の中には銀河や銀河団、それらを取り込むダークマターハロー（26ページ参照）など、物質分布のでこぼこがあります。物質の重力が空間をゆがめるため、**物質のでこぼこの中を通るＣＭＢは部分偏光します。**

この偏光はＷＭＡＰやプランク衛星で観測されています。ただ、偏光の原因はこれだけではありません。宇宙空間が重力波で満たされていると、重力波は空間のゆがみの振動なので、その中を通るＣＭＢは部分偏光します。

「ビッグバンの前にインフレーション膨張と呼ばれる急激な膨張があった」という**インフレーション理論**は、現在の宇宙論の定説になっています。

このインフレーション理論の予言のひとつは、インフレーション膨張時に重力波が生成されることです。この重力波は現在の宇宙を満たしているはずです。

したがって、**ＣＭＢの偏光を観測することで、インフレーションが実際に起こったかどうかを検証できることになるのです。**また、どのような重力波がどのくらい発生するかはインフレーション理論の詳細によって決まります。

じつはインフレーション膨張をもたらす原因はいくつもの可能性があり、現状ではどの可能性が実際に起こっているのかを決めることはできません。偏光観測はインフレーション膨張があったことだけでなく、インフレーション膨張をもたらす原因がどのようなものだったかの手がかりともなります。

この偏光観測のためにさまざまな計画が進行中です。日本は観測衛星を打ち上げ、ラグランジュ点において3年間観測をする計画を立てています。

この計画はLiteBIRD《ライトバード》計画と名づけられて、２０２０年代の中頃の打ち上げをめざしています。ビッグバンの前の宇宙の様子がわかる日は、それほど遠くないのかもしれません。

極微の宇宙を急膨張させたインフレーション

▼宇宙の根本的な謎「地平線問題」

ＣＭＢの温度揺らぎから銀河のタネが見つかりました。この物質密度のでこぼこ（＝物質揺ら

図25　地平線問題

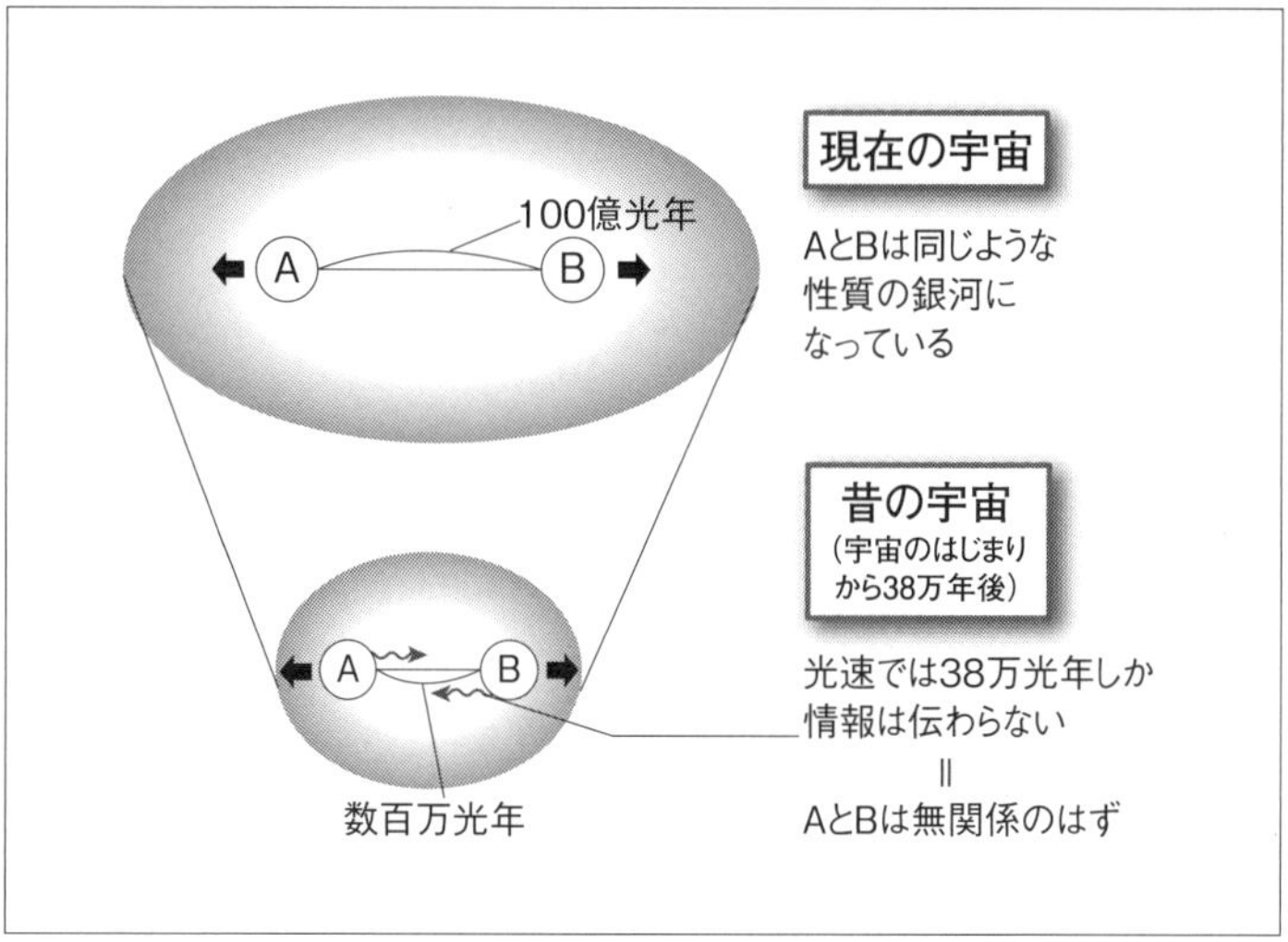
100億光年
A
B
現在の宇宙
AとBは同じような
性質の銀河に
なっている
昔の宇宙
（宇宙のはじまり
から38万年後）
A
B
光速では38万光年しか
情報は伝わらない
＝
AとBは無関係のはず
数百万光年

ぎ）が見つかると、次の疑問は**「物質揺らぎはいつできたのか」**ということです。１９８０年代までは、天文学者でもそんなことがわかるはずはないと思っていました。

　ところが１９８０年代の中頃、物質揺らぎの起源を説明する可能性が指摘されました。この可能性は１９８０年代初頭に日本の佐藤《さとう》勝彦《かつひこ》やアメリカのアラン・グースによって提案され、現代宇宙論の定説になっているインフレーション理論に基づいています。

　インフレーション理論は先に見た力の大統一理論に基づいて提唱されたものですが、**「宇宙の地平線問題」という非常に根本的な問題**を解決する理論として注目されたので、まず地平線問題を説明しましょう。

　ＣＯＢＥが発見したＣＭＢの温度揺らぎは

10万分の1程度という話をしました。ＣＭＢはビッグバンから38万年後の宇宙からやってきた光でした。たとえば天球上で角度が10度離れた方向からやってくるＣＭＢの温度には10万分の１の違いしかない、ということです。

天球上で角度が10度離れているということは、ビッグバンから38万年後の宇宙では数百万光年離れていることになります。つまり、そのときの宇宙で数百万光年離れている２つの場所は、ほんのわずかな違いしかないということです。

しかしよく考えると、この２つの場所がほとんど同じ状態（たとえば温度が同じなど）になっている理由はどこにもないのです。というのは、２つの場所が同じような状態になるためには、それらの間になんらかの情報が行き来しているはずです。

ところがビッグバンから38万年しかたっていませんから、その間に光の伝わる範囲は半径38万光年の球の中だけになります。光の速さが情報の伝わる最大の速さですから、**38万年の間に数百万光年離れた2つの場所に情報が伝わるはずがないのです。**

情報が伝わっていないのに、２つの場所がほとんど同じ状態になっているというのが地平線問題です。情報が伝わらないことを、地平線の向こう側は見えないことにたとえたのです。

▼インフレーションからビッグバンへ

インフレーション理論とは、情報が行きわたるようなごく微小な領域が、たとえば10のマイナ

ス36乗秒という極微《きょくび》の時間の間に、10の26乗倍以上に急激に拡大したとする理論です。たとえば1個の原子が直径1光年の球（オールトの雲くらい）のサイズになるようなイメージです。

もちろん、このときの膨張速度は光速をはるかに超えています（特殊相対性理論によって物体の運動は光速度を超えることはできませんが、空間の膨張はこの限りではありません）。

また、膨張の速さはどんどん速くなるような加速膨張です。**この急激な加速膨張をインフレーション膨張**といいます。

この急激な膨張のため、もともと非常に近くにあって情報を共有していた2点があっという間に非常に遠くに離れてしまったのです。

インフレーション膨張によって空間が拡大することで、宇宙の温度は急激に下がります。そしてインフレーション膨張のエネルギーは最終的に放射（＝電磁波）のエネルギーに変わって、宇宙の温度は急激に上がり宇宙は放射で満たされます。

宇宙全体の大爆発です。これが、私たちがこれまで宇宙のはじまりだと思っていたビッグバンです。

私たちはビッグバンが起こって38万年後のことしか観測できません。そのとき何百万光年も離れていた2点は、ビッグバン前にはすぐ隣同士だったのです。

インフレーション膨張を引き起こす謎の素粒子

▼不可能を可能にする「インフラトン」の暗黒エネルギー

なぜインフレーション理論で物質密度の揺らぎの起源が説明できるのでしょう。それにはインフレーション理論をもう少しくわしく知る必要があります。

勝つたびに賞金が倍、倍に増えていく倍々ゲームというのがあります。10回勝ちつづければ賞金は1024倍、20回つづけて勝てば1048576、30回なら1073741824（10億7374万1824）となります。

30回つづけて勝つなんてありえない、と思うでしょう。インフレーション膨張というのは、じつは倍々ゲームのように空間がこんな感じで拡大していく膨張です。普通に考えればありえません。**われわれが知っているエネルギーではインフレーション膨張を起こすのは不可能**なのです。

現在の宇宙は同じような加速膨張をしていますが、そのためには正体不明のダークエネルギーが必要でした。**インフレーション膨張にも同じように正体不明のダークエネルギーが必要**なのです。

ひとつの候補は、ある種の素粒子のもつエネルギーです。この素粒子は、インフレーション膨

図26　ミクロの量子揺らぎをマクロの物質揺らぎに転化したインフレーション膨張

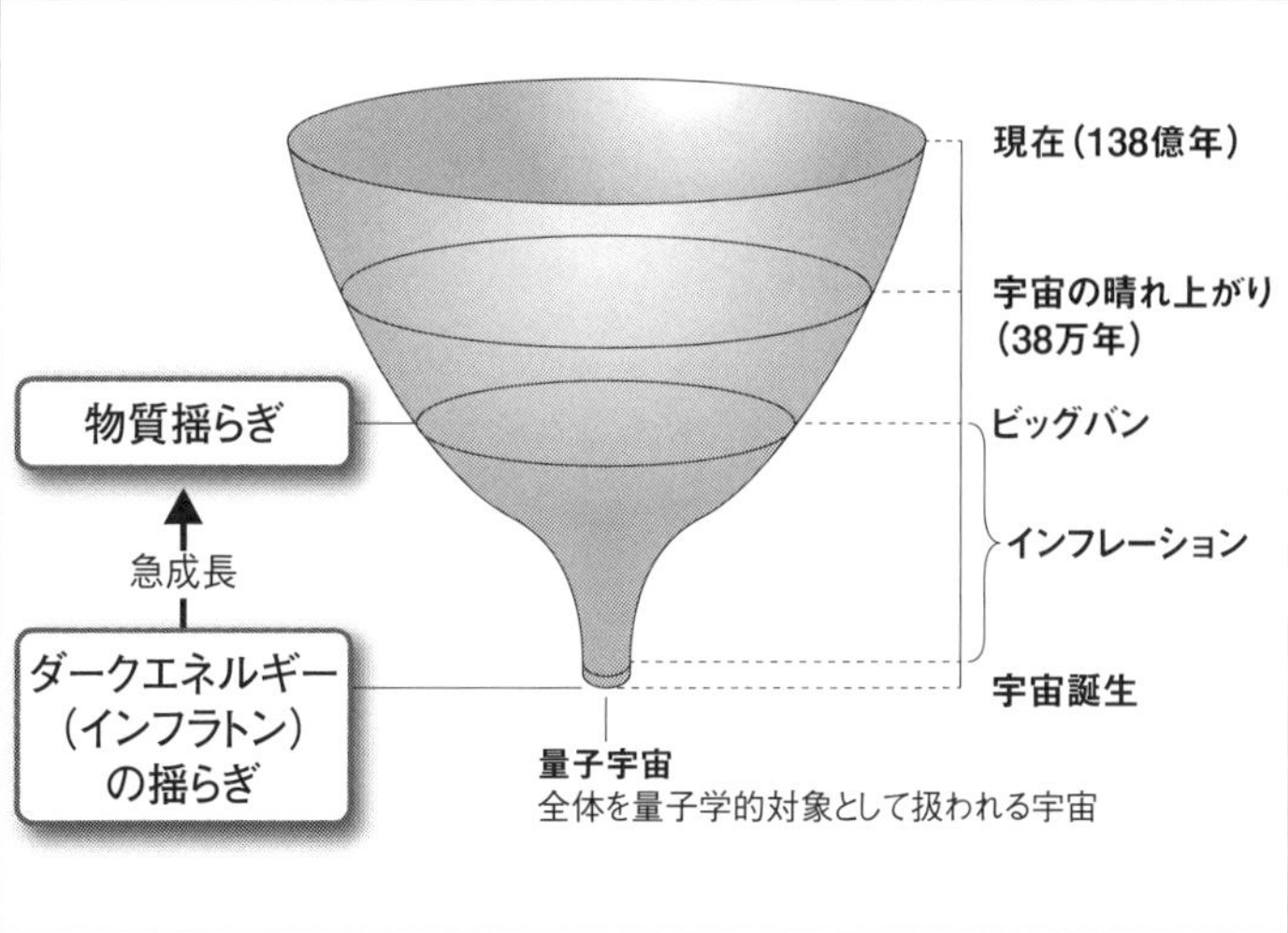

張を起こすという意味で「インフラトン」と呼ばれます。

▼ミクロの量子揺らぎがマクロの物質揺らぎへ転化

ダークエネルギーは空間に一様に詰まっているエネルギーですが、完全に一様ではありません。素粒子レベルのミクロなスケールでは、エネルギーはつねに揺らいでいて、ほんのわずか平均の値より大きかったり小さかったりをくり返しています。

　これは量子力学というミクロの世界の基本法則（214ページ～参照）で、どんな種類のエネルギーでも、いつでもどこでも必ず起こることです。

　現在の宇宙でもいたるところ、ミクロに見るとエネルギーはつねに揺らいでいます。普通の空間でのエネルギーの揺らぎは、素粒子レベルのミクロの大きさです。

しかし**インフレーション膨張が起こっている**と、**ミクロの揺らぎが急激に拡大されてマクロの揺らぎになります**。エネルギーの高いところは膨張速度が速くなって体積がまわりより大きくなり、エネルギーが低いところは膨張速度が遅くなって体積がまわりより小さくなります。

物質が一様に分布していたとしても、体積が大きくなれば密度は小さくなり、体積が小さくなれば密度が大きくなります。

こうして**ビッグバン以前の量子揺らぎ**が、**ビッグバン後の物質揺らぎに転化する**のです。

インフレーション膨張中につくられる物質揺らぎには、そのスペクトル（波長ごとの揺らぎの大きさ）に特徴があります。ＷＭＡＰやプランク衛星による温度揺らぎの観測から、インフレーション理論の予言に矛盾《むじゅん》しない結果が得られています。

▼インフレーション膨張で重力波が発生

エネルギーの揺らぎは物質密度の揺らぎをつくるだけではありません。エネルギーの揺らぎは、インフレーション膨張中の空間の膨張速度をごくわずかですがさらに速くしたり遅くしたりします。それにともなって**空間は振動しながら拡大する**ことになり、インフレーション膨張が終わった後もこの空間の振動は残り、現在の宇宙にまで伝わってきているはずです。

この空間が大きくなったり小さくなったりする振動を重力波といいます。

たとえば星が爆発したり、星同士が衝突したりすると、まわりの空間を振動させることになり、重力波が出てきます。この重力波を観測して、どのような空間の振動かを調べることで、どんな現象が起こったのかがわかります。

インフレーション膨張中に出てくる重力波も、その振動の様子から、どんな種類のエネルギーがいつインフレーション膨張を引き起こしているのかの手がかりを得ることができます。

インフレーション膨張の原因と考えられているエネルギー（インフラトン）は現在知られている素粒子の標準理論の中に該当するものがなく、力の統一理論の枠組みの中で存在するものと考えられています。

インフレーション起源の重力波はまだ検出されていませんが、検出されれば宇宙のはじまりに実際にインフレーション膨張があったのか、あったとするとその原因は何なのかがわかるでしょう。

したがって**インフレーション起源の重力波の検出**は、**宇宙論ばかりでなく素粒子論にとっても非常に重要**で、日本も含めて世界中の研究者が検出実験を計画しています。

素粒子ニュートリノは何をしているか

▼「電荷も質量ももたない未知の素粒子」の予言

日本で最も名前が知られた素粒子といえばニュートリノでしょう。いまやニュートリノ研究は日本のお家芸のようになっていて、すでに2つのノーベル物理学賞を受賞しています。2002年に超新星からのニュートリノ検出で小柴昌俊《こしばまさとし》博士と、2015年、ニュートリノ振動の発見で梶田隆章《かじたたかあき》博士の2人です。

小柴博士は岐阜県神岡《かみおか》鉱山地下1000メートルに設置されたニュートリノ検出装置カミオカンデ、梶田博士はその発展版のスーパーカミオカンデによる実験の結果でノーベル賞を受けました。

ニュートリノは1930年にその存在が予言され、1956年に実際に検出された素粒子です。その特徴は質量があったとしてもごく小さく、ほかの素粒子とまったくといっていいほど関わりあいをもたないことです。

たとえば、太陽の中心部では水素の核融合反応が起こっていますが、その反応で莫大《ばくだい》な数のニュートリノが出てきます。そのニュートリノは太陽中心部から太陽の内部を素通りして宇宙に広がっていきます。その数は地球の位置で、1秒間に1平方センチメートル当たり660億個にもなります。

私たちの体を、1秒当たり何百兆、何千兆という数のニュートリノが突き抜けていきますが、ニュートリノが体の中の原子とぶつかって止まるということはけっして起こりません。

そんな世の中に関係なさそうな粒子を検出したことが、なぜノーベル賞に値するのでしょう。それを説明していきましょう。その過程で、ニュートリノと宇宙との深い深いつながりが見えてきます。

ニュートリノの存在を予言したのは、ドイツの物理学者パウリです。当時、原子は中心に重たい原子核があって、そのまわりを電子が回っていることは知られていましたが、原子核の構造はよくわかっていませんでした。

ただ前述のとおり、原子核はときとして違う種類の原子核に変わること（原子核崩壊）が知られていました。

その一種に原子核が電子を放出して、そのぶん電荷が小さい原子核ができるベータ崩壊という現象があります。このとき最初に原子核のもっていたエネルギーは、出てきた電子と新たな原子核に分けられるはずです。

ところが、できた原子核と電子のエネルギーを足しても、最初の原子核のもっていたエネルギーにはならなかったのです。

そこでパウリは、「実験では検出できない電荷も質量ももたない未知の素粒子があって、それがエネルギーをかすめ取ってしまう」と考えたのです。

この未知の素粒子をニュートリノ（このとき出てくるのは正確にはニュートリノの反粒子《はんりゅうし》である反ニュートリノのうち反電子ニュートリノ）と名づけました。パウリは、ニュートリノはけっして観測できないだろうと考えていました。

▼星の輝きもニュートリノがあってこそ

１９３２年、中性子が発見されると、原子核が陽子と中性子からできていること、ベータ崩壊は中性子が陽子に変わるとき電子と反ニュートリノが出てくる現象であることがわかりました（93ページ図15）。

このニュートリノがなぜ重要なのでしょう。それはニュートリノが世の中になかったら……と考えるとわかります。

中性子が陽子に変わるときに反ニュートリノが出てきて、逆に陽子が中性子に変わるときにはニュートリノが出てきます（これを逆ベータ崩壊といいます）。

ここで太陽の中で起こっている核融合反応を考えてみましょう。この反応は陽子と陽子が衝突をくり返して、陽子４個から最終的にヘリウム原子核１個ができる反応です（２３５ページ図45

参照)。このときできるヘリウム原子核の質量は陽子4個分よりわずかに小さく、その減った分の質量がエネルギーに変わることで太陽が燃えているのです。

ところでヘリウム原子核は陽子2個と中性子2個からできています。ということは4個の陽子のうち2個が中性子に変わったということです。

このとき2個のニュートリノが出てきます(正確にはいくつかの反応を経由するため4個のニュートリノが出てくる)。

したがって、この世界に**ニュートリノがなければ、核融合反応が起こらず、太陽は光らない**となってしまうのです。

星の中での核融合反応はほんの一例です。そのほかにもさまざまな天体現象でニュートリノ、反ニュートリノが放出されます。

▼ニュートリノ天文学誕生のきっかけ

天体現象のほかに、素粒子物理学でもニュートリノは大事な役割を果たしています。そもそもカミオカンデは、力の大統一理論で予言される「陽子崩壊(陽子がパイ中間子とニュートリノに壊れる現象)」の過程で出てくるニュートリノを検出して陽子崩壊を確認する目的で、1983年に完成した実験装置です。

この装置は超純水(純粋から不純物をできるだけ除去した水)3000トンを蓄えたタンクと、

その壁面に1000本の光センサーを設置したものです。水分子の中の陽子が壊れるときに出るニュートリノが、水中の陽子や電子と衝突すると、高速の電子や陽電子を放出します。

高速で運動する電子や陽電子は、光を進行方向に出すことが知られています。その光を検出すれば、ニュートリノが検出され、その原因となった陽子崩壊が見つかったことになるのです。しかし、いつまで待っても陽子崩壊は見つかりませんでした。

ところが1987年2月23日、午後4時35分、タンク内の純水がほんのわずかに11回光ったのです。**11個のニュートリノが見つかった**ということです。


話はいきなり南半球に飛びます。神岡でニュートリノが検出された3時間後のことです。オーストラリアにある天文台でマクノートという人が写した大マゼラン星雲の画像に、異様に明るい星が写っていたのです。

マクノートの観測の1時間前、ニュージーランドのジョーンズというアマチュア天文家がマゼラン星雲の同じ場所を観測していたのですが、彼はそんな明るい星は見ませんでした。ジョーンズがあと1時間観測をつづけていたら、超新星が爆発した瞬間を見ることができ、「1987A」と呼ばれて非常に有名になった超新星の第一発見者の名誉を受けていたでしょう。

実際の第一発見者は、南米チリの天文台で働いていたシェルトンという名の大学院生でした。神岡のタンクが光ってからほぼ1日後のことです。オーストラリアのマクノートは、この発見のニュースを聞いて前日に撮った画像を調べたところ、初めてその超新星が写っていたことに気がついたのです。

▼16万4000年前に起こった超新星爆発

神岡でのニュートリノ検出と大マゼラン星雲の超新星に、いったいどんな関係があるのでしょうか。それを知るには、いまから1100万年前の話からはじめなければなりません。

大マゼラン星雲には、その形から毒ぐも星雲として知られる、特にガスの濃い領域があります。1100万年前、そこで太陽の18倍ほどの質量をもった星が生まれました。それから1000万年間、その星は中心で水素を燃やしつづけて、ごく普通の星として輝いていました。

水素を燃やし尽くした後、燃えかすのヘリウムが燃え、ついでその燃えかすの炭素が燃えるというように、90万年ほどかかって最後は鉄の原子核にいたるまで、核融合反応がつづき、中心部の温度はどんどん高くなっていきました（245ページ図49参照）。

しかし鉄ができた後は、もう核融合反応が起こらないので、中心部は冷えはじめます。すると中心部は自分自身の重さを支えることができなくなり、何百分の1秒という短い時間の間に、半径が100キロメートルほどに潰れたのです。

中心部の外側にある大量の物質は少し遅れて収縮してきましたが、すでに潰れてしまった硬い内部にぶつかり、跳《は》ね返ります。

このとき衝撃波が発生し、**大量のニュートリノが生まれて星全体が大爆発を起こしました。これが超新星1987Aで、16万4000年前の出来事です。**

神岡鉱山のカミオカンデで検出された11個のニュートリノは、このときのニュートリノのごくごく一部だったのです。大マゼラン星雲までの距離は16万4000光年なので、ニュートリノは16万4000年かかって地球に届いたのです。

ご存じのように、大マゼラン星雲は南半球からしか見えません。したがってニュートリノも南半球側からやってきて、そのほとんどは地球を突き抜けて素通りし、宇宙の彼方に飛び去ってしまいました。その数は1平方センチメートル当たり、1秒当たり100億個と見積もられています。

カミオカンデには1京《けい》個（1000兆の10倍）が通過しました。私たちの体にも数兆個のニュートリノが通過したはずです。

私たちの体や物質は、ぎっしり原子が詰まっていてほんのわずかの隙間もないように見えますが、素粒子のレベルで見るとスカスカなのです。

ニュートリノはごくわずかの質量しかもたず、大きさも電子よりはるかに小さく、しかもほかの素粒子とほとんど関わりをもたないという性質をもっているので、簡単に通り抜けられるのです。

このニュートリノをとらえるには、カミオカンデの３０００トンの物質（水）をもってしてもたった11個しか受けられませんでした。しかしその11個は、星の進化の最終段階について非常に多くのことを教えてくれたのです。

▼超新星からのニュートリノが教えたこと

１９８７Aからのニュートリノは、超新星が光で輝きはじめる3時間前の10秒足らずの間にまとまって検出されたことから、さまざまなことがわかりました。

星全体が爆発して可視光で見えるのは、内部で発生した衝撃波が星の表面に届いた瞬間です。一方、中心部で発生したニュートリノはすぐに星を出ていきます。

したがって、**星の中心部で発生した衝撃波は3時間かかって星の表面にたどり着いた**ということになります。衝撃波は秒速数千キロメートルで進むので、このことから**星の大きさは太陽の50倍くらいであった**ことがわかります。

また、ニュートリノが10秒間にわたって観測されたことから、ニュートリノが発生した場所の状態がわかります。なぜなら、ニュートリノはほかの物質とほとんど相互作用（互いに力や効果を及ぼしあうこと）をしないので、発生した場所の密度が低ければ、一瞬でそこから逃げていきます。

ところが密度が1立方センチメートルあたり10億トンくらいの超高密度になると、いくらニュートリノといえども物質と何度も衝突し、10秒ほどその場でモタモタしているのです。

このような高密度の物質は中性子物質に限られます。つまり、**超新星の中心部に中性子物質ができていることが確かめられた**ことになるのです。

さらに、観測されたニュートリノのエネルギーから、超新星爆発でどのくらいのエネルギーが解放されたかを推定することができます。

それによると、太陽が１００億年かかって放出するエネルギーと同程度の莫大なエネルギーが10秒ほどの間で放出されたことがわかりました。

このことから、**超新星の残骸《ざんがい》は、ブラックホールではなく中性子星であることも確からしくなりました。**ブラックホールができた場合、中性子星よりもっと小さく縮まなければならず、もっと大きなエネルギーが解放されるからです。


このようにカミオカンデは、星の進化の最後について驚くほど多くのことを分析して、ニュートリノ天文学という新しい分野を開くことになったのです。この成功がきっかけとなって、神岡鉱山にニュートリノに対してより感度の高い「スーパーカミオカンデ」が建設されました。

ニュートリノで進む素粒子物理学

▼さまざまなニュートリノ

カミオカンデの成功を受けて建設されたのがスーパーカミオカンデです。１９９１年に建設がはじまり、１９９６年4月から観測を開始しました。

カミオカンデが３０００トンの超純水と１０００本の光センサーだったのに対して、スーパーカミオカンデは5万トンの超純水を蓄える巨大タンクと、その壁面に設置された1万３０００本の光センサーからなる巨大な実験装置です（図27）。もし１９８７Ａと同じ距離で超新星が爆発したら、８０００個のニュートリノをとらえることができる能力をもった装置です。

スーパーカミオカンデの目的はニュートリノ天文学ばかりではなく、さまざまな現象から発生するニュートリノをとらえることによって、ニュートリノという素粒子とその背後にある素粒子物理学の新たな知見を得ることです。

そこで、１９３０年にパウリがその存在を予言したニュートリノについて、１９９０年頃までに知られていたことから話をはじめましょう。

図27　スーパーカミオカンデの内部

第1章と第2章で述べたように、すべての素粒子には、それぞれ反粒子があります。電子には陽《よう》電子《でんし》、ニュートリノには反ニュートリノといった具合です（ここではニュートリノといった場合、ニュートリノ、反ニュートリノのどちらかの意味だと思ってください）。

反粒子は素粒子と同じ質量、同じ電荷をもっていますが、素粒子と出合うと消滅してエネルギー（多くの場合2つの光子）に変わってしまいます。

さて、ニュートリノは中性子が陽子と電子に壊れるベータ崩壊という現象でできます。このとき出てくるニュートリノは電子と一緒に出てくるので、電子ニュートリノといいますが、そのほかに種類が違うニュートリノがもう2つ、全3種類あることがわかっています。

・電子と一緒に出てくるもの＝電子ニュートリノ
・ミューオンと一緒に出てくるもの＝ミューニュートリノ
・タウオンと一緒に出てくるもの＝タウニュートリノ

これら3種類のニュートリノにも、それぞれに反ニュートリノがあります。ミューオンとタウオンは質量が電子より重たいだけで、その性質が電子にそっくりな素粒子で、前に出てきたレプトンの仲間です（89ページ図14参照）。

この3種類を3世代と呼んでいます。第1世代が電子と電子ニュートリノ、第2世代がミューオンとミューニュートリノ、第3世代がタウオンとタウニュートリノですが、なぜ同じような性質をもったものが3組あるのかは現在でもよくわかっていません。

１９９０年頃までは、電子、ミューオン、タウオンがこの順に質量が大きくなっているのに対して、3つのニュートリノはどれも質量がゼロだと思われていました。どんな実験でもどのニュートリノも質量が測れないほど小さかったからです。

また、その実験結果をもとにつくられた素粒子の標準理論でも、ニュートリノ質量をゼロとすることで、当時まで知られていたほとんどの素粒子現象をうまく説明できるからでした。

しかし素粒子論とは別の分野で、１９６０年代に、このようなニュートリノの理解の仕方にほころびが出ていたのです。それが太陽ニュートリノ問題です。

▼太陽からのニュートリノが示す謎

太陽の中心部では陽子4個が融合してヘリウム原子核1個ができる核融合反応が起こっているという話は先にしました。ヘリウム原子核は陽子2つと中性子2つからできていますから、この融合反応が1回起こるたびに、2つの陽子が2つの中性子に変わって、2つの電子ニュートリノが出てくることになります。

このニュートリノは太陽から出てくるニュートリノの86％を占めますが、エネルギーが低く検出は容易ではありません。

ヘリウム原子核ができるまでには、いくつかの反応を経由するため、その過程でよりエネルギーの大きな電子ニュートリノがもう2つ出ています。そこでそれらの電子ニュートリノを検出して、太陽の中心部の性質を調べようとする人がいてもおかしくありません。

実際にそうした人がいました。アメリカの物理学者のレイモンド・デービスです。デービスはサウスダコタの地下の金鉱に検出装置を設置して、1968年頃から太陽からのニュートリノ検出をはじめました。電子ニュートリノが塩素の原子核と衝突してアルゴン（希ガス元素のひとつ）の原子核に変わることを利用したものです。

予想では1日に2、3個のアルゴンができるはずでした。ところが、平均すると1日に1個のアルゴンしか検出されなかったのです。この結果は1989年にカミオカンデでも確認されました。

図28　ニュートリノ振動

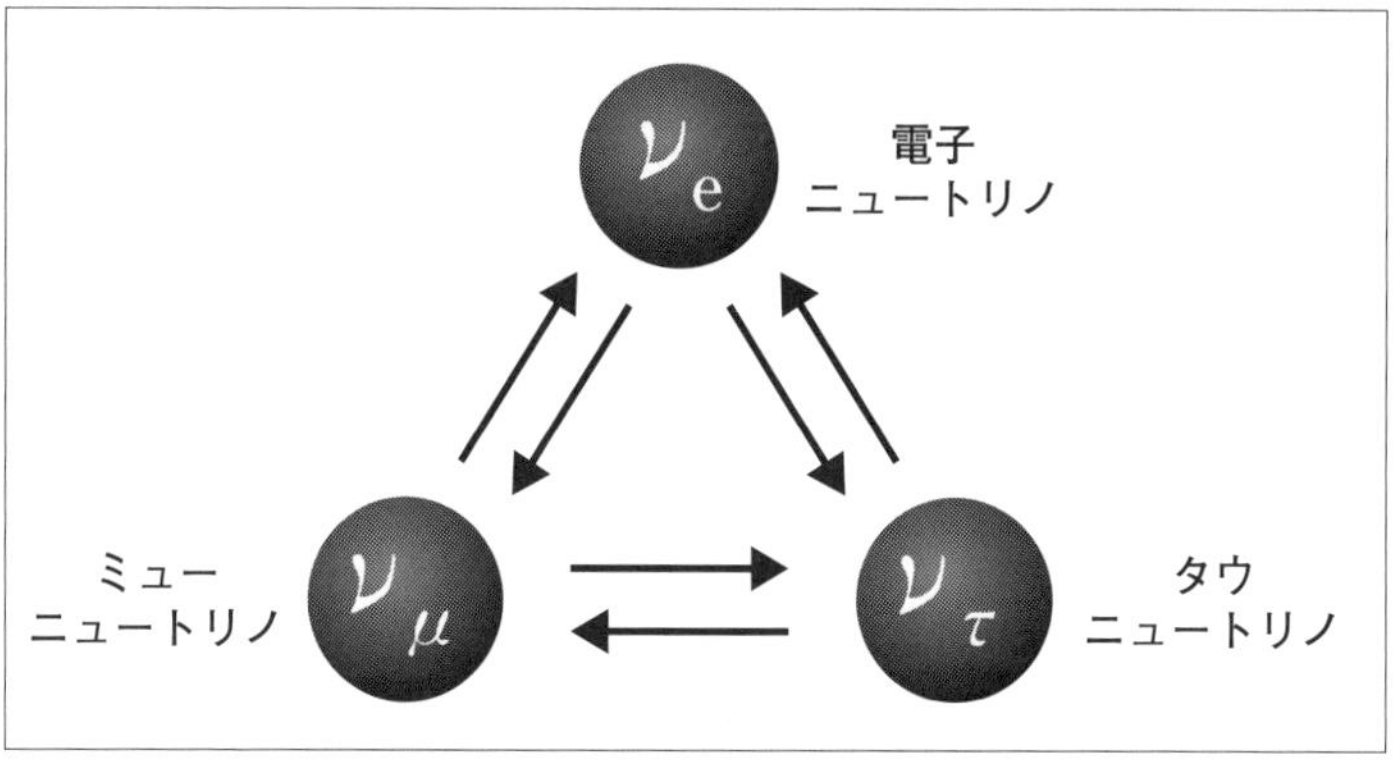

この消えたニュートリノの謎が「太陽ニュートリノ問題」です。デービスは2002年、小柴博士と一緒に「天体物理学への先駆的貢献、特に宇宙ニュートリノの検出」によってノーベル物理学賞を受賞しました。

太陽ニュートリノ問題には2つの解決法があります。ひとつはそもそも太陽内部で発生した電子ニュートリノの数が少なかったというものですが、太陽の内部のモデルを少しでも変えるとさまざまな不都合が現れるので、この可能性は低いと天文学者は考えていました。

もうひとつの考えは、**太陽の中心部でできた電子ニュートリノの3分の1から半分は地球に届くまでにどこか**に消えてしまったというものでした。これは「ニュートリノ振動」という概念から出てきた考えです。

▼ニュートリノ振動からわかった標準理論のほころび

ニュートリノには先述のとおり電子型、ミュー型、タウ型の3種類ありました。そしてそれらはすべて質量がゼロだと考えられていました。しかし、3種類のニュートリノがもしゼロではなく、ごくごく小さな質量をもっていると、奇妙なことが起こると指摘されていました。

ある種類のニュートリノが物質の中を通過するとき別の種類のニュートリノに変身するのです（図28）。これが**「ニュートリノ振動」**です。

ニュートリノ振動が起こると、太陽中心で生まれた電子ニュートリノの一部がミューニュートリノに変わってしまうとすれば、デービスの結果が説明できます。この世代間の振動の可能性は、1962年に名古屋大学の坂田《さかた》昌一《しょういち》のグループで指摘されていました。

宇宙から地球に降り注ぐ陽子が大気中の原子核と衝突すると、パイ中間子やミューオンからニュートリノが出てきます。

1998年、スーパーカミオカンデは、地球の裏側からやってくるミューニュートリノが理論予想の半分に減っていることを見つけました。これは、ミューニュートリノが長い距離を移動する間に、タウニュートリノに変わってしまうと考えればうまく説明できます。

さらに1990年から2004年にかけて、250キロメートル離れた茨城県つくば市にある高エネルギー加速器研究機構（KEK《ケック》）の陽子加速器でできたミューニュートリノビームを使ってニュートリノ振動の実験をおこない、ニュートリノ振動をより確実に検証しました。そして2001年には、太陽ニュートリノの振動を確認したのです。

こうして太陽ニュートリノ問題は解決され、そして**ニュートリノが質量をもつことで、これま**

での素粒子論の枠組みを超える新しい理論の必要性が出てきたのです。

▼ニュートリノは熱い暗黒物質？

ニュートリノが質量をもつことは宇宙論にとっても重要です。

ビッグバン宇宙論によると、ニュートリノは１立方センチメートル当たり１１２個程度あることがわかっています。ニュートリノは３種類あるので、合計**１立方センチメートル当たり３３６個程度のニュートリノ**があることになります。

それらのニュートリノがほんのわずかでも質量をもてば、ダークマターとなるのです。

ニュートリノに質量があるとはいっても、電子の質量の１００万分の１以下です。したがってニュートリノはホットダークマターと呼ばれる暗黒物質（１６１ページ参照）となるのです。

２０１５年、スーパーカミオカンデ実験を主導した梶田隆章博士が「ニュートリノが質量をもつことを示すニュートリノ振動の発見」によって、カナダのアーサー・マクドナルド博士とともにノーベル物理学賞を受賞しました。マクドナルド博士はカナダのサドバリー郊外にある地下２０００メートルの鉱山に設置されたニュートリノ観測所で、同じくニュートリノ振動を確認した実験の主導者です。

なおスーパーカミオカンデ実験は当初、戸塚洋二《とつかようじ》博士が率いていましたが２００８年に亡くなり、その後、梶田が率いることになったという事情があり、もし戸塚が生きていたら２人で受賞していたでしょう。

▼物質が光に変わってしまう陽子崩壊

スーパーカミオカンデの実績を受けて、さらにスケールアップしたニュートリノ実験装置が同じく神岡鉱山に計画されています。2020年代後半の完成をめざしたスーパーカミオカンデの10倍の超純水と4万本の超高感度光センサーをそなえたハイパーカミオカンデです。

スーパーカミオカンデはこれまで超新星を観測していません。超新星は、1つの銀河で50年に1個程度しか発生しません。いずれはスーパーカミオカンデで超新星は観測されるでしょうが、近傍《きんぼう》の銀河までの超新星しか観測できないので、まだ観測されていないのです。

ハイパーカミオカンデなら600万光年までの超新星を観測できるので、1年に1個程度の超新星の観測ができるでしょう。もし銀河系内で超新星が爆発すれば約5万個のニュートリノを検出でき、超新星のメカニズムが詳細に解明できるでしょう。

ハイパーカミオカンデは天体物理学だけで重要なわけではありません。もともとカミオカンデ建設の目的だった陽子崩壊も観測できる可能性があります。

陽子崩壊が観測されると、素粒子論、宇宙論に大変なインパクトがあり、ノーベル賞は確実です。

物質は原子からできていますが、原子は陽子と中性子からできた原子核とそのまわりの電子からできています。中性子は原子核の中では安定しているのですが、自由な状態では15分程度で陽子に変わってしまいます。一方の陽子は、未来永劫《えいごう》変わることがないと信じられてきました。

しかし第2章で述べた力の統一理論（大統一理論）では、たとえば陽子が電荷をもたない中性パイ中間子と陽電子に変わってしまうことを予言しています（１０４ページ図19参照）。中性パイ中間子が光子に、陽電子も光子に、最後に残った中性子も陽子をへて光子に変わることで、**すべての物質は幻のように光に変わってしまう**のです。

もちろん、こんなことは観測されたことがありません。つまり、陽子が崩壊するとしても、それまでの寿命は非常に長いということです。

▼陽子の寿命は無限か、有限か？

陽子が崩壊するとしても、陽子を１つずつ観測していてはいつまで待っても陽子崩壊をとらえることができません。そこでカミオカンデの実験では３０００トンの水を用意したのです。

１つの水分子には10個の陽子が含まれています。３０００トンの水の中には、10^{32}個の陽子があるので、１つの陽子が崩壊するのにたとえば10^{32}年かかったとしても、10^{32}個の陽子を観測していれば、１年に１個は崩壊するでしょう。崩壊したとき出す光を光センサーで一網打《いちもうだ》尽《じん》に受け取ろうというのです。

しかし、カミオカンデでは陽子崩壊は観測されませんでした。水量を5万トンに増やしたスーパーカミオカンデでも観測されていません。

このことからは、**陽子の寿命は10^{34}年以上**という制限が得られ、いくつかある候補の中でもある種の大統一理論は否定されています。

ハイパーカミオカンデは、スーパーカミオカンデの10倍の水を用意します。陽子崩壊が検出できれば大発見ですが、検出できないとしても、そのことで陽子の寿命にさらなる厳しい制限がつき、可能な統一理論がかなりしぼられることになるのです。

▼反物質の謎にも迫るハイパーカミオカンデ

ハイパーカミオカンデは、陽子崩壊のほかにニュートリノと反ニュートリノの性質の違いを検出できる可能性があります。

あらゆる素粒子にはそれに対応した反粒子がありますが、現在の宇宙は物質（素粒子）からできていて反物質（反粒子）はほとんど存在しません。

第2章で見たように、宇宙のごく初期の超高温状態では、素粒子と反粒子は対生成・対消滅で入れ替わりをくり返すので（77ページ図11参照）、ほとんど同じ数だけ存在します。

宇宙の進化のある時期に、反物質が消えて物質だけの宇宙になったのですが、それがいつ、どのように起こったのかは、**現在わかっていない宇宙論の大きな謎**です。粒子と反粒子のふるまいの違いを詳細に調べることは、この宇宙の謎を解明する手がかりになるのです。

このようにハイパーカミオカンデは、21世紀に残された宇宙の大きな謎を解明する重要な実験装置となるでしょう。

宇宙の構造をつくる謎の「暗黒物質」

▼暗黒物質は本当に銀河を取り囲んでいるのか

宇宙の中には、それがあることは確実なのに、けっして見ることができないものがあります。それがダークマターとダークエネルギーです。まずダークマターから見ていきましょう。

光も電波も出さず吸収もしないため、伝統的な天文学の観測手段では直接その姿をとらえることができない物質が暗黒物質、すなわちダークマターです。ダークマターに対して、星や銀河といった望遠鏡で見える普通の物質を「バリオン物質」といいます（127ページ図24参照）。

バリオン物質は、水素やヘリウムなど原子をつくっている物質である陽子や中性子のことです。私たちの体をつくっている物質もバリオン物質です。つまり、**人間の体も星や銀河も同じバリオ**

ン物質でできた仲間ということです。

宇宙全体では、**ダークマターはバリオン物質の数倍存在します。**プランク衛星の観測では、宇宙の構成要素のうち27％がダークマター、5％がバリオン物質でした。見えている星や銀河はまさに氷山の一角にすぎません。宇宙はダークマター抜きには正しく理解することができないのです。

望遠鏡で見えないのに、どうして天文学者はダークマターの存在を信じているのでしょう。それは存在するという状況証拠が山ほどあるからです。その証拠のひとつを紹介しましょう。

アンドロメダ銀河の写真（図29下）を見てください。われわれの銀河系も含めて多くの銀河は、アンドロメダ銀河のような莫大《ばくだい》な数の恒星からできた円盤をもっています。

この円盤は全体として中心のまわりを何億年もかけて回っています。回転していなければ銀河の中心に向かって潰れていくでしょう。重力によって中心部に引っ張られる力と回転による遠心力が釣り合って、円盤はその形を保っているのです。

このことは銀河円盤の回転速度を観測すれば、銀河の質量がわかるということです。ここまでは不思議ではありません。不思議なのは、銀河円盤の外側にも質量が存在するということです。

銀河には星ばかりでなく、大量の水素を主成分とする希薄な雲（星間ガス）も存在し、星と同

図29　なぜ銀河を囲む水素ガスは一定速度で回転できるのか

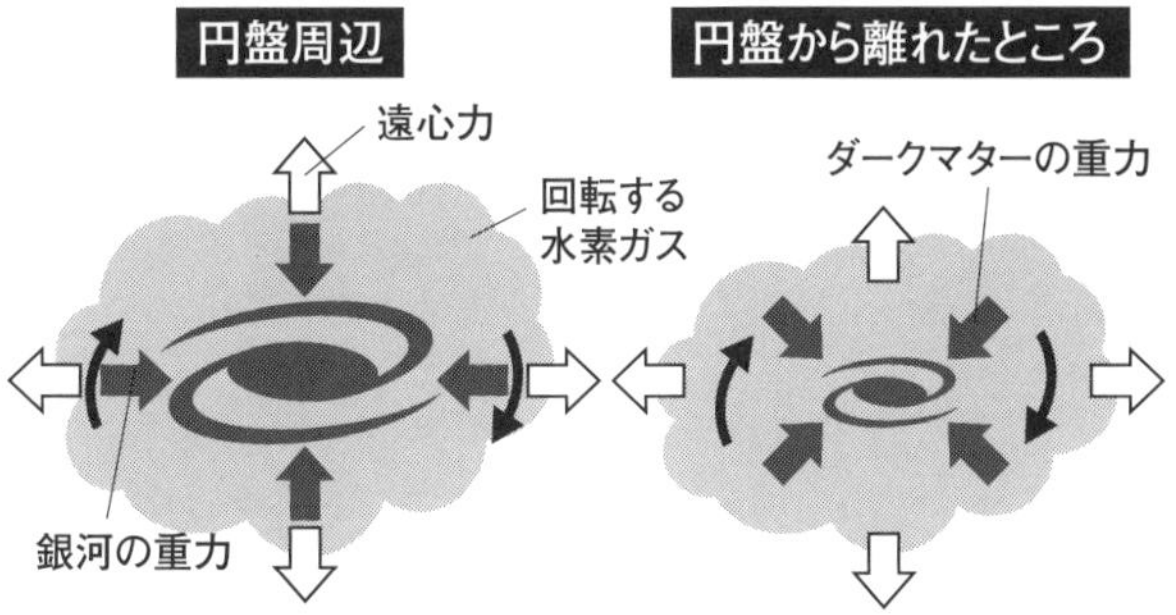

回転による遠心力と重力が釣り合うので水素ガスは回転していられる

円盤から離れても一定の回転速度
＝
ダークマターの重力があるから

アンドロメダ銀河

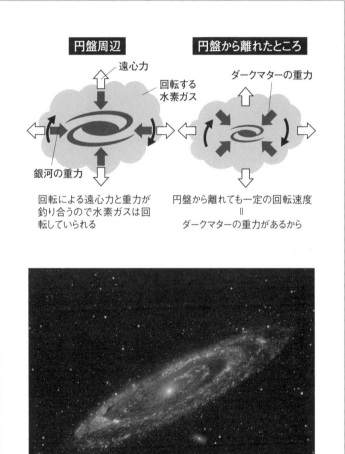

じように銀河中心のまわりを回っています（図29上）。この雲は可視光（人間の目で見える波長の電磁波）では見えませんが波長21センチメートルの電波を出しているので、その電波を観測することで、どこにどのくらいの雲がどのような運動をしているかがわかります。

この電波の観測から、水素の雲は写真に写っている銀河を大きく取り囲むように広がっており、そして**銀河の外側でも雲の回転速度は、銀河円盤の回転速度とほとんど同じ速さであることがわかりました。**このことがダークマターが銀河を大きく取り囲んでいるという証拠になるのです。

もしダークマターが存在せず、円盤内の星が銀河の質量のほとんどをになっているとすると（水素の雲の質量はすべてを合わせても星全体の質量の1割にも満たない）、銀河円盤から離れれば離れるほど、銀河の重力は弱くなっていくはずです。

すると水素雲が銀河中心のまわりを回る速度は、遠方にいけばいくほど遅くなるはずです。銀河円盤の外でも回転速度が銀河円盤の回転速度と変わらないという観測は、**重力が銀河円盤の外でも銀河円盤の中と同じくらい強い**ということです。

それは**質量が銀河円盤の中だけでなく、銀河円盤を取り囲むもっともっと大きな領域にわたって存在していることを意味する**のです。

現在の研究では写真にも写らず、電波も出していない何か質量をもった物質が、銀河円盤の数十倍以上の大きさの球状に広がっていると考えられるのです。この物質がダークマターで、その広がりがダークマターハローです（24ページ図2参照）。

▼その正体はニュートラリーノ？

ダークマターの正体はなんでしょう。じつはこれはまだ未解決の問題ですが、いくつかの候補は考えられています。その中でも有力なのが、ニュートラリーノという素粒子です。

ニュートリノはこれまでも何度も出てきましたが、ニュートラリーノというのはなじみがないと思います。ニュートリノと共通なのは、ほかの素粒子との相互作用が非常に弱いこと、そして電荷をもたないことです。

ダークマターには2つのタイプが考えられています。**「ホットダークマター（熱い暗黒物質）」と「コールドダークマター（冷たい暗黒物質）」**です。

「熱い」と「冷たい」の違いは、ダークマターの質量です。

質量がニュートリノのように軽い素粒子は、ほぼ光速度で動き回ります。これがホットダークマターです。ニュートリノの質量はまだわかっていませんが、電子の質量の１００万分の１以下と考えられています。

それに対して、**ニュートラリーノの質量は電子の1万倍程度と考えられていて、重たいため、光速度に比べてはるかに遅い速度で動きます。**このように動き回る速度が遅い素粒子でできたダークマターが「コールドダークマター」です。

・ホットダークマター　＝軽くて速い素粒子。候補はニュートリノ

・コールドダークマター＝重くて遅い素粒子。候補はニュートラリーノ

▼冷たい暗黒物質が銀河をつくるシナリオ

ダークマターがなければ銀河ができなかったわけですが、では実際のところ、ダークマターは熱いのでしょうか、冷たいのでしょうか？

その答えは、遠くの銀河の観測によってわかります。

そもそも銀河はまずダークマターの塊《かたまり》ができて、その塊の重力によって水素などの普通の物質が引き寄せられて中心部に落ち込み、いくつもの星ができます。このような**ダークマターの塊が集まって銀河をつくる**のです。

ダークマターの正体がホットダークマターの場合、その運動エネルギーが大きいため小さな塊はすぐにバラバラになってしまいます。

くわしい計算によると銀河団のような非常に大きな塊しかつくらないので、最初にできた天体はそのような大きな天体で、その後にこの天体が次々に分裂《ぶんれつ》して銀河をつくると予想されます(図30)。

一方、コールドダークマターの場合、運動エネルギーが小さいためより小さな塊をつくり、その中で星が生まれて、合体をくり返して銀河ができ、銀河が集まって銀河団をつくる、という具合にだんだん大きな天体ができると予想できます。

したがって、**最初にできる天体を見つければ、ダークマターが熱いか冷たいかがわかる**ことになります。

図30　2つのダークマターの宇宙構造形成シナリオ

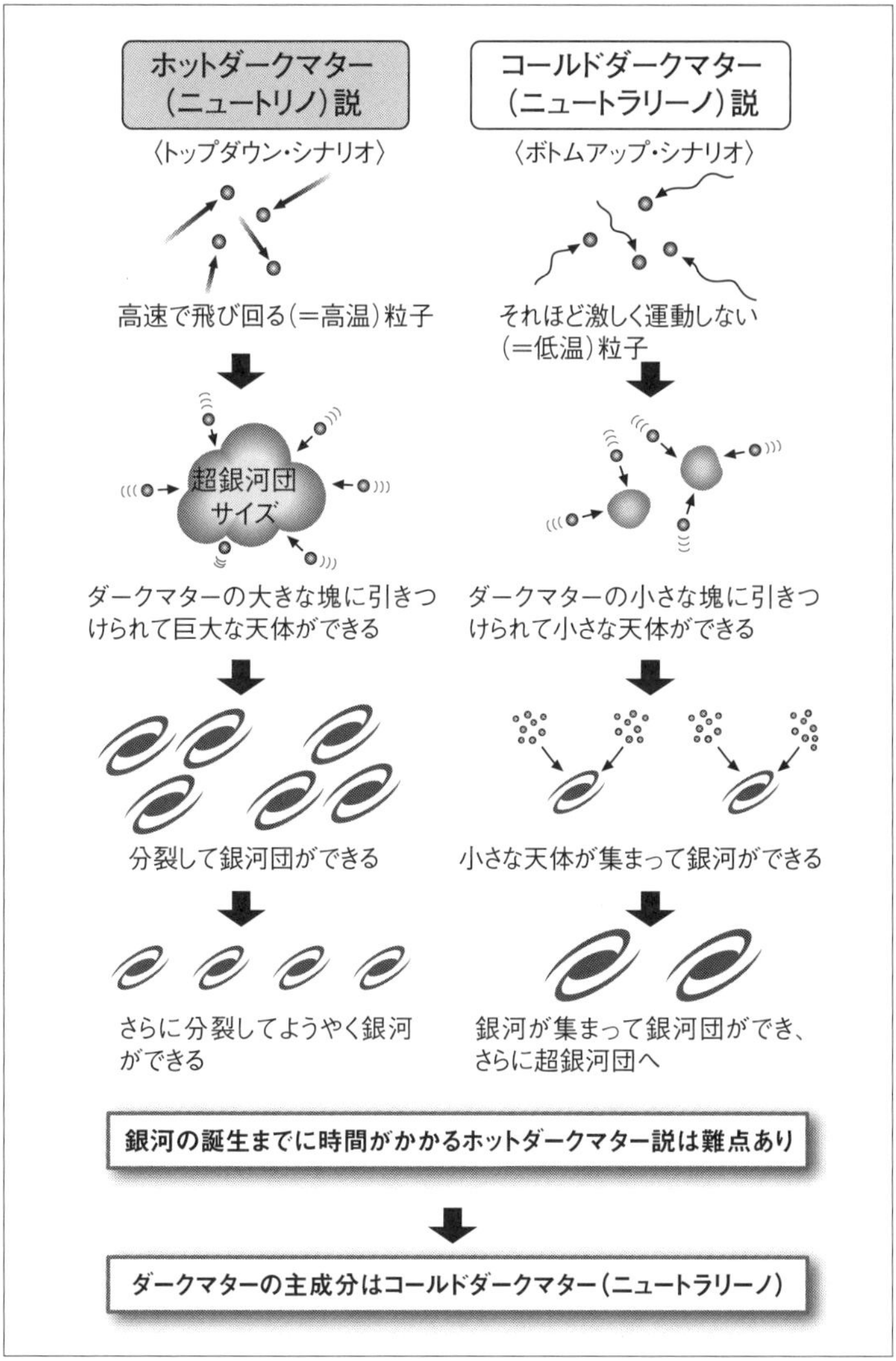

すばる望遠鏡などの観測では、ビッグバンから数億年後には銀河の赤ちゃんのような小さな天体が観測されています。つまり**ダークマターの主成分はコールドダークマター**であると考えられています。そして**その有力候補がニュートラリーノ**なのです。

▼ニュートラリーノは消えた超対称性パートナー?

ニュートラリーノはまだ発見されたわけではありません。しかし多くの素粒子理論の研究者は、存在するはずだと考えています。

第2章で力の統一理論の話をしました（97ページ〜）。現在の宇宙には、「電磁気力」「弱い力」「強い力」「重力」の4つの力があって、それらはもともとはたった1つの力で、それが宇宙の歴史とともに分化して4つの別々の力になったという理論です。

その統一で重要な役割を果たすのが「超対称性」です。

素粒子にはフェルミオンとボソンという2種類があって、フェルミオンは物質をつくり、ボソンは力を伝える素粒子でした。**超対称性とは「フェルミオンとボソンは同じ質量をもったペアとなって存在する」ということ**です。このペアを超対称性パートナーといいます。

もう少し平たくいうと、「いま観測されているフェルミオンの素粒子」には、超対称性パートナーとして「まだ観測されていないボソンの素粒子」があり、「いま観測されているボソンの素粒子」にも超対称性パートナーとして「まだ観測されていないフェルミオンの素粒子」がある、

図31　素粒子と超対称性粒子

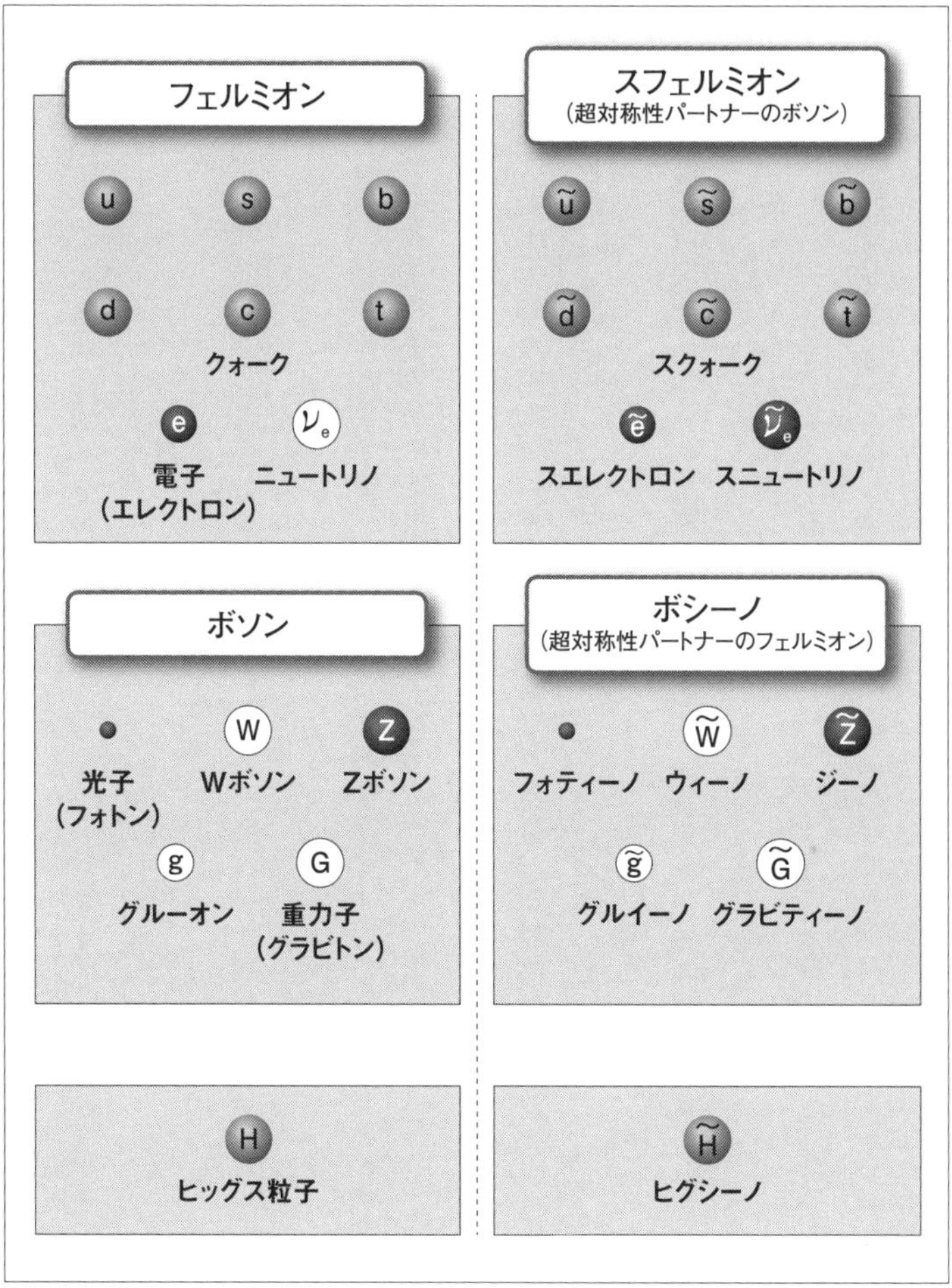

ということです。

たとえば、フェルミオンである電子（エレクトロン）に対応した未発見のボソン（スエレクトロン）が存在して超対称性パートナーとなり、ボソンである光子（フォトン）に対応した、未発見のフェルミオン（フォティーノ）が存在して超対称性パートナーとなるのです（図31）。

もちろん現在の宇宙には、電子と同じ質量をもったスエレクトロンも光子と同じ質量をもったフォティーノも存在していません。これは宇宙のごくごく初期には同じ質量をもっていたが、あるとき現在の加速器では検出できないほど大きな質量をもつようになったと考えるのです。加速器は粒子と粒子を高速で衝突させて新たな素粒子をつくりだすしくみですが、現在の加速器ではエネルギーが低く、つくりだせないのです。

超対称性パートナーの片割れが大きな質量をもつことを「超対称性の破れ」といって、素粒子実験の最大の目標はこの消えた超対称性パートナーを見つけることです。

そして、ニュートラリーノというのは、「超対称性の破れ」によって大きな質量をもったフォティーノのような中性のフェルミオンのことです。

超対称性パートナーが発見されれば、「超対称性の破れ」が初期宇宙のいつ起こったかを知ることができるでしょう。

宇宙を加速膨張させる「暗黒エネルギー」

▼いまも説明がつかない宇宙定数

ギリシャ神話にパンドラの箱というのがあります。パンドラというのは、全知全能の神ゼウスがつくった最初の女性です。

ゼウスはパンドラに好奇心を与えたおかげで、パンドラは開けてはいけない箱を開けてしまいます。その箱には病気、憎しみ、悪意などありとあらゆる悪が入っていて、それが世界に広がってしまったという話です。この箱がパンドラの箱です。

一般相対性理論をつくった当時は宇宙膨張はまだ発見されておらず、アインシュタインは、永久に変わらぬ宇宙を創るために宇宙定数を導入したこと、のちに宇宙膨張が発見されると、宇宙定数を導入したことを人生最大の失敗としたことなどは前に述べました。

アインシュタインは勝手に宇宙定数を導入したわけではありません。一般相対性理論の基礎方程式を「アインシュタイン方程式」といいますが、この方程式は数学的に厳密に導かれたもので、勝手に変えることはほとんどできません。

アインシュタインは数学的な厳密性を変えることなく、この方程式にある特別な項をつけ加えることができることに気づきました。その項を宇宙項と呼び、その中に現れる定数が宇宙定数です（170ページ図32）。この宇宙定数が宇宙膨張（あるいは宇宙収縮）を止める役割をするのです。

しかし宇宙が膨張しているのなら、それを止めるために導入した宇宙定数は必要ありません。アインシュタインならずとも誰もがそう考えました。

考えたくない理由もあったのです。それは宇宙定数の原因にまったく説明がつかなかったからです。それならその定数をないことにしてしまえばいい、と思うかもしれません。

しかしこれでは何の解決にもなっていません。宇宙定数がゼロなら、なぜゼロなのかを説明しなければならないからです。宇宙定数の存在の可能性を知ってしまった以上、その原因が何なのか、なぜある特定の値になっているのかを説明しなければならないのです。

そして、それはいまでも謎のままです。アインシュタインは、パンドラの箱を開けてしまったのです。

▼ありえない加速膨張をつづける宇宙

宇宙定数の謎はいまでも未解決ですが、宇宙定数が存在する証拠はあります。それは現在の宇宙の膨張の様子です。

宇宙は膨張していますが、その膨張の速度はだんだん遅くなっていると長い間考えられていいました。宇宙の中にあるすべてのエネルギーによる重力が、宇宙膨張を引きとめるように働くからです。

ところが１９９８年頃、**膨張の速度が30億年前頃からだんだん速くなってきたこと（加速膨張）が発見された**のです。この発見は、たった12年後の２０１１年にノーベル物理学賞を受賞したほど衝撃的な発見でした。

加速膨張がどれだけ不思議なことかは、次のようなことを考えれば納得できるかもしれません。みなさんが真上にボールを投げ上げたとします。ボールは高く上がって落ちてきます。速く投げれば、より高いところまで上がって落ちてきます。

仮にボールを時速４万３２０キロメートルで打ち上げると、ボールは地球の重力を振り切って宇宙へと飛んでいきます。

しかし、再び落下する場合でも宇宙空間に飛び出す場合でも、ボールの上向きの速度はだんだん遅くなっていきます。これは地球の重力がボールを引っ張るからです。

宇宙の膨張も、このボールの運動と基本的には同じです。宇宙の大きさに対応するのがボールの高さです。

ところが加速膨張というのは、ボールの運動でたとえれば、上に投げたボールがある高さからどんどん速くなるということです。

図32　宇宙の加速膨張と宇宙定数

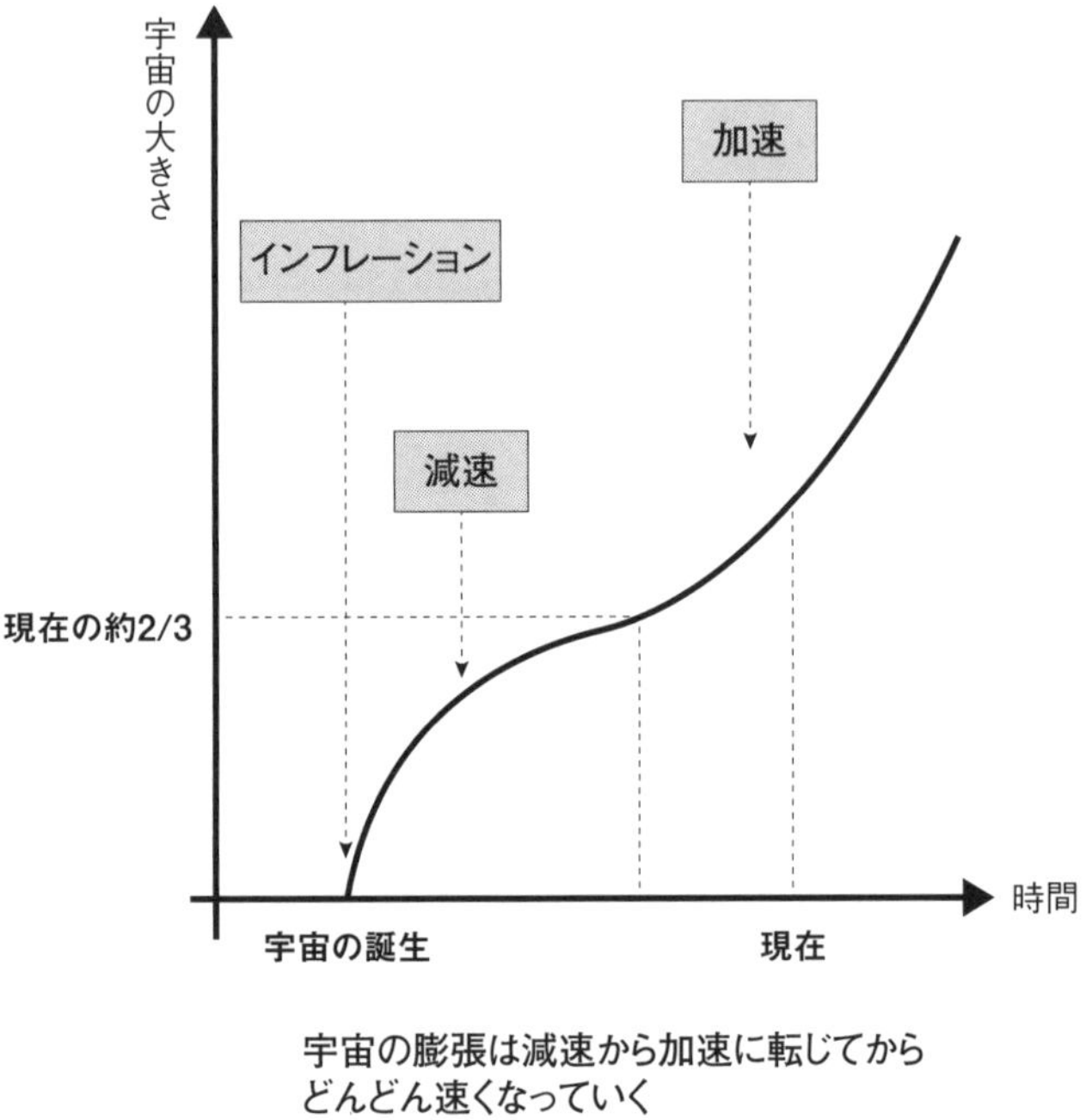

宇宙の膨張は減速から加速に転じてから
どんどん速くなっていく

アインシュタイン方程式

$$R_{\mu\nu}-\frac{1}{2}g_{\mu\nu}R+\underline{\underline{\Lambda}}g_{\mu\nu}=\frac{8\pi G}{c^4}T_{\mu\nu}$$

↑

宇宙定数

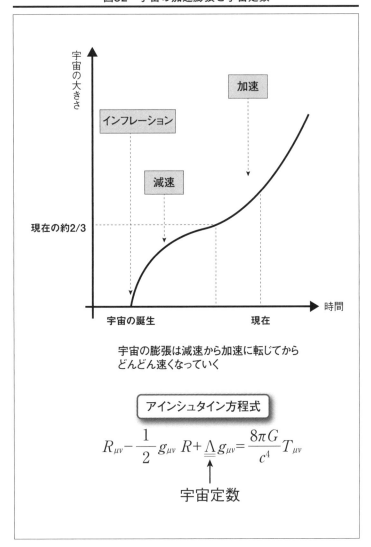

こんなことがボールの運動で起こるはずがありません。しかし、われわれの宇宙では現実に起こっているのです。

そして、この加速膨張を最も簡単に説明するのが宇宙定数なのです。**宇宙の加速膨張が宇宙定数が存在することの証拠**と考えられています。

じつは加速膨張を起こすのは宇宙定数だけに限りません。

現在、**加速膨張の原因となるエネルギーをダークエネルギー（暗黒エネルギー）**と総称しています。**宇宙定数はダークエネルギーの最も有力な候補**ですが、インフレーション膨張の原因と考えられているインフラトンのようなある種の素粒子のもっているエネルギーの可能性も考えられています。

加速膨張のほかにもダークエネルギーが存在する証拠があります。それは銀河が空間にどのように分布しているかという観測です。

銀河の分布は、銀河同士の重力と宇宙膨張の綱引きで決まっています。加速膨張がある・なしでは、それだけ宇宙膨張の影響が違ってくるので、銀河の分布の仕方が変わってきます。**何億という銀河を観測して、それが空間にどのように散らばっているかを調べてみると、宇宙が加速膨張をしている場合に期待される分布とよく一致した**のです。

▼暗黒物質は引力、暗黒エネルギーは反発力

ダークエネルギーは光を出したり吸収することはできません。この点ではダークマターと同じです。しかし重力に関して正反対の性質をもっています。

ダークマターは引力を及ぼすのに対して、ダークエネルギーは反発力を及ぼすのです。

反発力を及ぼす力としてなじみがあるのは、電気力や磁気力です。プラスの電荷同士やマイナスの電荷同士、あるいは磁極のN極同士、S極同士が反発しあうことはよく知られています。

ダークエネルギーが反発力を及ぼす原因は、それとはまったく違います。

ダークエネルギーには、電荷もなければ磁石の性質もありません。**ダークエネルギーが反発力をもたらす原因は、たとえていえば縮めたバネが伸びるようなもの**です。空間には見えないバネが無数に詰まっていて、空間を押しつづけているのです。

もちろん実際にバネがあるわけではありません。ダークエネルギーとは、この無数のバネのような性質をもったエネルギーということです。

▼量子場の真空エネルギーなのか？

このダークエネルギーの性質はわかるのですが、その正体がわからないのです。

宇宙定数の正体の候補はあります。それは「量子場の真空エネルギー」です。

現代素粒子論では、それぞれ空間に広がった「場」と呼ばれるエネルギーがあって、それが粒

子の形として現れるのが素粒子と考えられています。たとえば電子は電子場、ニュートリノにはニュートリノ場という具合です。

あらゆる場を考えて、それらすべての場がいちばん低いエネルギー状態にあるときが真空です。しかし真空とはいっても、エネルギーがゼロではありません。最低のエネルギーでもある値をもっていて、それが真空のエネルギーです。

問題は、あらゆる素粒子の場の真空のエネルギーをすべて合わせると、途方もなく大きな値になってしまうことです。一方、宇宙を加速膨張させるために必要な宇宙定数は、その10のマイナス120乗分の1というほんのわずかな量でいいのです。

この莫大なギャップを説明することは、現在のところできていません。したがってダークエネルギーの正体が宇宙定数であったとしても、その正体についてはまだわかっていないのです。ダークエネルギーの正体は宇宙定数ではなく、まったく違うものかもしれません。

ダークエネルギーの正体の解明は、現代宇宙論最大の謎なのです。

パンドラの箱からあらゆる悪が出ていきましたが、残ったものが1つあるそうです。それが希望だったという説があります。

現代物理学は、アインシュタインが開けた物理学というパンドラの箱から飛び出してきた宇宙定数に悪戦苦闘しています。物理学の中に希望は残っていて、ダークエネルギーの正体が解明されることを期待しましょう。

これからわかる宇宙の謎

- 日本のライトバード計画などでＣＭＢ（宇宙マイクロ波背景放射）の偏光観測がインフレーション膨張の裏づけになる
- インフレーション膨張を引き起こす素粒子「インフラトン」の正体とは？
- インフレーション膨張から出た重力波の観測
- 陽子崩壊が観測されると素粒子論、宇宙論が大進展
- 反物質がなくなりいつから物質だけの宇宙になったか
- ダークマターの正体は未発見のニュートラリーノか？
- 消えた超対称性パートナーの発見で大統一理論が進展
- 宇宙を加速膨張させるダークエネルギーは、「宇宙定数」なのか？
- 宇宙定数の候補「量子場の真空エネルギー」の解明

宇宙おもしろコラム3

宇宙の超強力磁石「マグネター」

▼日常にあふれる磁石の力

アインシュタインは子供の頃、磁石が鉄を引きつけるのを見てとても不思議に思ったそうです。物体を押したり引っ張ったりすれば力が伝わり物体が動くのは当たり前ですが、鉄と磁石は離れていても力が伝わるのが不思議だったのです。

現在のわれわれは磁石に囲まれています。たとえば電子レンジやIHヒーターの中には磁石が入っていますし、イヤホンの中には小さな磁石が入っています。どんなモーターにも磁石が使われていますし、病院にいけばMRIなどの医療機械にも使われています。

磁石の本を書けば、この本1冊分にもなるでしょう。

磁力の強さを表す単位にはガウスとテスラがあります。日常的に使われるのがテスラで、1テスラが1万ガウス。ガウスは地球磁場のような微弱な磁場に対して使われます。

両方とも人名に由来したものです。ガウスは19世紀最高のドイツの数学者ですが、数学ばかりでなく物理学、天文学でも活躍しました。テスラは19世紀から20世紀のセルビアの電気技師、かつ発明家です。テスラについてはエジソンとの確執や霊界通信装置の研究など面白い逸話《いつわ》が多く残ってます。

理科の実験で使う棒磁石は0・1テスラ程度ですが、病院のMRIの磁石やリニアモーターカーに使われる磁石の強さは、1テスラ程度です。現在、人類がつくることのできる最強の磁石は、一瞬なら1000テスラ近くのものまでつくれますが、連続的につくることができるのは数十テスラです。

▼巨大な磁場をもつ中性子星

磁石は宇宙にもあふれています。**多くの天体はそれ自体で磁石**になっています。地球の場合、その強さは0・1テスラ程度です。太陽の特に磁場の強い場所は0・3テスラ程度で、まわりより温度が低く、黒点《こくてん》として観測されています。

天体の中でも磁場が強いのは、中性子星です。磁場というのは磁石がまわりの空間に及ぼす影響のこと。磁場の強さはもちろん磁石の強さに比例するので、これ以降はテスラで表しましょう。

中性子星は太陽質量よりも8倍以上重たく30倍程度より軽い星が、その進化の最終段階で中心部分の鉄の塊が潰れてできたものです。その潰れる過程でもともともっていた磁場が圧縮されて強くなります。中性子星の中心部では、その磁場の強さは1億テスラにもなります。

▼1000億テスラの磁場をもつマグネター

さて、宇宙でいちばん強い磁場をもった天体は何だと思いますか。やはり中性子星ですが、それも**特別な中性子星で、その強さはなんと1000億テスラにもなります。**

この天体は「ガンマ線バースト」として1979年に発見されました。バーストとは大量のエネルギーが短時間のうちに放出される現象をいいます。

普通のガンマ線バーストは1〜2秒程度で終わってしまいますが、この天体は1986年に何度か不規則に爆発をくり返し、X線やガンマ線を放出していることが明らかになったのです。

このときに放射されるガンマ線のエネルギーは比較的低いため、ソフトガンマ線リピーターと呼ばれるようになりました。1993年には電波望遠鏡の観測で、いて座方向の5万光年彼方の星団の中にあること、さらに超新星の残骸《ざんがい》中の中性子であることがわかりました。

この中性子星を「マグネター」と呼び、その直径は約34キロメートル、周期7・56秒で自転しています。

マグネターは非常に磁場が強いため、その力で星全体を振動させるような星震《せいしん》が起こり、そのエネルギーがX線やガンマ線として放射されるのです。

こうしてエネルギーが消費されるので中性子星がマグネターである期間は短く、1万年程度であると考えられています。

▼生物を死に追いやる危険な磁力

1000億テスラの磁石の威力は、16万キロメートル離れたクレジットカードの磁気記録を消すことができるほどです。地球と月の平均距離が38万キロメートルですから、16万キロメートルはその半分程度の距離です。

水は反磁性体といって、磁石を近づけると磁石から遠ざかろうとします。この性質は非常に強い磁石でなければわかりませんが、1000億テスラの磁石の場合は、1000キロメートル離れていても、細胞内の水に影響を与えて細胞を破壊するため、生物にとっては致命的です。マグネターが地球のそばに誕生しないことを祈るばかりです。

第4章　ブラックホールの深遠なる謎

ブラックホールの不思議

▼身近な存在になったブラックホール

１９６０年代前半までその存在が半信半疑だったブラックホールは、Ｘ線天文学の発展で現実に存在することが確からしくなりました。

その後の観測で、**ほとんどの銀河の中心には、太陽の質量の数百万倍から数十億倍もの巨大なブラックホールが存在することが明らかになり、**その姿もブラックホールシャドウとして浮かび上がってきました。

また、21世紀の新しい観測手段である重力波によって、これまで想像されていなかった太陽質量の30倍程度のブラックホールの存在も明らかになりました。

このように宇宙にはさまざまな質量をもったブラックホールがいたるところに存在し、宇宙で起こる多種多様な現象に深く関わっていることが明らかになっています。ブラックホールを知らなければ、宇宙は理解できないのです。

▼光が逃げ出せない領域

「ブラックホール」という言葉はほとんどの人が聞いたことがあるでしょう。これは１９６０年代にアメリカの物理学者ジョン・ホイーラーが広めた言葉で、それまでは「凍った星」などというあまり面白みのない名前で呼ばれていました。

彼はネーミングの才に長《た》けていて、「ホワイトホール」とか「ワームホール」という言葉も発明しています。

重力が非常に強くて光さえも逃げ出すことができず、したがってけっして見えない（あるいは黒く見える）領域が「ブラックホール」です。

ブラックホールに飛び込む人を遠くから眺《なが》めると、その人の速度はブラックホールに近づけば近づくほど遅くなり、いつまでたってもブラックホールに届かないように見えます。

しかし実際には、その人はあっという間にブラックホールに吸い込まれてしまいます。いったん吸い込まれると、どうあがいても逃げ出すことができません。こんな不思議なことが起こるのが、ブラックホールです。

なぜ**重力が強くなると、光が逃げ出せなくなる**のでしょうか。これがわかれば、ブラックホールを理解することはむずかしくありません。

そこでまず、このことを考えてみましょう。手頃なところで地球の及ぼす重力を考えてみます。

地球上で石を真上に投げるとどうなるでしょうか？　普通はある高さにまで上がった後、落ち

図33　天体からの脱出速度

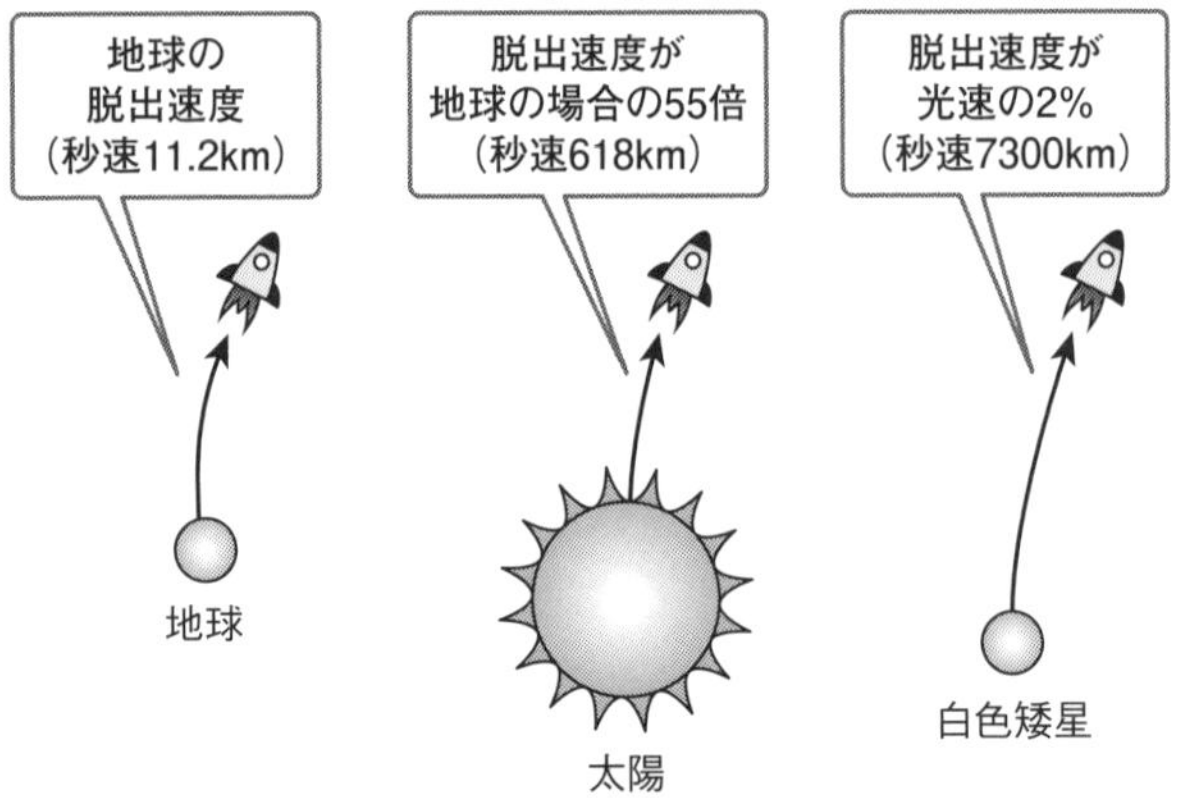

脱出速度が光速（秒速30万km）を超える天体からは脱出できない

てきますね。しかしもっと早く石を投げると、地球の重力を振り切って宇宙空間に飛び出していきます。

では、どのくらい速く投げれば、そんなことが起こるのでしょうか？

この速度を地球に対する脱出速度と呼び、秒速約11・2キロメートル、時速にすると約4万キロメートルになります。

月にロケットを飛ばすには、まず地球の重力を逃れるために、少なくともこの速度を出さなければなりません。ずいぶん速いと思うかもしれませんが、秒速30万キロメートルという光の速さに比べると微々たるものです。

地球よりももっと重力の強い天体の場合はどうなるでしょう。当然、その大きな重力を振りきって宇宙空間に飛び出すためには、もっと大きな脱出速度が必要になるでしょう。

たとえば、太陽表面からの脱出速度は秒速６１８キロメートルと、地球の場合の55倍ほどです（図33）。

白色矮星《はくしょくわいせい》という地球程度の大きさで太陽程度の質量をもった星の表面からの脱出速度は、秒速約７３００キロメートル、光速度の２％程度に達します。

どんどん重力が強くなれば、脱出速度もどんどん大きくなります。そしてついに光の速さに達してしまうと、光は逃げ出すことができなくなるでしょう。

光が逃げ出せないほど強い重力をもった天体があったとして、その表面から光を上に飛ばそうとしても、光は表面にへばりついているだけで、上には上がっていけません。

何かが見えるということは、その何かから出た光（光子《こうし》）を目の網膜《もうまく》で感じるからです。したがって天体から光が出てこなければ、その天体の外にいる人からは、その天体を見ることができません。

このことはすでに18世紀に、有名な数学者ラプラスが気づいていました。まさにブラックホールです。

ただしラプラスにとって、光の速度はなんら特別な意味をもたず、光よりも速いものが存在していてもかまわないと考えていました。したがってラプラスのブラックホールは、重力がとてつもなく強い真っ黒な領域というだけで、そこから二度と逃げ出せないということではありません。「ブラックホールに入ったら、そこから逃げ出せない」ということは、アインシュタインの相対性理論から導かれることなのです。

▼重力で光の速度が遅くなる

アインシュタインの相対性理論と呼ばれるものには、特殊と一般の2つがあります。

特殊相対性理論は1905年に発表され、そこで光の速さに絶対的な意味のあることが理論の基礎におかれました。

どんな速度で運動している人が測っても、それが一定の速度で直線運動をしている限り、光の速さは同じ値《あたい》で秒速約30万キロメートルとなり、しかも光よりも速い運動は存在しません。このことはこれまで何度もくり返し実験されてきて検証されていることなので、事実として認めましょう。

次に**一般相対性理論です。これは特殊相対性理論を発展させたもので、重力を扱う理論です。**特殊相対性理論では、重力がない場合に話が限られています。重力がなければ、光の速さは真空中ではつねに同じ値、秒速約30万キロメートルなのです。

一般相対性理論では、**質量をもつ物体が空間を曲げ、時間の進み方を遅らせます。**これを「時空の曲がり」といい、**時空の曲がりこそ重力そのものだと考える理論です。**

ここで突然ですが、エレベーターを思い浮かべてください。

エレベーターの床と天井に穴があけてあって、光が地面からやってきて床の穴から入り天井の穴から出ていくとします。

さて、あなたがエレベーターに乗ったとたん、エレベーターを支えていたワイヤーが切れたとします（現在のエレベーターはワイヤーで引っ張られているわけではないので、こんなことが起こる心配はありません。ここでは話を簡単にするため非現実的で理想的な状況を考えます。このようにして考えることが思考実験です）。

するとエレベーターは、地面に向かって落下しはじめます。エレベーターの中にあるものは、乗っている人を含めて同じように落下します。


この状況からアインシュタインは、光の速度は重力によって遅くなることを示したのです。ヒントは、「エレベーターの中では重力が消える」ということです。

なぜ**落下するエレベーターの中で重力が消える**のでしょう。それは次のことを考えれば納得できます。

エレベーターの落下中にエレベーターに乗っているあなたが手に握っていたボールを離したとします。手から離れたボールは落下しますが、あなたも同じように落下しているので、あなたに

図34　落下しつづけるスペースシャトル

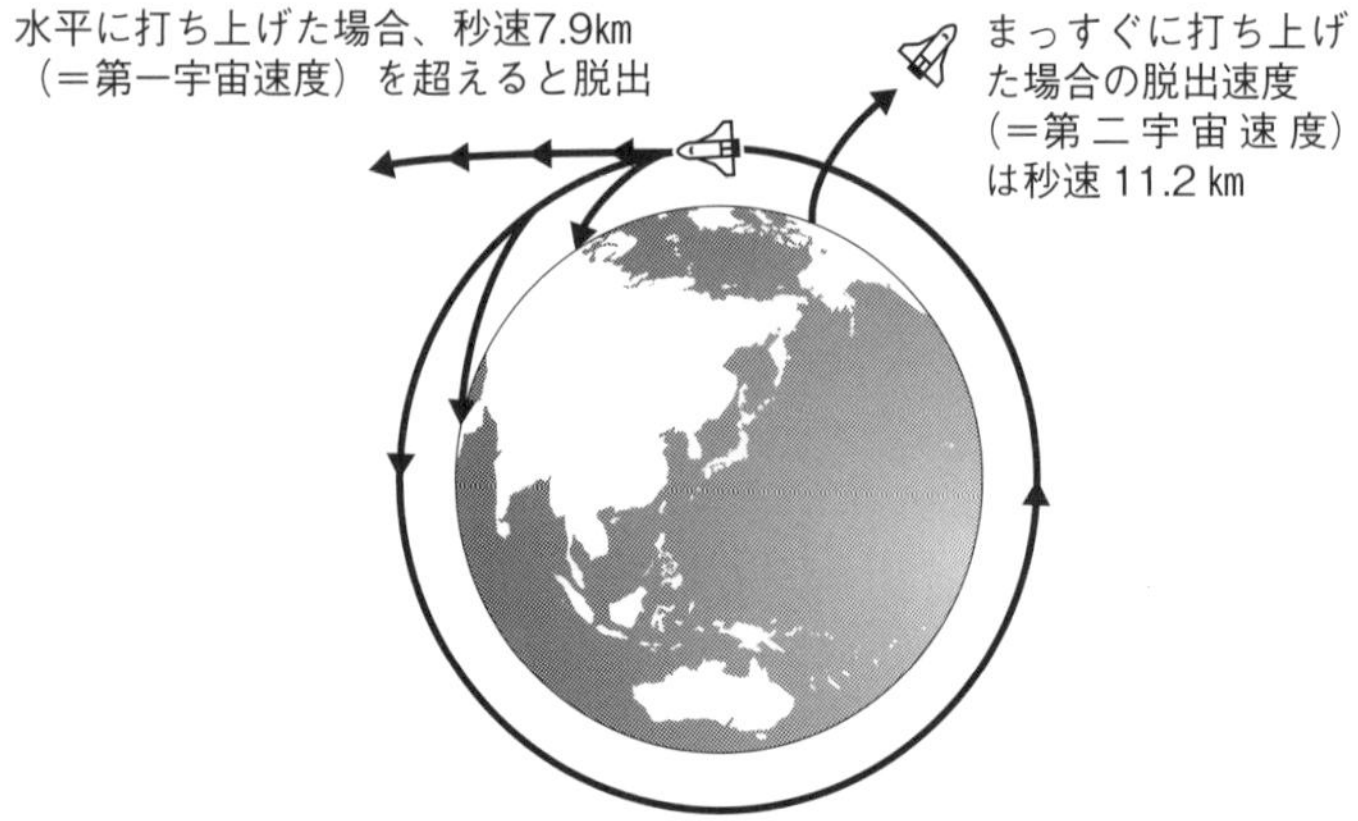
水平に打ち上げた場合、秒速7.9㎞
(＝第一宇宙速度) を超えると脱出
まっすぐに打ち上げた場合の脱出速度
(＝第二宇宙速度)
は秒速11.2㎞

周回軌道にあるスペースシャトルは高速で前進しながら、つねに重力を受けて落下している。そのため、地球の丸みに沿って、いつまでも「落下しながら飛ぶ」ことができる

とってボールは手を離したのにもかかわらず、その位置で宙に浮かんでいるように見えるでしょう。

このことは周回軌道にあるスペースシャトルの中の映像でも確認することができます。**スペースシャトルは**地球の重力が無視できるほど地球から離れているわけではありません。**地球の重力を受けて落下している**のです（図34）。

もし落下していなければ、まっすぐ飛んでいってしまいます。スペースシャトルは前に進みながらつねに地球に向かって落下しているから、地球のまわりを回っていられるのです。

スペースシャトルの落下とともに、その中の人や物も落下しつづけているから、無重力状態になっているのです。

さて、重力がないところでは光の速さは秒速30万キロメートルでした。落下しているエレベーターに乗っているあなたが床から入ってきた光の速さを測ると、秒速30万キロメートルの値が得られるはずです。

しかし、エレベーターの外のある一定の高さにとどまっている人から見たらどうでしょう（図35）。

外の人は、エレベーターとその中のあなたが、ある速さで落下していることを見ています。したがってその人が測る光の速さは、エレベーターの落下速度の分だけ遅くなっているでしょう（正確にはそう単純ではありませんが、測る光の速さが遅くなるのはそのとおりです）。

外の人にとっては、光は秒速30万キロメートルよりも遅い速度で上に上がっているように見えるはずです。外の人は普通に重力を感じていますから、重力が光の速度を遅くすることになります。

しかもエレベーターは、地上に近づけば近づくほど、速く落下するので、光の速さも地上に近いほど遅くなります。結局、**重力が強いほど上向きの光の速さは遅くなる**ことがわかるでしょう。

この議論を下向きの光に適用すれば、**重力が強いほど下向きの光の速度が速くなる**ことがわかるでしょう。

図35　光の速度は重力によって変わる

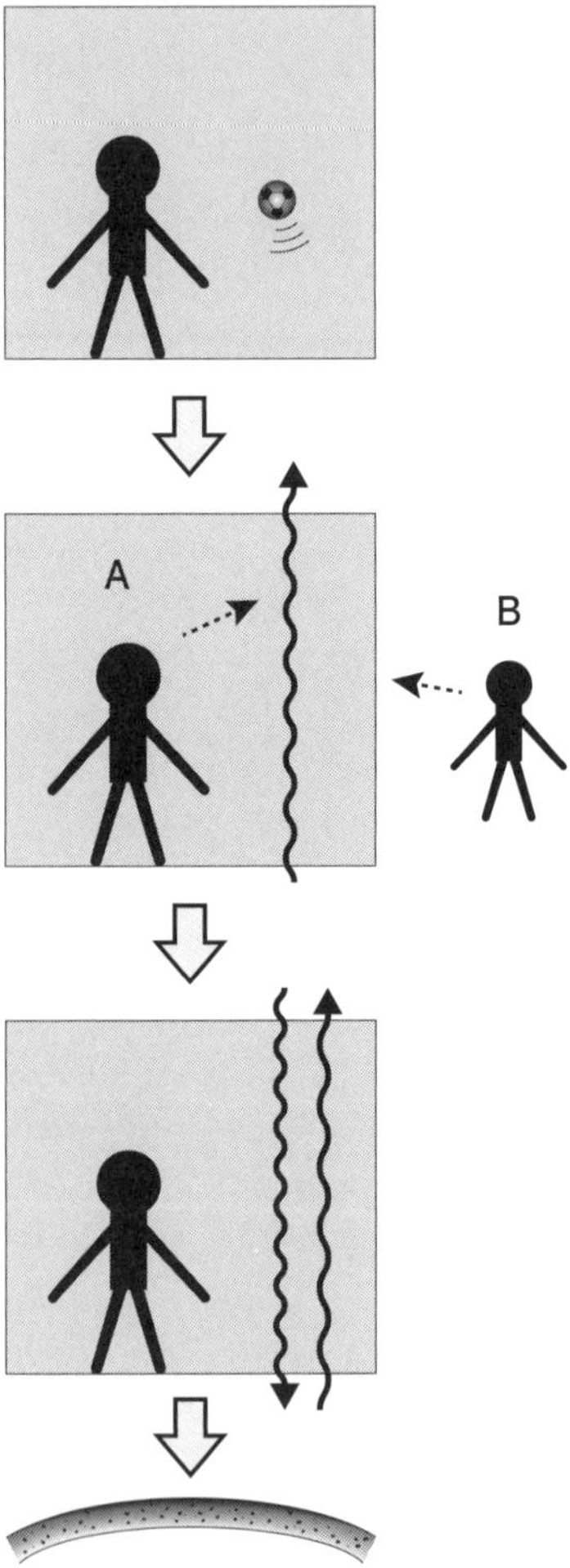

高速で落下しつづけるエレベーターの中では、持っていたボールから手を離しても、ボールは宙に浮いている＝<重力が消えた状態>

重力が消えた状態にいるAは、上向きの光が秒速30万kmで進むのを見ている。外にいるBから見ると、光は（秒速30万km）－（エレベーターの落下速度）で進んでいる

エレベーターが地上に近づく（＝重力が強い）ほど

- 上向きの光の速度は遅くなる
- 下向きの光の速度は速くなる

特殊相対性理論では、光の速さは観測者や光源の速度によらず一定の値となるはずですが、これは運動の速度が一定の直線運動（等速直線運動）の場合だけです。

図35の場合、外の人が見るエレベーターの運動は地球の重力によって速度がどんどん速くなる加速運動なので、特殊相対性理論が成り立たないのです。

▼表面と遠方の時間の無限のギャップ

仮に地球の重力がはるかに強くなって、ある高さでエレベーターの落下速度が光の速さになったとしてみましょう。

エレベーターの中のあなたは、相変わらず光が秒速30万キロメートルで下から上へと駆け抜けているのを見ます。

しかし、それをエレベーターの外で（エレベーターの速さがちょうど秒速30万キロメートルとなる位置）止まっている人が見ると、そこでの上向きの光は止まっていて、エレベーターが秒速30万キロメートルで落下するのを見るでしょう。そこが、ブラックホールの表面となります。**光は永遠に、ブラックホールの表面にへばりついている**のです。

表面の内部はどうでしょう。**内部ではエレベーターの落下速度は光よりも速くなるので、外向きに出した光さえ内向きに進むように見える**のです。

図36　ブラックホールの表面と遠方の無限のギャップ

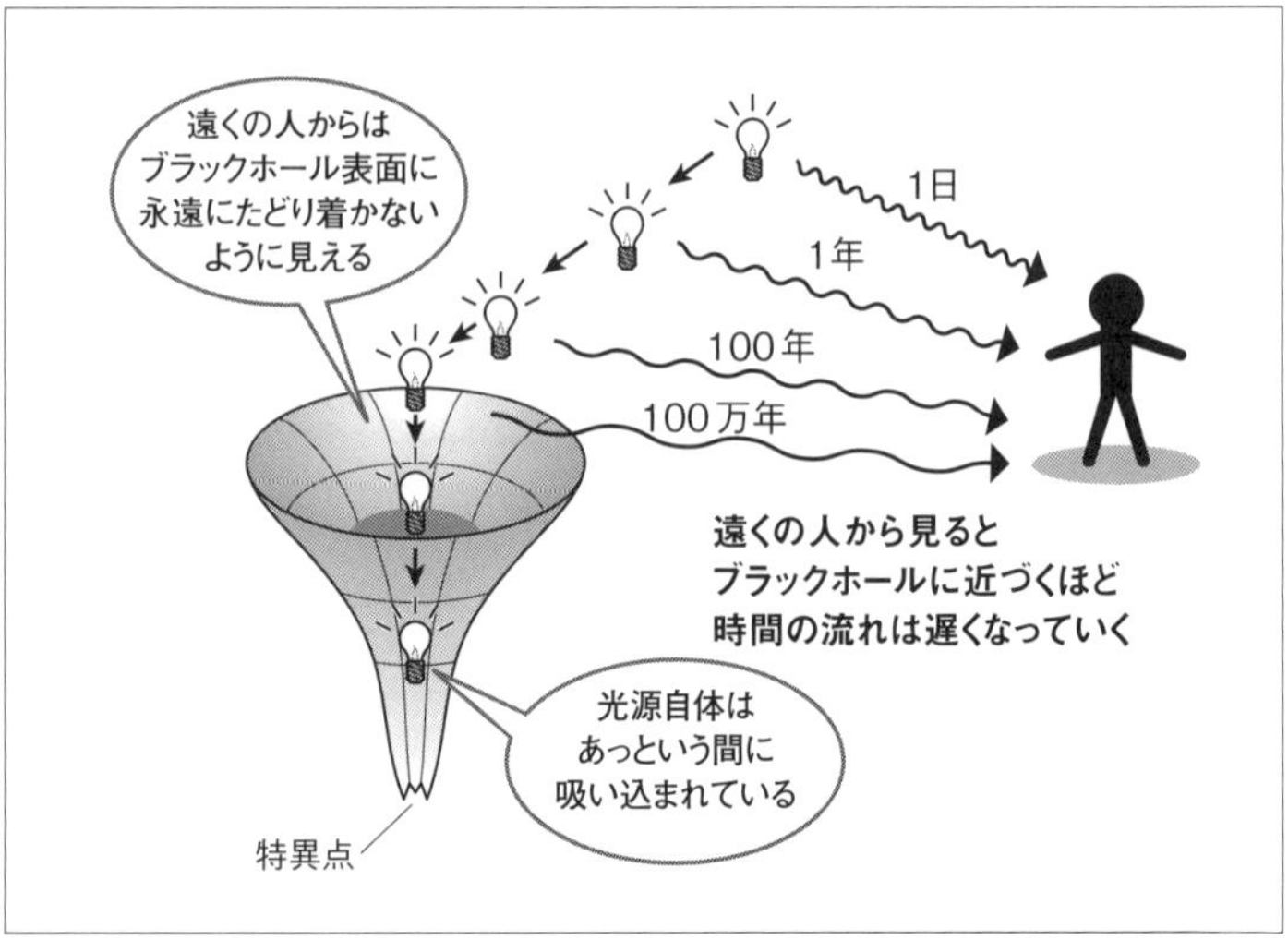
遠くの人からは
ブラックホール表面に
永遠にたどり着かない
ように見える
1日
1年
100年
100万年
遠くの人から見ると
ブラックホールに近づくほど
時間の流れは遅くなっていく
光源自体は
あっという間に
吸い込まれている
特異点

光よりも速く運動するものは存在しないので、このことはいったんブラックホールの内側に入ったものはけっして外には逃げられないことを意味します。

こうして一般相対性理論では、ブラックホールの表面を通ることはできても、内側から出ることはけっしてできないのです。

別のケースで見てみましょう。

ブラックホールに近づけば近づくほど、外向きに出した光の速度は遅くなりますから、それが遠くに届くまでの時間はどんどん長くなっていきます。

したがって、ブラックホールに落ちていく人が一定の間隔で光の信号を外に送っても、それを受け取る間隔はだんだん延びていきます。受け取る時間がどんどん長くなっていくのです（図36）。

ブラックホールの表面では、光を送っても永遠に外の世界には届きません。ブラックホールに落ちていく人はあっという間にブラックホールに飲み込まれますが、その様子を遠くから見ると、落下速度がだんだん遅くなりブラックホールの表面には永遠に届くことはありません。

・ブラックホールの表面＝落ちていく人はあっという間に飲み込まれる
・ブラックホールの遠方＝落ちていく人の速度がしだいに遅くなり、表面には永遠にたどり着かない

この表面と遠方の時間の無限のギャップこそブラックホールの特徴なのです。

▼地球をブラックホールにするには

先ほどから地球の重力が強くなった場合を考えてきました。では、実際に地球をブラックホールにするには、どうしたらよいのでしょう。

２つの物体の間に働く重力は、お互いの質量が大きいほど、そしてお互いの距離が近いほど強くなります。これは一般相対性理論でも基本的には同じです。

したがって質量が大きい天体に近づけば近づくほど、その天体から受ける重力が強くなります。**質量が大きくサイズが小さい天体を考えればいいことになります。**

図37　地球ブラックホールのサイズ

たとえば地球のサイズをそのままにして質量（5・972×10^{21}トン）をいまの2億倍にするか、あるいは**質量をそのままにしてサイズを2億分の1、すなわち直径約1・7センチメートルに縮めることができれば、地球はブラックホールに変わります。**

もちろん現代の科学技術では、こんなことは不可能です。しかし天文学者は、宇宙にはさまざまな質量のブラックホールがたくさんあると考えています。

ブラックホールはどのように観測されるのか、ブラックホールの中では何が起こっているか、そして、もし地球がブラックホールになったらいかなる運命をたどるのか。これが次のテーマです。

ブラックホールの有力候補

▼はくちょう座にある「シグナスX-1」

物質はおろか光すらも逃げ出せないほど重力の強い領域、それがブラックホールです。光が逃げ出せないのなら、いったいどうやってブラックホールを発見できるのでしょう。

現在、天文学者たちはブラックホールの候補として、いくつかの天体を挙げています。

ここでは、天文学者たちはどのようにブラックホールの存在を確信するにいたったのか、そして、この不思議なブラックホールの中では何が起こっているのか、という話をしましょう。


夏の夜空には、地平線から天頂にかけて天の川が流れています。あたかもその天の川に沿って、飛んでいる白鳥になぞらえられている星座がはくちょう座です。

1962年、このはくちょう座の中に強いX線を放出している源《みなもと》が発見され、「シグナスX－1」と名づけられました。シグナスとははくちょう座の英語名です。

俗にレントゲン線とも呼ばれるX線は、可視光（波長が400～800ナノメートル程度）よりも波長がはるかに短く、エネルギーの高い電磁波です（63ページ図8参照）。

X線は大気によって吸収されるので、ロケットや気球に積み込まれた装置を用いて発見されました。

その後の観測によって、シグナスX－1からのX線の強度が、1秒以下という短い時間で不規則に変化していることがわかりました。

このことはX線を放出している領域の大きさが、少なくとも光が1秒間で走る距離、30万キロメートルよりも小さいことを意味します。太陽の直径が約140万キロメートルですから、かなり小さい天体が源になっていることがわかります。

また、X線はある特定の星の位置から放出されていることが明らかになりました。

しかし、その星が直接のX線源ではないことはすぐに確かめられました。星はその質量に応じて表面のだいたいの温度が決まり、その温度に対応する色の光を出します。

問題の星の色から、その星の質量が太陽よりも12〜20倍も重たくて大きいことがわかります。


さらにその星からの光は、波長がほんの少しだけ一定の間隔で長くなったり短くなったりしていることが観測されました。これはその星が単独で存在するのではなく、何かのまわりを回っているため、われわれから見て遠ざかったり近づいたりするためと解釈されました。

光では見えないこの相棒の星の質量は、見えている星の運動をくわしく調べることで決めることができます。それによると、相棒の星の質量は少なくとも太陽質量の6倍以上であることがわかりました。

このことは決定的な意味をもちます。というのは、サイズの小さな星には、その質量に上限があって、太陽の3倍程度であることが理論的に知られているからです。

太陽の3倍程度の質量をもった星がある程度以下になると、重力が強くなって星の大きさを維持できなくなるのです。そうすると自分自身の重力で際限なく潰れてしまうのです。

こうしてブラックホールができあがります。

ブラックホールの質量が太陽の6倍とすると、その半径はたったの18キロメートル程度にしかすぎません。地球の半径が約６４００キロメートルですから、いかに小さいか。そしてその小さなところに地球の質量の数百万倍もの質量が詰まっているのです。

こうしてシグナスＸ－１は、ブラックホールであることがほとんど確実となったのです。天文学者の想像している状況は、次のようなものです。

▼ブラックホールの降着円盤がＸ線を放つ

大きな質量をもった星とブラックホールが連星系《れんせい》（二重星ともいう）をつくり、お互いのまわりを軌道運動しています（図38）。

ブラックホールは相棒の大質量星に強い潮汐力《ちょうせき》（重力が場所によって違うため、物体を引きちぎるように働く力。潮の満ち引きを起こす力）を及ぼし、その大気をはぎ取り吸い込んでしまいます。

はぎ取られたガスはブラックホールに一直線には落ち込まず、まずそのまわりに降着円盤《こうちゃくえんばん》と呼ばれる真ん中が開いた円盤を形づくり、そして円盤のいちばん内側のガスがらせん状にブラックホールに落ちていきます。

円盤は一様に回転するのではなく、内側ほど速く回転するので、隣り合う半径の位置にあるガスの間には摩擦《まさつ》が起こり、激しく熱せられるのです。すべり台をすべっているとき、おしりが熱

図38　はくちょう座シグナスX－1のブラックホール

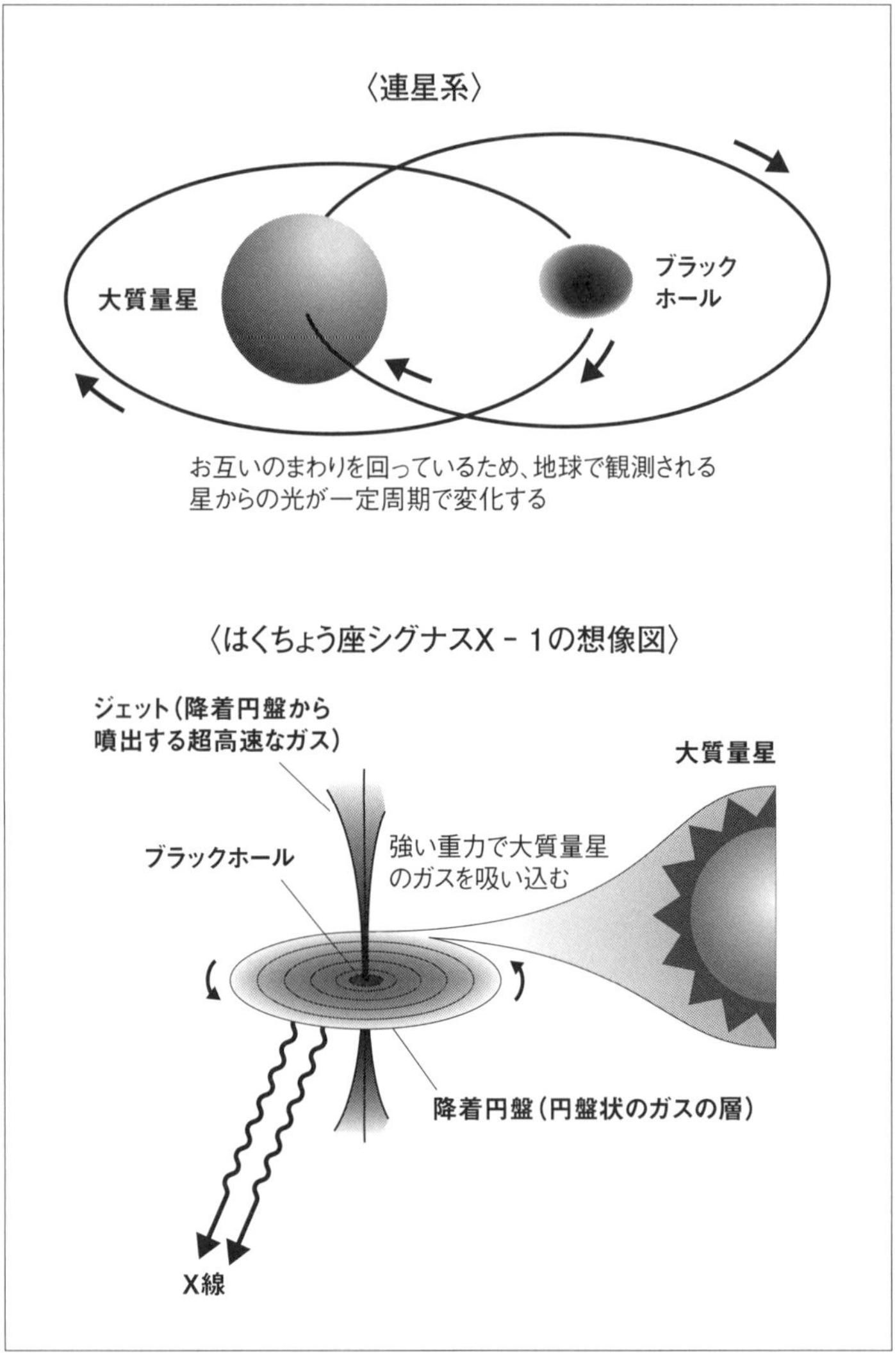
〈連星系〉
大質量星
ブラック
ホール
お互いのまわりを回っているため、地球で観測される
星からの光が一定周期で変化する
〈はくちょう座シグナスX－1の想像図〉
ジェット（降着円盤から
噴出する超高速なガス）
大質量星
強い重力で大質量星
のガスを吸い込む
ブラックホール
降着円盤（円盤状のガスの層）
X線

くなるのと同じ現象です。この場合、おしりとすべり台の間に速度の差があるため摩擦によって熱くなったのです。

降着円盤の回転速度は内部ほど速いため摩擦も大きく、内側はX線を放出するほど非常な高温となります。また、降着円盤の中心からは上下に超高速のガスも噴出しています。

ブラックホールそのものがX線を出しているわけではなく、そのまわりにできた高温の円盤がX線源だったというわけです。

▼銀河系の100倍のエネルギーを出すクェーサー

シグナスX－1以外にも、ブラックホールの候補はいろいろ発見されています。

たとえば「クェーサー」と呼ばれる、宇宙の彼方にある非常に奇妙な天体があります。われわれの銀河を100億光年彼方に置いたとすると、暗すぎて世界最大の望遠鏡でやっと観測できる程度です。ところがクェーサーは、楽に観測できるのです。

ただし、星のような点状にしか見えません。これは、**クェーサーが普通の銀河とは比べものにならないほど明るく、そして非常に小さな領域から莫大なエネルギーを放出しているということ**です。

さらに驚くべきことは、クェーサーからの光や電波が数ヵ月程度で変化していることです。観測からはクェーサー全体が明るくなったり暗くなったりする様子がわかります。もしクェーサーの大きさがたとえば100光年だったとしたら、全体が同じ明るさになるのは少なくとも100年かかるということになり、全体の明るさが変化する時間も100年以上になります。

しかし、数ヵ月程度で変化していることから、**クェーサーは1光年以内の領域からわれわれの銀河系の100倍ものエネルギーを出している**ことがわかります。

このような莫大なエネルギーを1光年以内という小さな領域から発生するメカニズムは、ブラックホール以外には知られていません。

クェーサーの中心には、太陽質量の何億倍もの巨大なブラックホールが存在し、そこへ莫大な量の物質が落ち込む過程で膨大なエネルギーが発生すると考えられています。

1990年代にはハッブル宇宙望遠鏡による観測から、それまで星のようにしか見えていなかった、クェーサーを中心とするような淡い銀河の姿が浮かび上がってきました。**クェーサーとは、銀河の中心にある巨大なブラックホール近傍《きんぼう》の活動現象であることがわかってきたのです。**

▼銀河の中心には巨大ブラックホールがある

その後のハッブル宇宙望遠鏡、8〜10メートルクラスの大望遠鏡による観測、電波望遠鏡による観測から、**ほとんどの銀河の中心には巨大ブラックホールが潜《ひそ》んでいることが明らかになってきました。**

われわれの銀河系の中心にも太陽質量の約400万倍の質量をもった巨大ブラックホール（い

て座Aスター）が存在することがわかっています。

これは銀河中心から数光日（光の速度で数日かかる距離）以内のいくつかの星の運動を10年以上にわたってくわしく調べることで確認されました。その中には銀河中心から17光時（光で17時間の距離。ちなみに太陽から冥王《めいおう》星までは5光時）まで近づく星もあります。

これらの観測から多くの銀河は、たとえ現在はおだやかでも、進化のある過程で中心部がクェーサーとして激しい活動をしていた時期があったと考えられています。

ブラックホールの中で何が起こっているのか

▼電波望遠鏡でブラックホールは見えるか？

光さえも吸い込み、どんなものもそこから抜け出すことができないブラックホールを、なんとか直接観測することはできないのでしょうか。

こんな思いは天文学者も同じです。そして21世紀になってそれが実現したのです。それも2つの方法で実現しました。電波望遠鏡と重力波望遠鏡です。

重力波望遠鏡とそれによるブラックホールの発見は後で述べることにして、ここでは電波望遠鏡によるブラックホールの観測の話をしましょう。

電波望遠鏡は新しい観測装置ではありません。1930年代にはじまった電波天文学は1950年代から急速に発展し、電波銀河やパルサー（337ページ図68参照）の発見、星間雲《せいかんうん》の組成解明などそれまで知られていなかったさまざまな成果を上げてきました。

銀河の中心に巨大なブラックホールの存在することがわかったのも電波望遠鏡のおかげです。前項でも述べたように、それまでの電波望遠鏡によるブラックホールの発見は、ブラックホールの非常に強い重力によって高温になったガスからの電波や、ブラックホールのまわりを高速で回るガスからの電波を観測するといった間接的なものです。

もっと直接的にブラックホールを「見る」ことはできないのでしょうか。ブラックホールから直接光は出てこないのでそれは不可能ですが、「ほとんど直接見る」ことができたのです。

すばる望遠鏡などの反射望遠鏡は光赤外《ひかりせきがい》望遠鏡と呼ばれ大きな反射鏡で天体の光を集めます。電波望遠鏡も仕組みは同じですが、集めるのは可視光や、赤外線ではなくそれよりも波長の長い電波です。

宇宙には可視光や赤外線よりも電波をより強く出している天体があったり、また電波しか出さない天体があるため、電波で宇宙を見ることはとても大事です。電波望遠鏡の性能も反射鏡が大

図39　中国の500m望遠鏡「天眼」

きければ大きいほど遠くの天体や細かい構造を見ることができます。

　現在、世界最大のものは中国が貴州《きしゅう》省の奥地の自然の地形を利用してつくった「ＦＡＳＴ《ファスト》（通称：天眼《てんがん》」（図39）という口径５００メートルの電波望遠鏡です。実際には受信機がカバーできる範囲が３００メートルなので有効口径は３００メートルですが、それでもこれまで最大であったものより１００メートルも大きいのです。

　とはいえ、この望遠鏡ですらブラックホールを見るには小さすぎます。

　たとえば銀河系の中心に存在する太陽質量の約４００万倍のブラックホールの場合、その半径は１２００万キロメートル程度となります。ちなみに太陽と水星の平均距離は５８００万キロメートルです。

大きいと思うかもしれませんが、このブラックホールは地球から約2万6000光年の彼方にあるので、地球から見るとだいたい10マイクロ秒角（これは1億分の1度です）。たとえると日本から見たハワイのアリの穴、あるいは月面上に置いた1円玉程度にしかならないのです。「天眼」の分解能（離れた2点を区別できる能力）は0・1秒程度にすぎません。

▼ブラックホールシャドウの観測に成功

ではブラックホールを見ることはまったく不可能かといえば、そんなことはありません。光学望遠鏡に対する電波望遠鏡の利点は、電波の波長が長いということです。

たとえば波長1ミリメートルは赤外線の波長の10万倍程度も長いのです。

じつは波長が長いと分解能も悪くなるのですが、それを補って余りある利点があるのです。それは遠く離れた位置にある電波望遠鏡のデータを持ち寄って、データを精密に合成し1つの電波望遠鏡によるデータとして解析することができるのです。

この方法で地球上のさまざまな場所にあるいくつもの電波望遠鏡を同時に使って観測することで、1つの望遠鏡では不可能な口径の大きな電波望遠鏡として観測することが可能になるのです。

これを「開口合成《かいこうごうせい》」といいますが、実際にはこの技術は容易ではなく、2000年頃からはじまった実験が3台の電波望遠鏡で成功したのは2007年のことです。

そして2012年、日本、ヨーロッパ、アメリカ、ロシアなどの13の研究機関の200名ほどの研究者たちが集まって「イベント・ホライズン・テレスコープ（事象の地平面望遠鏡）」というプロジェクトが立ち上がりました。

イベント・ホライズン（事象の地平面）とは、ブラックホールの表面のことです（図40下）。この計画は文字どおりにブラックホールの表面近くまでの画像を得ることです。もちろん日本の研究所、研究者も参加しています。

ブラックホール自体は光を吸収するので光は出てきませんが、**ブラックホールのまわりで電波が出ていると、周囲からのその電波が観測され、真ん中にぽっかり黒い穴があるように見えるは**ずです。

この黒い穴を「ブラックホールシャドウ」と呼びますが、このブラックホールシャドウの画像を撮ることで、ブラックホールを「見る」のです。

ブラックホールシャドウの直径は、ブラックホールの強い重力が電磁波の進路を曲げるため、ブラックホールの直径の数倍程度になります。したがって数十マイクロ秒の分解能を達成すれば、ブラックホールシャドウが見えることになるのです。

２０１７年4月、ハワイ、チリ、スペイン、メキシコ、アリゾナ、南極にある電波望遠鏡が参加して**地球スケールの口径に匹敵《ひってき》する電波望遠鏡として、20マイクロ秒角という分解能で、M87**

図40　M87のブラックホールシャドウ

M87銀河にある超巨大ブラックホールの黒い影。電波望遠鏡イベント・ホライズン・テレスコープが初めて撮影に成功した

<ブラックホールの構造>

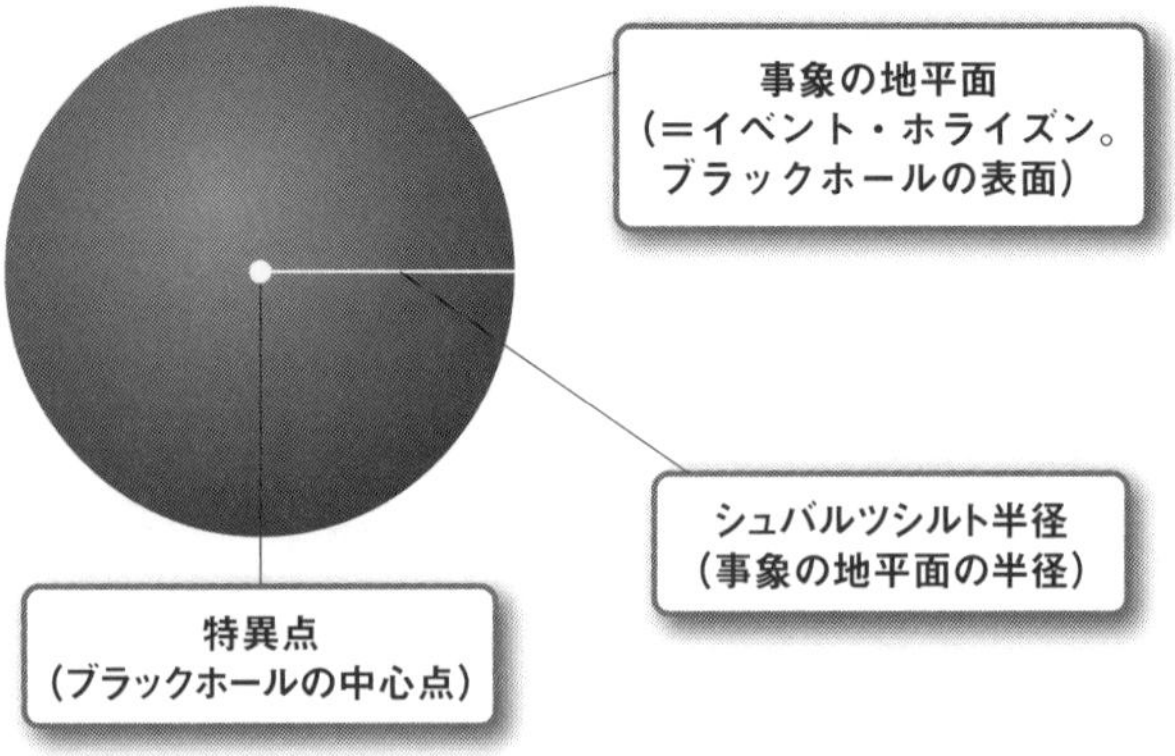

事象の地平面の内側に入ると光さえも脱出できない

という銀河中心にひそむブラックホールシャドウの観測がおこなわれたのです。

M87銀河は地球から約6000万光年離れたおとめ座方向にあり、3000個ほどの銀河を含む銀河集団の中心に位置する巨大な銀河です。

もともとこの銀河は中心からジェットと呼ばれる高速のガスが放出されていることが観測されていて、その原因は中心部に太陽質量の数十億倍の質量をもった巨大なブラックホールがあると考えられていました。

M87は銀河中心にあるブラックホールに比べてはるかに遠いのですが、ブラックホールの大きさが銀河中心の1000倍程度あることから観測しやすいブラックホールだったのです。

2年にもおよぶ解析《かいせき》の結果、2019年4月、ブラックホールシャドウの画像（図40上）が発表され、大きな反響を呼びました。アインシュタインの一般相対性理論がその存在を予言したブラックホールの存在がついに確かめられたのです。

▼ブラックホールの中はどうなっているのか?

それでは、ブラックホールに落ち込んだ物質の運命はどうなるのでしょう?

そもそも星が潰れてブラックホールができたとき、星の物質はどうなっているのでしょう?

ブラックホールの中で固まっているのでしょうか?

ブラックホールの表面で、強い重力に引っ張られて落ちていくエレベーターの落下速度は、ちょうど光の速度に一致していました。

エレベーターの床から天井へと上向きに突き抜けていく光は、エレベーターの中の人にとっては秒速30万キロメートルで上がっていくように見えますが、外にいる人から見ると、エレベーター自体が秒速30万キロメートルで落ちていくのですから、光は表面で止まっているように見えたのでした。

ブラックホールの内側では、表面よりもさらに重力が強くなります。ということは、エレベーターは光の速さ以上の速度で落下します。

すると上向きに出した光は、エレベーターの外の人から見ると、下に落ちていってしまうのです！　上に向かって飛ばしたにもかかわらず、です。

どんな運動も光の速さより遅いのですが、いくら頑張ってもいったんブラックホールに入ってしまえば、上に進むことはおろか、中心から一定の距離に止まっていることすらできません。止まっているということは、落下しているエレベーター（無重力系）に対して、光速よりも速い速度で外向きに運動しなければならないからです。

こうしてあらゆる物体は、ブラックホールに入ったが最後、際限なく中心に向かって落下する

図41　ホワイトホールとワームホール

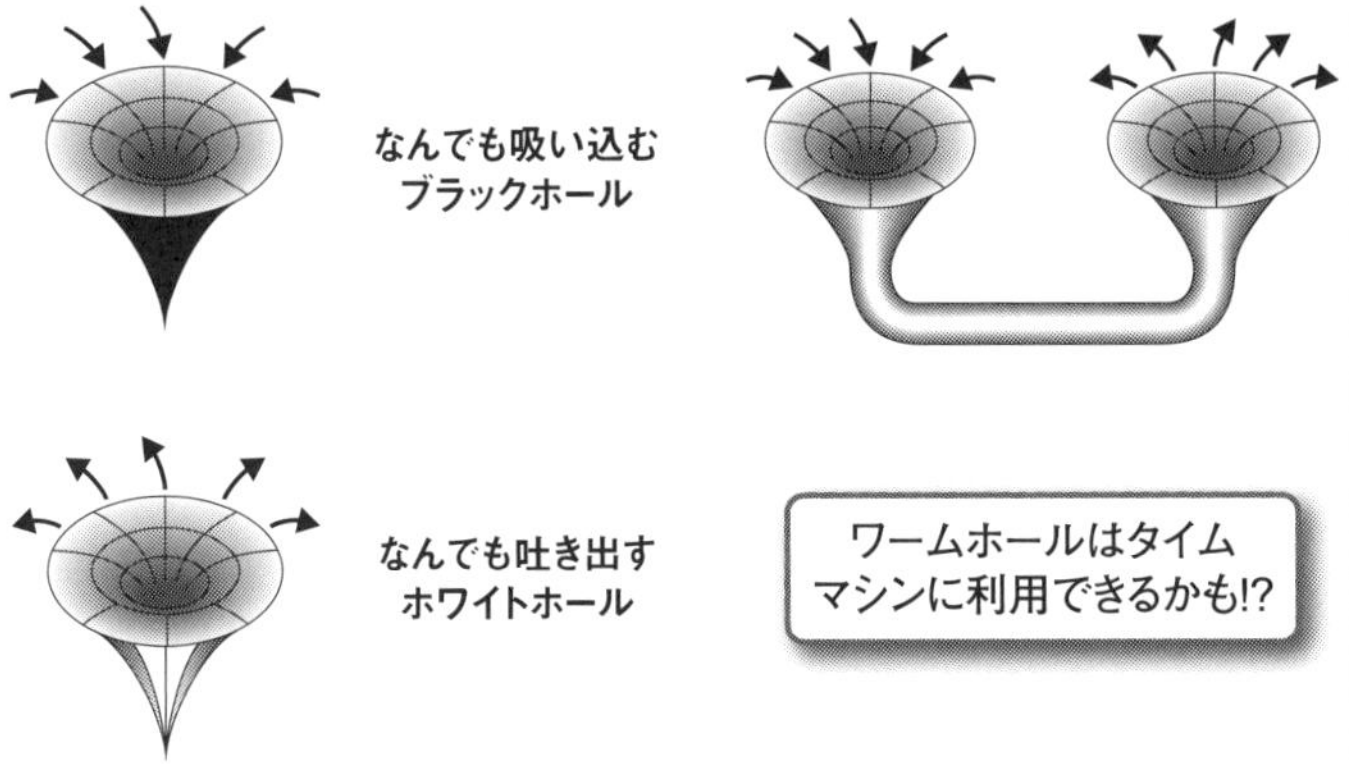
なんでも吸い込む
ブラックホール
なんでも吐き出す
ホワイトホール
ワームホールはタイム
マシンに利用できるかも!?

ことになります。この運命から逃れる術《すべ》はありません。

星が潰れてブラックホールになった場合でも、星の物質はブラックホール内部に固まっていることはできません。ブラックホールの中には何も詰まっていないのです。**ブラックホールのすべての物質は中心に向かって落下しつづけるのです。**

といっても、それはブラックホールの中のことなので、外の世界にいるわれわれからはけっして見えません。

ブラックホールに吸い込まれた物質の運命はわかりませんが、**物質を吸い込んだことは特異点に記憶され、外から見ると、その物質の質量の分だけブラックホールの質量が増えています。**

現在のところ、この特異点を扱うことができる理論をわれわれはまだ手に入れていないので、特異点に落ち込んだ物質がどうなるのかはわかりません。

超弦理論が正しいなら、ブラックホールの中心に近づけば、それまで見えていなかった余剰《よじょう》次元が見えてきて、物質や時空の本当の姿である超弦がうようよ生まれている……のかもしれません。

また、ブラックホールに吸いこまれた物質はほかの宇宙、あるいはこの宇宙の別の場所に忽然《こつぜん》と現れるのかもしれません。その出口を、ブラックホールと正反対という意味で「ホワイトホール」と呼びます。

このブラックホールとホワイトホールを結ぶ時空の抜け道を、「時空の虫食い穴」(ワームホール)と呼びます(図41)。

このワームホールは一方通行のワームホールですが、両方から出たり入ったりするワームホールも考えられていて、この行き来可能なワームホールは、もし存在したらタイムマシンとして利用することができるという話を後でしましょう。

ブラックホールの最期が示す形而上学的問題

▼ブラックホールの表面積は増えつづける

ブラックホールの存在なしに現代の天文学を理解することはできません。さらにブラックホールは天文学ばかりでなく、物理学の基礎、あるいはわれわれの存在そのものの理解に大きな影響を与えるかもしれません。

このことを説明するには、まずブラックホールの最期の話をする必要があります。

これまでブラックホールは、光さえそこから逃げ出すことができないほど重力が強い時空の領域で、その表面は吸い込むだけの一方通行の面で、その結果、**「ブラックホールの質量は増えるだけでけっして減少しない」**という話をしてきました。

これを一般相対性理論を用いて厳密に証明したのは、ホーキングです。１９７２年頃のことです。

正確には質量ではなく、**「ブラックホールの表面積はけっして減少しない」**というのがその内容で、これを「表面積定理」あるいは「ブラックホールの第二法則」といいます。

第二法則というのは、熱の出入りを扱う熱力学《ねつりきがく》という物理学の分野で出てくる「熱力学の第二法則」のことで、別名「エントロピー増大の法則」とも呼ばれます。いってみれば、これは日常的に経験することを表した法則です。

たとえば、ある容器の中に一定の温度のぬるま湯が入っているとして、そのぬるま湯が自然に熱湯と冷水に分かれることはないということです。

逆に熱湯と冷水を同じ容器に入れると、全体が一定の温度をもったぬるま湯になります。これは「熱は高温から低温に移る」というごく当たり前の現象です。

たとえエネルギー（熱量）は一定のままでも、起こる現象と起こらない現象があるのです。それぞれの状態には「エントロピー」という量があって、**エントロピーが増える方向にしか現象が起こらないというのが「エントロピー増大の法則」**です。「乱雑さが増す」というイメージで説明されることもよくあります。

先の例では一定の温度をもったぬるま湯の状態のエントロピーは高く、熱湯と冷水が分かれている状態のエントロピーが低いということです（図42）。

ちなみにエネルギーが移動したり形態を変えたりしても、その総量は変わらないというのが「熱力学の第一法則（エネルギー保存の法則）」です。

ブラックホールの場合もつねに表面積が増大するので、熱力学と同じ「第二法則」、あるいは「ブラックホールの第二法則」という名前になったのです。ホーキングは、ブラックホールと熱

図42　ぬるま湯でわかるエントロピー増大の法則

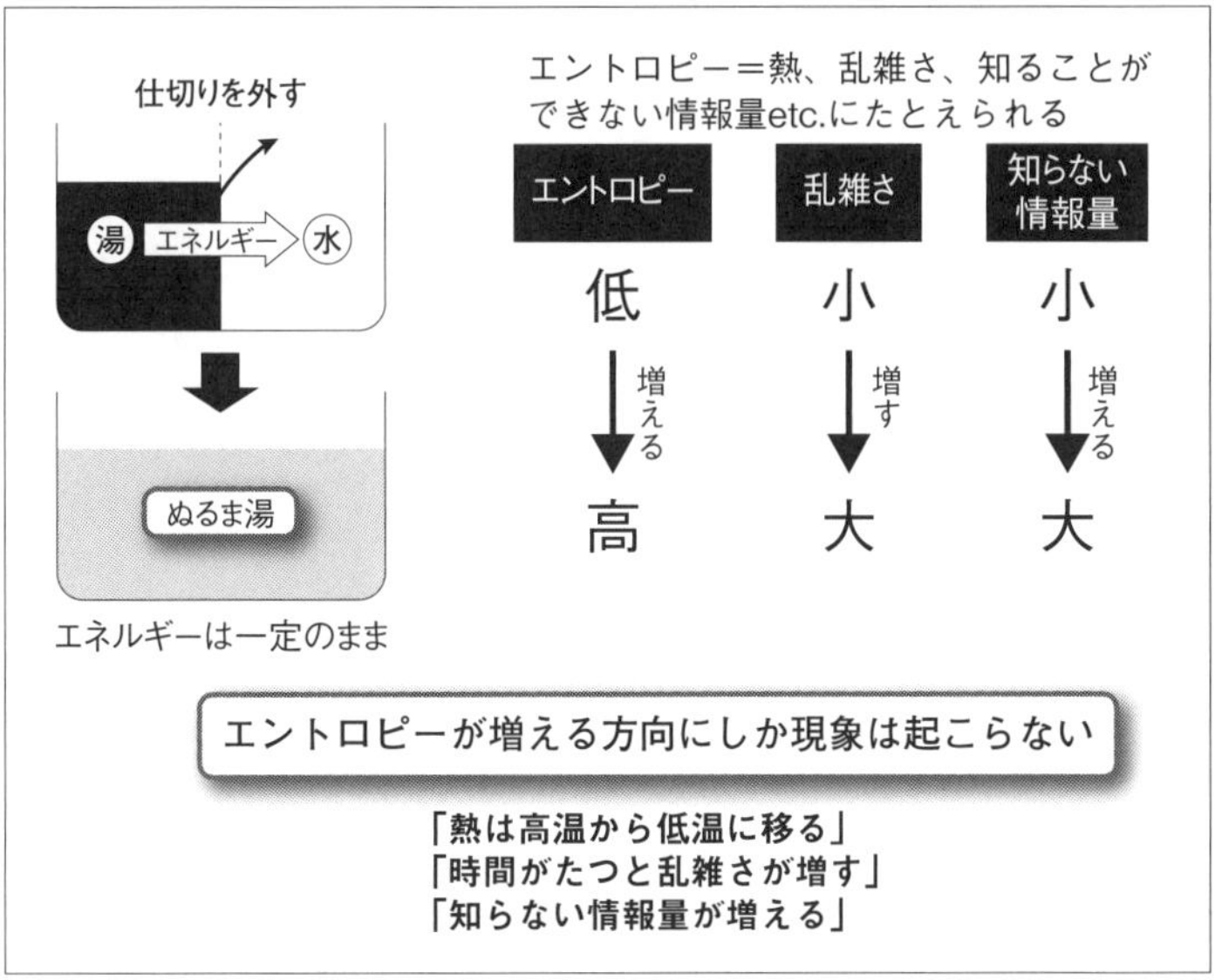

力学は何の関係もなく、まったくのアナロジー（類推）だと思っていました。

ところがこのアナロジーを、単なるアナロジーではなく本当に関係があると考えた物理学者がいました。

▼「エントロピー増大」＝「知らない情報量が増えること」

イスラエルの物理学者ベッケンシュタインです。ホーキングがブラックホールの第二法則をいい出した頃、ベッケンシュタインはプリンストン大学の大学院生でした。そしてプリンストン大学でのホーキングのブラックホールの講義を聞いたのがきっかけであることを思いつきました。

彼は、ブラックホールの表面積が増大

することを、ブラックホールとは一見何の関係もない「情報」という観点から考えてみました。「ブラックホールに物体が吸い込まれる」ことを「ブラックホールに情報が取り込まれる」こととみなし、外の世界から見ると「ブラックホールには取り出せない莫大な情報が隠れている」と考えました。

ベッケンシュタインがこう考えたのは、彼の指導教官だったホイーラーの影響もありました。当時、プリンストン大学でホイーラーは秀才たちを集めてブラックホールの一大研究グループを率いていました。そして星が自分自身の重力で潰れてブラックホールになる現象などを研究していたのです。

その過程で、「ブラックホールは毛が3本」あるいは「**無毛定理（no-hair theorem）**」と呼ばれる性質の重要性を指摘していました。

ブラックホールになる以前の星は、その大きさや質量、あるいはどんな物質でできているかなどさまざまな情報をもっていますが、**ブラックホールになってしまうと、質量と電荷、そしてどのくらい速く回転しているかという3つの性質（情報）しか残らない**ということです。

どんな星を持ってきても、それがブラックホールになってしまうと、この3つの情報だけが残り、そのほかの情報は消えてしまうのです。ベッケンシュタインは、消えてしまった情報はブラックホールの中にあって見えないだけだと考えました。

さらにホーキングが証明したように、ブラックホールの表面積がけっして減少しないということは、**「ブラックホール中の情報量は、ブラックホールの表面積に比例している」**ことを意味する、**ととらえ直し**たのです。

考えてみると、これは不思議なことです。情報がブラックホールに落ち込んだのだから、その量はブラックホールの体積に比例するような気がしますが、そうではなくその体積を取り囲む表面積に比例するというのです。

ここで情報とエントロピーの間に深い関係があることから、ベッケンシュタインは**ブラックホールがエントロピーをもっていて、そのエントロピーはブラックホールの表面積に比例する**としたのです。

情報とエントロピーの間に関係があることは、先のぬるま湯の例をもとに次のことを考えれば納得できます。

温度というのは水分子の運動の程度です。運動が激しければ激しいほど温度が高くなります。とはいっても、水分子１個１個の運動を把握《はあく》することはできません。**莫大な数の水分子の平均的なエネルギーが温度**です。

熱水と冷水が別々に存在するという状態は、２つの違った平均エネルギーをもった莫大な数の水分子が存在するということです。「熱水と冷水」と「ぬるま湯」、どちらの状態が水分子の情報を多く知っているかは、一目瞭然《いちもくりょうぜん》です。

「熱水と冷水」のほうがより多くの水分子の情報を知っています。したがって、「熱水と冷水」のほうがエントロピーは低く、それらが混じって全体が同じ温度となった「ぬるま湯」がエントロピーの高い状態です。

「エントロピー増大の法則」とは、水分子に対する情報が減っていく、あるいは水分子に対して知らない情報が増えていくということになるのです。

ここでは水分子の情報を考えましたが、一般には直接観測できないミクロの情報としても同じことです。エントロピーというのは「直接観測できない情報がどのくらいあるのか」の尺度といえます。**エントロピーが高い状態ほど、直接観測できない情報が多い**のです。

ここまでくると「ブラックホールの第二法則」と「熱力学第二法則」が同じことを表しているのがわかるでしょう。ブラックホールの中はけっして観測することはできないので、知らない情報がある、すなわちエントロピーをもっているということです。**ブラックホールが大きくなる（表面積が大きくなる）と中の知らない情報が増えるので、エントロピーが大きくなる**のです。

ベッケンシュタインはこう考えたのです。

▼もやもやした量子力学の世界

ホーキングやほかのほとんどの物理学者は、ブラックホールと熱力学はまったく無関係だと考えていました。なぜならブラックホールは何でも吸い込んでしまうので、温度をもっているはずがないからです。そしてベッケンシュタインの考えを、こじつけとしか感じていませんでした。ところがブラックホールの研究をさらに進めた結果、ベッケンシュタインの主張を認めざるをえなくなったのです。それはブラックホールに量子力学を適用してわかりました。

ここであらためて量子力学の話を少ししましょう。

本書ではこれまでもたびたび「真空」の話が出てきましたね。真空は「空気も何もなく、どんなことも起こらない静かなところ」という状態ではありません。このことは、20世紀になって発見された量子力学によって初めてわかったことです。

量子力学とは、原子やもっと小さい素粒子の世界を支配する法則で、われわれの直感とはずいぶん違った予言をします。相対性理論が時空に対するわれわれの直感を大きく変えたのと同じように、量子力学はわれわれの物質観に根本的な変革をもたらしました。

たとえば石を投げると、石はある特定の軌跡を描いて飛んでいくでしょう。これは粒子の位置と速度の両方を明快に予測できる古典力学の世界の現象です。

ところが**電子の場合**、特定の軌跡を運動するのではなく、**可能なあらゆる軌跡を同時に運動する**と考えなければなりません。

1個の電子はもちろんたった1つであり、「電子が割れてその破片があちこちで観測された」

図43　波のように広がって存在する電子（電子雲）

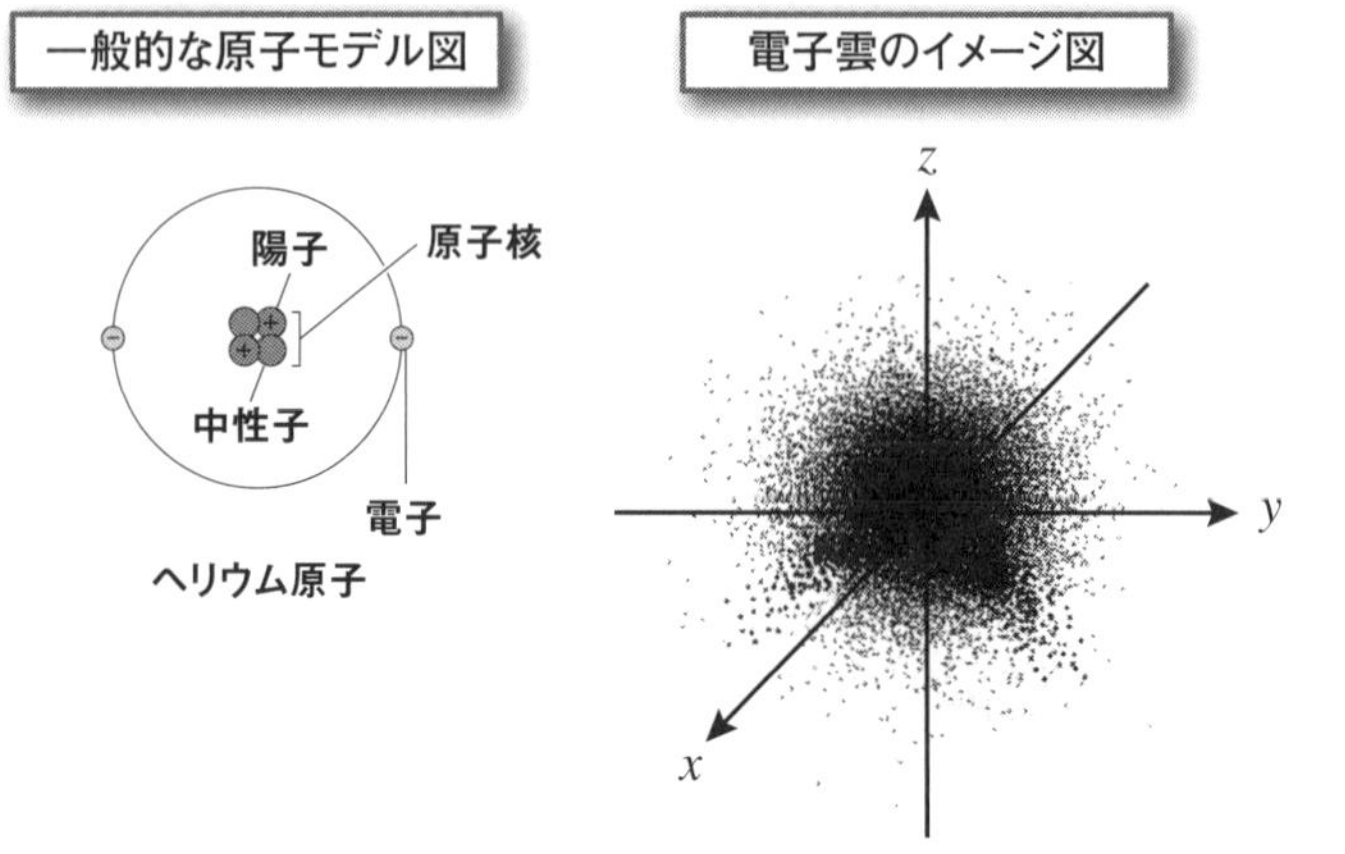

左図＝原子核のまわりを電子が円軌道を描いて回転している
右図＝量子力学の不確定性原理により、電子の位置と運動量を同時に決定できないため、電子の存在確率が高い領域を濃淡がある雲とみなした電子雲。x、y、z の3軸の交点が原子核。電子雲の濃いところは電子が存在する確率が高く、薄いところは確率が低い（ただし、観測すると確率を表す雲は消えて、左図のように電子が粒子として姿を現す）

などということではありません。

「そんなバカな！」と思うかもしれませんが、**電子が1個と数えられるのは、それを測定した場合だけです。測定していないときは、電子はある意味で「波のように広がっている」**と考えざるをえないのです（図43）。

まあ、理解できなくてもしかたありません。アインシュタインは、量子力学の基礎をつくったひとりですが、このような不思議な解釈をせざるをえない量子力学を最後は信用しなくなったのです。

とはいえ、量子力学の予言はこれまでのすべての実験で確かめられているので、その正しさは疑いようがありません。

量子力学の予言のひとつは、「同時に値《あたい》を決められない2つの量が存在する」ということです（これを「不確定性原理」といいます）。

たとえば粒子の状態は、その位置と速度で決まります。しかし、**量子力学では位置と速度は同時に決まった値をもつことができない**のです。したがって、量子力学では粒子がいつどこにいるかは、はっきりと決まりません。

真空とは物理学ではエネルギーが最低の状態ですが、じつはエネルギーの値を測定しようとすると一定の値になりません。測定する時間によって、エネルギーの値が大きくなったり小さくなったりします。測定時間とエネルギーの値は同時に決められないのです。

真空のエネルギーも同様で、このことを「真空のエネルギーが揺らいでいる」といいます。

どんな素粒子にも、電荷などの特別な性質が正反対のほかは、自分とまったく同じ性質をもった反粒子が存在していることが知られています。たとえば電子の反粒子は陽電子です。また光子のように反粒子が自分自身と同じものもあります。

エネルギーの揺らぎというのは、この素粒子と反粒子が対《つい》でできては消え、消えてはできている（対生成・対消滅）と解釈することができます。

光子の質量はゼロなので、エネルギーの揺らぎによっていちばん多くつくられるのは光子2つですが、揺らぎが大きくなると質量の大きな粒子と反粒子ができることもあります。ただし普通は、この粒子・反粒子の対はできたらあっという間に消えて、現実の粒子、反粒子として生き残ることはありません。

われわれの見るマクロなスケールの真空と素粒子レベルのミクロなスケールの真空との関係は、飛行機から見た海面をイメージするとわかりやすいでしょう。高い上空を飛んでいる飛行機から海面を見ると静かに見えますが、実際に近くで見ると大小の波が絶えず立っているようなものです。

▼熱をもち、光を放ち、蒸発するブラックホール

では、ブラックホールのまわりで、量子力学を適用してみましょう。

真空ではつねに素粒子と反粒子ができたり消えたりしています。ブラックホールの表面のごく近くを考えると、対でできた一方がブラックホールの中に吸い込まれることもあるでしょう(図44)。

吸い込まれるとブラックホールの重力で中心に引きつけられるため、消滅する相棒を失ったもう片方はその反動でブラックホールのまわりから飛び出してくるでしょう。

これを遠くから見ると、**まるでブラックホールから素粒子、あるいは反粒子が飛び出してくる**ように見えます。最もつくりやすい素粒子・反粒子対は質量をもたない光子の対ですから、ブラ

図44　ブラックホールから飛び出す光子（ホーキング放射）

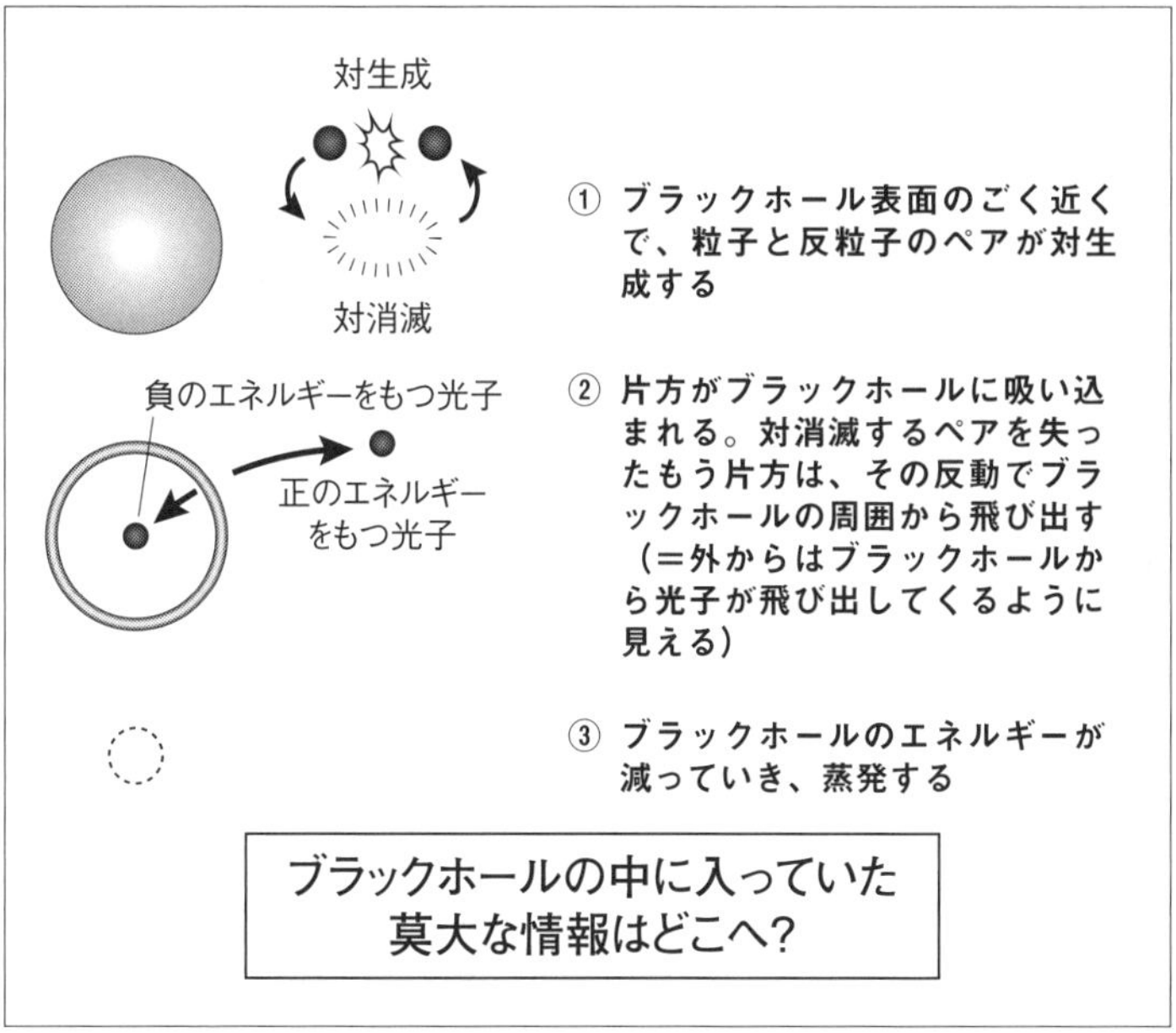
対生成
対消滅
① ブラックホール表面のごく近くで、粒子と反粒子のペアが対生成する
負のエネルギーをもつ光子
正のエネルギーをもつ光子
② 片方がブラックホールに吸い込まれる。対消滅するペアを失ったもう片方は、その反動でブラックホールの周囲から飛び出す（＝外からはブラックホールから光子が飛び出してくるように見える）
③ ブラックホールのエネルギーが減っていき、蒸発する
ブラックホールの中に入っていた
莫大な情報はどこへ?

ックホールから**光子が飛び出してくるように見えるわけです。**

　ブラックホールの内側から出てきたわけではないのですが、遠くにいる人はブラックホールからあるエネルギーをもった光子を受け取るので、その分、ブラックホールのエネルギー（質量）は減ることになります。遠くから見ると、ブラックホールに吸い込まれる光子は負のエネルギーをもっていることになります。

　この負のエネルギーの源《みなもと》は真空です。真空のエネルギーは平均するとゼロですから、**落ち込んだ負のエネルギーの分だけ遠方で正のエネルギーを受け取ったわけです。**

ホーキングがこのことをいいだしたとき、彼はすでに有名になっていましたが、だれも信じませんでした。

量子力学の揺らぎによってブラックホールから粒子や反粒子が飛び出してきて、ブラックホールのエネルギーが減っていくことを、「ブラックホールの蒸発」といい、出てきたエネルギーを「ホーキング放射」といいます。

そしてこの**ホーキング放射の特徴は、ブラックホールがもっている3本の毛（質量、電荷、回転の大きさ）で決まるある温度をもった物体から出る光とまったく同じだった**のです。

たとえば太陽質量程度のブラックホールの温度は、1000万分の1度程度でまったく無視できるような低温ですが、**蒸発が進んで小さくなるにつれ温度が上がっていきます**。地球程度の質量では1度、月程度の質量では1700度と小さくなるにつれて際限なく上がっていき、**最後は大爆発で終わります**。

太陽程度の質量のブラックホールが蒸発してしまうまでの時間は、約10^{67}年で、気の遠くなるような時間です。とはいっても、ことは物理学の根本問題に関わるので、長い時間がかかるからといって無視することはできません。

実際、もし素粒子レベルの質量のブラックホールがあったとしたら、あっという間に蒸発してしまうでしょう。

蒸発した後には何が残るのか？

この疑問が「宇宙とは何か」という存在の根本に関わることになるのです。

▼情報はどこへ消えた？――情報のパラドックス問題

ホーキングは、ブラックホールは真っ黒ではなく、熱をもっていることを示しました。熱をもつということは、熱力学の対象になるということです。ブラックホールはエントロピーをもっていて、「ブラックホールの第二法則」は「熱力学第二法則」そのものだったのです。

ブラックホールのエントロピーは、その表面積に比例します。ブラックホールに吸い込まれて外の世界から隠れた（知らない）情報量が、ブラックホールの表面積に比例するということです。

ブラックホールが蒸発していくと表面積がどんどん小さくなって、ブラックホールのエントロピーが小さくなっていきます。そして最後は？

もしブラックホールが蒸発して完全に消えてしまうのなら、ブラックホールの中に入っていた情報が消えてしまったことになります。

表面積が減ってブラックホールのエントロピーは減少し、ブラックホールの中の知ることができない情報は減りますが、ホーキング放射のもっているエントロピーが増加するので、全体としてのエントロピーは増加し、知ることができない情報量は増加することになります。

しかしブラックホールから出てくる放射は、温度という情報しかもっていません。

たとえば太陽からの放射は、そのスペクトル（波長ごとの光の強度）に何本も輝線《きせん》（特に強度が強い波長）や吸収線（特に強度が弱い波長）が存在して、さまざまな情報をもっています。ところがブラックホールからの放射のスペクトルは、のっぺらぼうで温度という情報しかもっていないのです。

ブラックホールをつくったときの莫大な情報は、いったいどこに消えたのでしょう？　物理学の根本原理では「情報は消えない」のです。

これは「情報のパラドックス」と呼ばれる未解決の問題です。

▼情報はブラックホールの表面に記録されている

１９９７年、アルゼンチン出身の物理学者マルダセナは、いくつかの状況証拠から高次元における重力を含む超弦理論が、それより1次元低い時空での重力を含まない理論と等価であるという予想をおこないました。

今日、この予想は「マルダセナ予想」と呼ばれて、超弦理論の指導原理のようになっています。この予想の厳密な証明はまだありませんが、いくつかの例に対してこの予想が成り立つことは示されています。

マルダセナ予想は、ブラックホールで起こっていることと同じような内容です。

ブラックホールの中の3次元空間（時間まで含めると4次元時空）の情報が、エントロピーという形でその境界の2次元の表面（3次元時空）に蓄えられているからです。この立場ではブラックホールの中の特異点を含めたすべての情報が、表面に記録されていることになります。

超弦理論では、ブラックホールの表面に情報が記録されているということを次のように説明します。

まず、ブラックホールに近づくほど時間の進みが遅くなる、ということがあります。

そして、超弦理論では素粒子の違いは超弦の振動パターンの違いにすぎません（106ページ図20参照）。超弦は非常に小さく、またその振動も非常に速いため、通常では観測できません。しかしブラックホールの表面のごくごく近くでは時間がほとんど止まっているので、その振動が見えるでしょう。

このようにして外の世界の人にとっては、ブラックホールの表面には超弦の振動パターンとしてすべての情報が刻み込まれていて、情報は失われてはいないというのです。

そしてブラックホールの蒸発で表面積が減っていくとき、そこに記録された情報がなんらかの形でホーキング放射に移って外に逃げていくというのです。

ホーキング放射は温度という情報しかもっていないと考えられていたのですが、よくよくみると「ブラックホールに吸い込まれたすべての情報をもっている」というわけです。

▼この宇宙は本当は2次元面!?——ホログラフィック宇宙論

マルダセナ予想とブラックホールの情報パラドックスの意味するところは、想像を超えて、宇宙そのものや、われわれの存在そのものにまで影響を与えています。

私たちは自分たちが住むこの宇宙が、時間を除けば3次元空間だと思っています。しかし、**「この3次元空間は、実は幻《まぼろし》で本当の存在ははるか彼方の2次元面だ」**という見方があるのです。この見方はそれほど突拍子もないことではありません。実際、私たちは似たような状況を知っています。

映画『スター・ウォーズ』でレイア姫の3次元像が空間に浮き上がっている映像がありました。これに近いことは、現在の技術でかなり可能になっています。

これはホログラフィーという技術で、3次元の像を2次元のフィルム面に記録したり、逆にフィルム面の情報を3次元の像に再生する技術です。私たちが住んでいると思っている世界も、私たち自身も、そんな存在だというのです。

私たちは**2次元面の情報を3次元空間として認識している**のかもしれません。そして、この見方では、**2次元面の力の一部を、3次元の世界では重力としてとらえているだけ**なのです。

これが「重力のホログラフィー理論」で、この理論に基づいた宇宙論が「ホログラフィック宇宙論」と呼ばれるものです。

これからわかる宇宙の謎

- 銀河中心の巨大ブラックホールのシャドウは見えるのか
- 超弦理論で特異点の正体がわかるのか
- ブラックホールの「情報のパラドックス」は解けるか
- マルダセナ予想は宇宙や時空の謎を解くカギとなるか

宇宙おもしろコラム4

NASA公認の星座「ゴジラ座」

▼100億年分の太陽エネルギーを一気に放出！

天体や天体現象からはさまざまな波長の電磁波が放出されています。可視光より波長の短い電磁波は紫外線、さらに、X線、ガンマ線と波長が短くなっていきます（63ページ図8参照）。

X線とガンマ線の境目ははっきりと決まっているわけではありませんが、だいたい1億分の1ミリメートル以下の電磁波をガンマ線と呼んでいます。

電磁波は波長が短いほどエネルギーが高く、ガンマ線は可視光の1万倍以上のエネルギーをもっています。電磁波が発生するメカニズムやまわりの環境によって、どの波長の電磁波がどの程度放射されるかが決まるため、電磁波の観測は天体や天体現象の正体を探る貴重な情報を与えてくれます。

X線やガンマ線のように高エネルギーの電磁波を放射する天体や天体現象を研究する分野を「高エネルギー天文学」といいます。

高エネルギー天体からは、電磁波ばかりでなく、高エネルギーの陽子や電子、また高エネルギーニュートリノなども放出されます。「フレア（火炎の意）」と呼ばれる太陽表面の爆発現象では

X線や高エネルギー粒子が地球に降り注ぎ、電波障害、通信障害、停電などを起こし、人工衛星に甚大《じんだい》な被害を及ぼします。

宇宙には太陽フレアなど比較にならないくらいの規模の爆発現象が起こっています。そのひとつがガンマ線バーストです。

バーストというのは、大量のエネルギーが短時間の間に放出される現象のことで、典型的なガンマ線バーストはガンマ線が数秒から数十秒の間、閃光《せんこう》のように放射されて、その後数日間X線が放出されます。

放射されるエネルギーは、太陽が100億年かかって出すエネルギー以上にもなります。

こんな爆発がもし地球の近くで起こったら、電離層《でんり》（地上数十キロメートルから数百キロメートルにあり、原子や分子が電離している層で、電波を反射する性質をもっている）は吹き飛ばされ、ガンマ線や高エネルギー粒子が生物の遺伝子に損傷を与えることで生物大絶滅を招きかねません。

実際、**地球の生命の歴史上、何回か大絶滅が起こっていますが、少なくともその一部はガンマ線バーストによる絶滅**だったと考えている研究者もいます。

こんな爆発が宇宙で起こっていることは、1967年、アメリカの核実験監視衛星によって偶然に発見されました。ガンマ線は地球大気上層のオゾン層によって大きく吸収されてしまうので、大気圏外からの観測でわかったのです。

▼ガンマ線バーストは宇宙の彼方の現象

ガンマ線バーストの観測が進んだのは、1991年、NASAが打ち上げたガンマ線観測衛星によります。毎日2~3個のガンマ線バーストを検出し、それらが天球上でランダムな位置にあったことから、宇宙の彼方の爆発現象であることが考えられました。もし銀河系の中の現象だとすれば、銀河面に集中しているはずだからです。

この段階では推定でしたが、1997年、イタリアとオランダの衛星がガンマ線バーストの正確な位置を特定し、そこに遠方銀河を観測したことで、**ガンマ線バーストが宇宙の彼方の現象であることが確定したのです。**

また多数のガンマ線バーストの観測によって、バーストが2秒以下の短いもの（ショートガンマ線バースト）と、それ以上の長いもの（ロングガンマ線バースト）の2種類があることがわかりました。放出されるエネルギーはロングガンマ線バーストのほうがショートよりも100倍程度大きいこともわかりました。

これまで観測された最高エネルギーのガンマ線は2019年1月に観測されたもので、45億光年彼方で起こっていて、1個の光子のエネルギーは1兆電子ボルト、温度にすると1京《けい》度（1000兆の10倍）にもなります。

このガンマ線バーストは、太陽が１００億年かかって放出するエネルギーをたったの20秒で出したのです。

これまでの多くの観測例から、ロングガンマ線バーストの原因は高速回転する大質量星が重力崩壊してブラックホールになる際の大爆発（ブラックホールをつくる超新星を極《きょく》超新星（ハイパーノバ）と呼ぶことがあります）であると考えられています。

太陽の数十倍以上の重たい星の進化の最後は、中心部に鉄の塊《かたまり》ができています（２４５ページ図49参照）。この全体として回転している鉄の塊が、自分自身の重力で潰れると高速回転するブラックホールができます。

このブラックホールに後からまわりの物質が落ち込み、ブラックホールのまわりに降着円盤《こうちゃくえんばん》と呼ばれる円盤をつくります。このとき落ち込んだ物質の一部が円盤の垂直な2方向に、ほぼ光速で細いジェットとして噴き出します。このジェットがまだ中心部に落下していない星の外側と激しくぶつかり、ガンマ線が放出されると考えられているのです。

このガンマ線はジェットに沿って放出されるため、たまたまその方向に地球があると、地球から見てガンマ線のバーストが観測されるというわけです。

一方、ショートガンマ線バーストは、中性子星《ちゅうせいし》同士の合体、中性子星とブラックホールの合体現象にともなう爆発現象であるというのが有力な説となっています。

▼フェルミ衛星のガンマ線天体で星座づくり

ガンマ線天文学に関してはもうひとつ、面白い話題があります。

2006年6月、NASAはガンマ線観測用の宇宙望遠鏡を打ち上げました。物理学者エンリコ・フェルミの名をとってフェルミ衛星と名づけられたこの望遠鏡の開発には、アメリカ、日本、フランス、ドイツなどのヨーロッパ諸国の研究機関が参加しています。

2008年7月から観測をはじめ、3000以上のガンマ線バースト、3000個以上のガンマ線天体が発見されています。先に述べた2019年のガンマ線バーストもフェルミ衛星によって観測されました。

2010年、フェルミ衛星は、銀河系の中心核から銀河面の垂直方向に5万光年にもおよぶ巨大な泡《あわ》状の構造を発見しました。これは200万年以上前に銀河中心で起きた大爆発の名残《なごり》で、泡の中でガスが時速300万キロメートルで広がっています。

2018年には運用10周年を記念してフェルミ衛星が発見した3000個以上のガンマ線天体を天球上でつなぎ、22の星座をつくっています。

そのなかには「ゴジラ座」「富士山座」など日本にちなんだ星座や「超人ハルク座」「エンタープライズ号座」などコミック、SFから取った名前の星座などがあります。

第5章　星と惑星と生命の生々流《せいせいる》転《てん》

星と惑星はどんな一生をたどるのか？

▼太陽は何を燃やしているのか

永遠に輝いているように思える星にも、誕生と死のドラマがあります。そして星のまわりで誕生する惑星にも、同様に誕生と死のドラマがあります。そのドラマを見てみることにしましょう。そのなかで、宇宙における生命の起源の問題にも触れることになるでしょう。

ここでいう「星」とは、太陽のように自ら輝いている恒星のことです。さて、**いったい太陽は何を燃やして輝いているのでしょう。**

これに答えるには、まず太陽がどのくらいのエネルギーを出しているのかを知る必要があります。これは、次のようにして見積もることができます。

太陽から地球に降り注ぐエネルギーは、大気の頂上で1平方センチメートル当たり1分間に約2キロカロリーです。このことと地球の大きさ、太陽までの距離1億5０００万キロメートルから、**太陽は1秒間に10^{16}トンの石炭を燃やすのに相当するエネルギーを放出している**ことがわかります。

地球の質量は約6×10^{21}トンですから、これはたったの6日間で地球の重さに相当する量です。太陽の重さは地球の約33万倍ですから、もし太陽が石炭の塊《かたまり》で、それが燃えているなら、6日×33万＝198万日＝5425年で燃え尽きてしまうことになります。もっとも石炭を燃やすには酸素が必要なので、そもそも酸素のない宇宙空間では石炭は燃えるはずもありませんが。

太陽は酸素のない宇宙空間で、少なくとも地球ができてから46億年にわたり、絶えずこのような莫大《ばくだい》なエネルギーを供給し、生命の誕生と進化をはぐくんできたのです。

われわれが現在使用している石油などのいわゆる化石燃料は、この太陽のエネルギーを地下に蓄えていたものといえます。

このような長期にわたって、莫大なエネルギーを安定的に供給できるメカニズムは、長い間謎でした。このメカニズムが解明されたのは、1938年に核融合反応が発見されてからのことです。

太陽内部で起こっている核融合反応を説明するために、まず物質をつくっている原子の構造をおさらいしておきましょう。

原子は中心の正の電荷をもった重たい原子核とそのまわりを回る負の電荷をもった軽い電子からできています。原子核は正の電荷をもった陽子と電荷をもたない中性子が集まってできたものです（86ページ図13参照）。

そしてもうひとつ、押さえておかなければならないことがあります。

「質量はエネルギーと等価である」

というアインシュタインの予言が必要でした。これは特殊相対性理論の予言ですが、星のエネルギー源を解明したばかりでなく、原爆や水爆という恐ろしい形をとって現実のものとなったことは、よくご存じでしょう。

太陽はほぼ水素ガスの塊ですが、中心部にいくほど非常に高温、高密度になっています。水素はいちばん簡単な原子で、中心の原子核は陽子が1個だけで、そのまわりを1個の電子が回っています。

太陽内部では、高温のため電子は陽子からはぎ取られ（電離《でんり》）、陽子と電子が自由に運動している状態になっています。そして陽子は正の電荷をもっているため、お互いに反発しあってなかなか衝突しないのですが、太陽中心部のように温度が1500万度という超高温では激しい運動をするため、たまに衝突が起こります。

すると陽子同士が融合し、融合したものと別の陽子がさらに衝突するなどがくり返されて、その過程で2つの陽子が中性子に変わり、最終的に陽子が2個、中性子が2個のヘリウム原子核がつくられます（図45）。

この過程で、陽子が中性子に変わるとき電子ニュートリノという素粒子も発生し、その電子ニ

図45　太陽内部の核融合反応

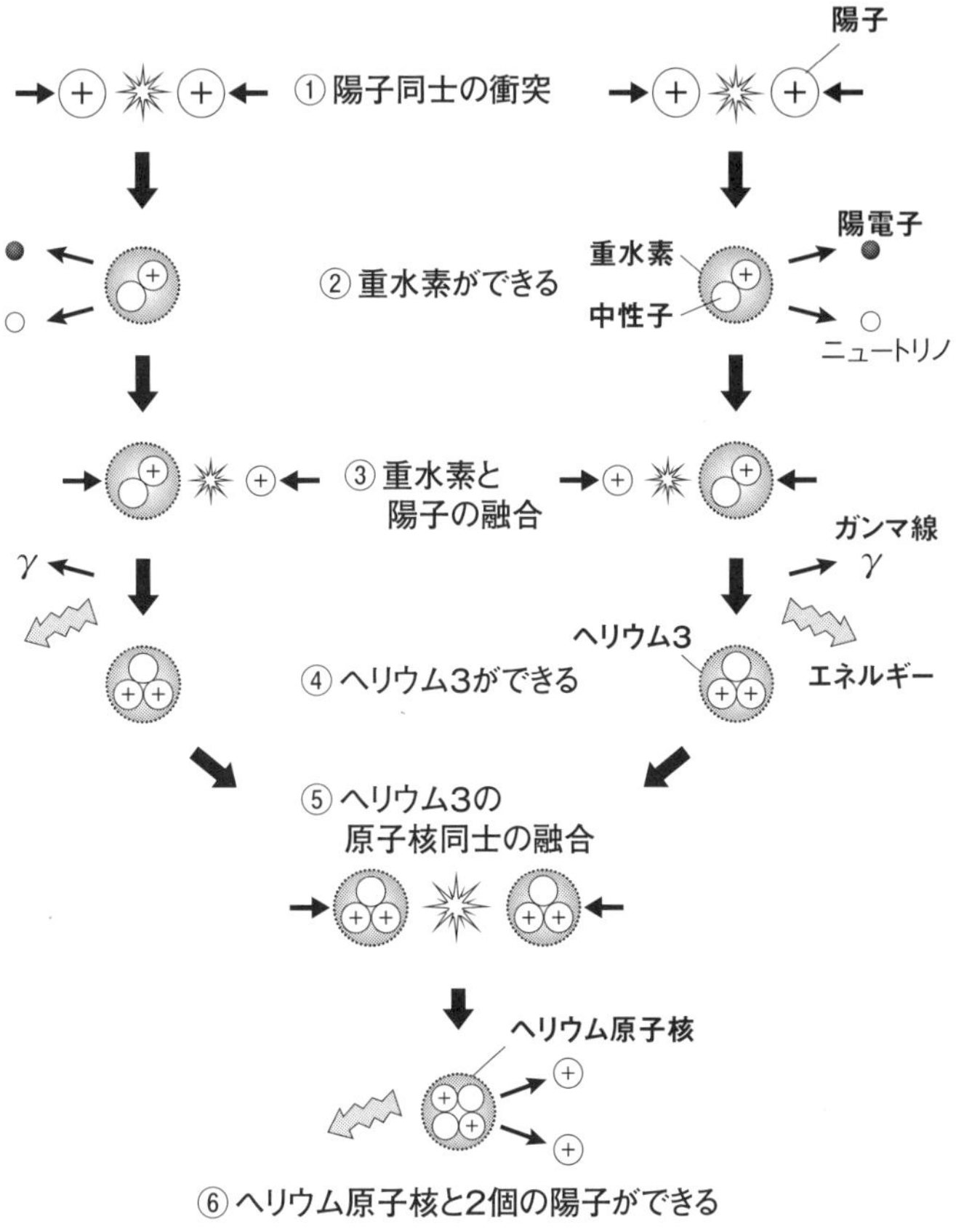

まず陽子と陽子がぶつかり（①）、一方の陽子が中性子に変わって陽子と中性子からできた重水素の原子核ができる（②）。次に重水素の原子核と陽子が融合して（③）、ヘリウム３の原子核ができる（④）。最後に２つのヘリウム３の原子核が融合して（⑤）、陽子２個と中性子２個からできたヘリウム原子核と２個の陽子ができあがる（⑥）。この過程で莫大なエネルギーが発生する

ュートリノとそれが変わったミューニュートリノを日本の実験グループがとらえてノーベル賞を受賞したことは第3章で述べたとおりです。

こうして4個の陽子から1個のヘリウム原子核ができますが、このとき反応後の質量が反応前よりもわずかに減り、その減った分の質量がエネルギーに変換されるのです。

たとえば**1グラムの水素がすべてヘリウムに変わったとすると、約20トンの石炭が燃えたのと同じだけのエネルギー**が解放されます。これが太陽のエネルギー発生のメカニズムです。

▼宇宙で恒星が生まれる場所

そもそもこのような恒星は、どのようにして誕生したのでしょう?

宇宙の初めにできた元素は、水素やヘリウムなどの簡単な構造の原子核をもっています。したがって宇宙の最初の頃に存在する原子は水素原子とヘリウム原子で、それらを成分とするガスが宇宙空間にただよっていたのです。

しかしこのガスは、宇宙の中で完全に一様に分布していたわけではありません。ほんの少しですが、ある領域ではまわりより濃く、別の領域では薄くといったように、でこぼこに分布していました(図46)。

密度が高い領域は、まわりより重力がわずかに強いので、まわりのガスを引きつけてだんだん高密度になって、自分自身の重さで潰れていきます。しかし密度が高くなると、ガス粒子(この

図46　恒星が生まれる場所

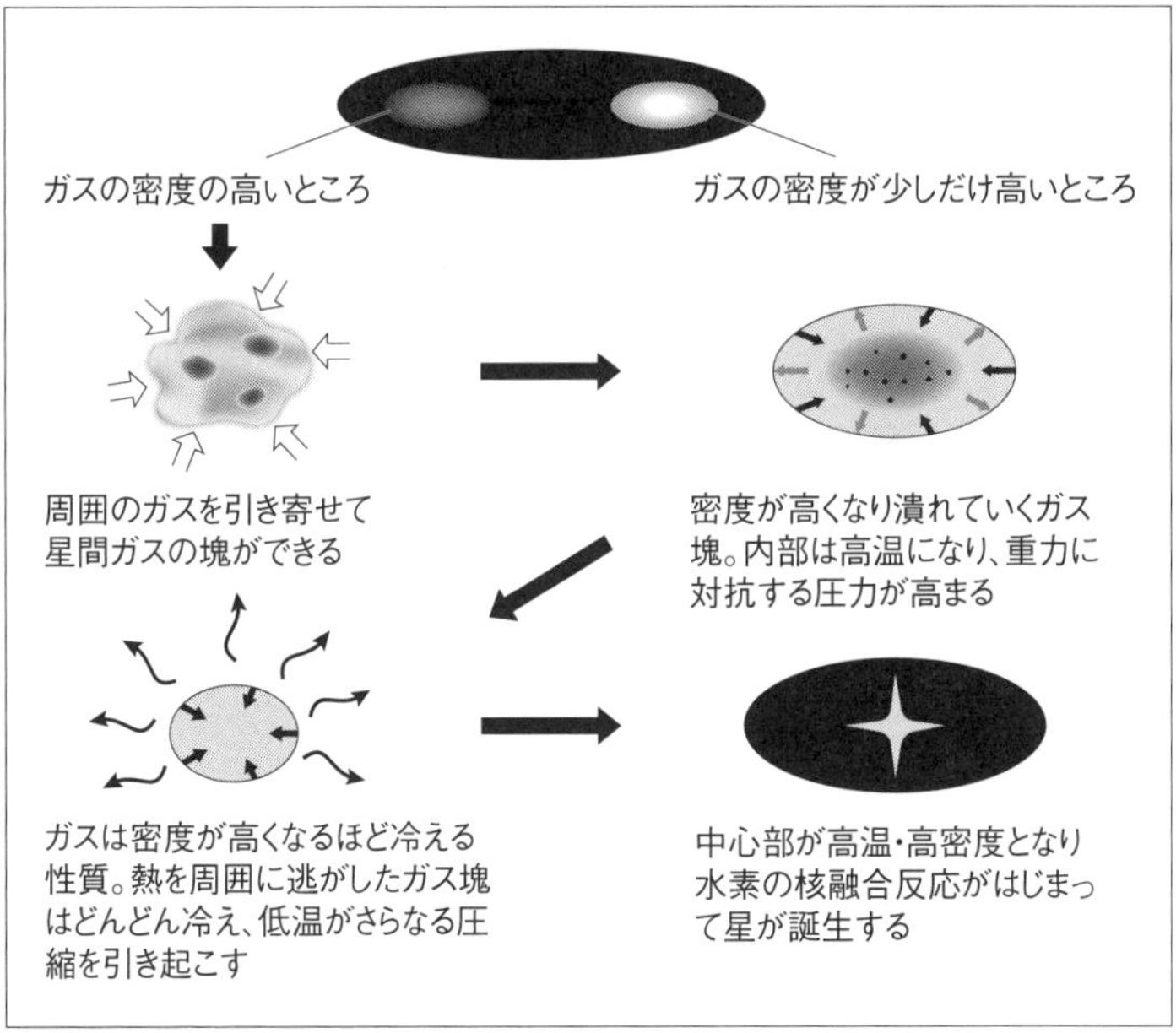
ガスの密度の高いところ
ガスの密度が少しだけ高いところ
周囲のガスを引き寄せて
星間ガスの塊ができる
密度が高くなり潰れていくガス塊。内部は高温になり、重力に対抗する圧力が高まる
ガスは密度が高くなるほど冷える性質。熱を周囲に逃がしたガス塊はどんどん冷え、低温がさらなる圧縮を引き起こす
中心部が高温・高密度となり水素の核融合反応がはじまって星が誕生する

場合は水素原子とヘリウム原子）の運動が激しくなって、重力に対抗する圧力が大きくなります。

　要するにガスの温度が高くなるのです。**密度やガスの温度が高くなると、水素は衝突して水素分子をつくります。**

　この水素分子はダンベルのように両端に水素原子をつけた構造をもっていて、真ん中を中心に回転することができます。水素原子のもっていた運動エネルギーがこの回転エネルギーに変わるため、**水素分子の速度が遅くなり**、したがってガス全体としては温度が下がって重力に対抗する圧力が減り、**ガス全体の収縮が進みます。**

とはいっても、やはり高密度領域はいつまでも収縮しつづけることはなく、どこかで収縮は止まってしまいます。

どこで成長が止まるかは、最初の高密度領域の大きさによります。小さな領域だと、あまり密度が高くならない状態で止まってしまい、中心部の温度もあまり高くなりません。

それに対して、高密度領域が大きければそれだけ多くの質量を含むので重力も強くなり、十分に収縮して、中心部の温度が非常に高くなるのです。

中心部が十分に高温・高密度になると水素の核融合反応が起こります。水素がヘリウムに変わって、星に火がともるのです。**これが星の誕生です。**

このように**星が誕生する場所は、宇宙空間の中でガス密度の濃い領域**です。たとえば現在の宇宙では、有名なオリオン大星雲がそのような場所です。

オリオン大星雲は大量のガスが近くの高温の星の光を反射して光っているのですが、いまでも星が続々と誕生しています。実際に7000個以上もの誕生間もない星がハッブル宇宙望遠鏡で観測されています。

星誕生のよりくわしい説明は、惑星の形成とも直接関わっているので、惑星の話をするときに再び戻って説明しましょう。

▼星の寿命は重さで決まる

いったん星が誕生すると、**その質量に対応して、水素が燃え尽きるまでの時間が決まります。**星にも寿命があるのです。正確ではありませんが、水素の核融合反応が起こってヘリウムができることを、水素が燃えるといいます。

重たい星は水素をたくさん含んでいますが、中心部が非常に高温になるので核反応が激しく、すぐに燃え尽きてしまいます。それに対して軽い星はゆっくりと核反応が進み、長い間燃えていることができます。

このように**水素が燃えている期間の星を「主系列《しゅけいれつ》の星」と呼び、星の一生の大半を占めています。**

太陽の寿命は約１００億年ですが、太陽の10倍の質量をもった星は３０００万年、太陽の１００倍重たい星になると、たったの３００万年で燃え尽きてしまいます。一方、太陽の半分の質量の星は、１兆年という長い期間にわたって燃えつづけることができます（図47）。

中心部で水素の核融合反応が起こるためには、太陽質量の約８％以上の質量をもつ必要がありますが、そのような**軽い星になると、１００兆年にわたって輝きつづける**のです。

いずれにせよ、水素は中心のほうからだんだん燃えていき、その後に燃えかすのヘリウムが中心部にたまっていきます。水素はヘリウムでできた中心部を取り囲む薄い球殻の層で燃えつづけ

図47　星の進化

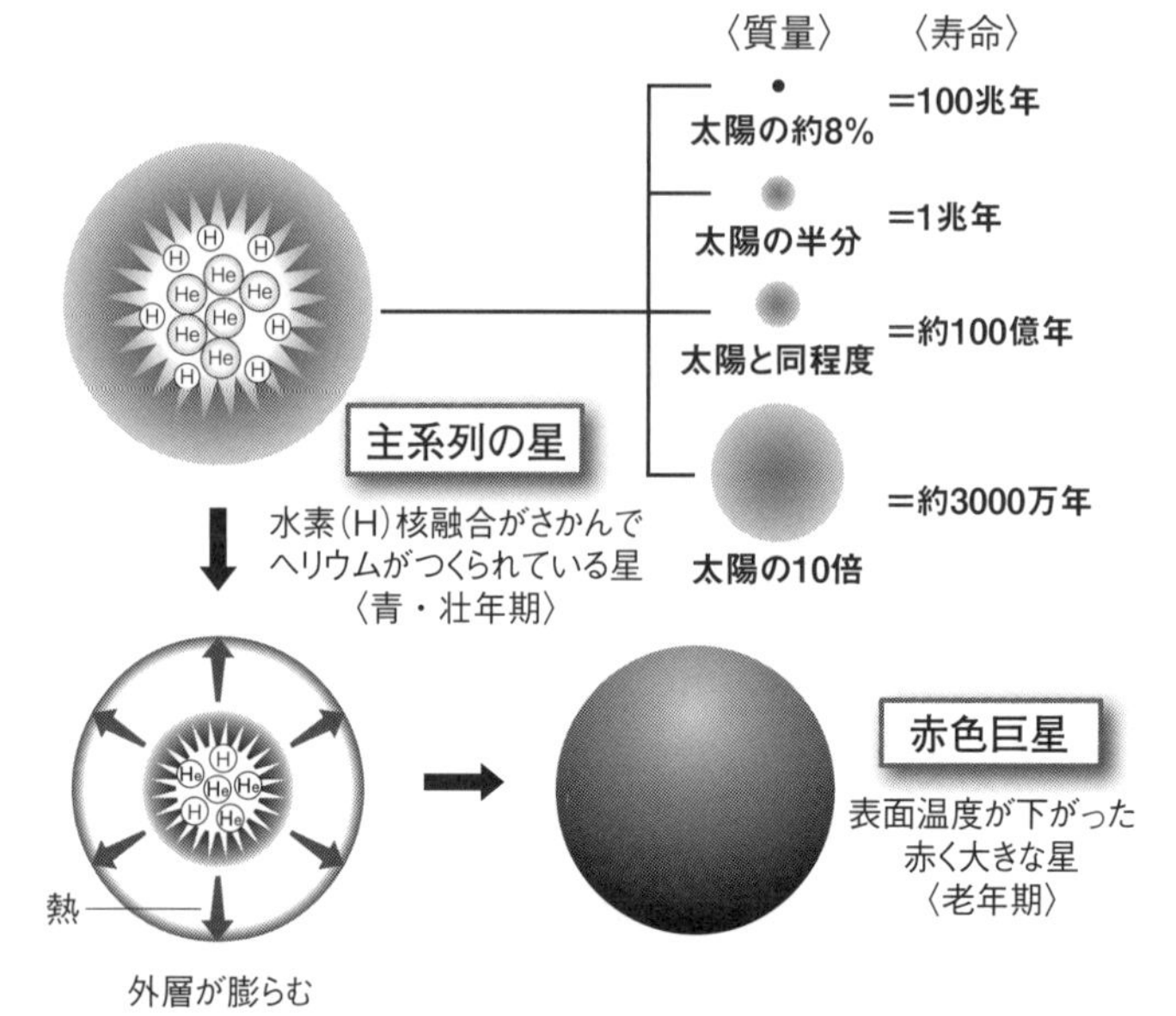

恒星の一生は、その星の質量によって異なる。大量の物質の詰まった重い星は核融合反応も早く短い一生となり、軽い星は長い一生となる

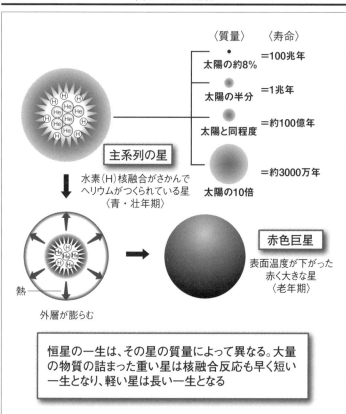

ます。一方、ヘリウムの中心核は燃えていないので、自分自身を支える圧力が十分でなく、重さに耐えきれず潰れていきます。

ヘリウム中心核を取り囲む水素の層は、中心核が潰れていくにつれ圧縮されて温度が上がり、核反応が激しくなって大量の熱を放出します。

その熱エネルギーは星の外層に流れ、そのため星は大きく膨《ふく》らみます。星の表面は膨らむにつれ温度が下がり、赤く見えるようになります。これが「赤色巨星《せきしょくきょせい》」と呼ばれる星の進化の段階です。

太陽の場合、いまから数十億年後に赤色巨星となり、その半径は1億キロメートル以上になると考えられています。現在の地球と太陽の距離は１億５０００万キロメートルですから、**地球軌道近くにまで膨らむ**のです。

赤色巨星のその後はどうなるでしょう。星の質量が太陽の半分程度以上の場合、ヘリウム中心核は潰れるにしたがって温度が上がり、３億度程度まで上昇します。

するとヘリウム同士が核融合反応を起こし、炭素、酸素の原子核をつくります。炭素と酸素の中心核ができ、そのまわりを薄い球殻でヘリウムが燃え、そのさらに外側で水素の薄い層が燃えるという構造になります。

炭素・酸素の中心核もだんだん潰れていき温度が上がってきますが、次の核融合反応が起こるためには6億度という温度が必要です。また、そのような高温を実現するには、星の質量も太陽の5倍程度以上が必要です。

そのため、太陽の場合は炭素・酸素の中心核をつくった段階で核融合反応を終えることになります。

このように重たい星ほど核反応が進みます。重たい星と軽い星では、その最後の運命がまったく違うのです。

▼太陽の運命——白色矮星となって闇に隠れる

軽い星の代表として、太陽の運命を見てみましょう。星は質量が小さいほどその数が多く、平均すると太陽よりいくぶん軽い星がその大半を占めていますが、ここでは太陽にその代表になってもらいましょう。

太陽は前項でも述べたように、数十億年後、中心部の水素が燃え尽きてヘリウム中心核ができると、赤色巨星となり現在の100倍以上に膨らみます。この期間は10億年ほどつづき、中心部が3億度程度となってヘリウムが燃えはじめます（図48）。

ヘリウムが燃えることで太陽はいったん安定を取り戻し、現在の10倍ほどの大きさに戻りますが、これは1億年程度しかつづきません。ヘリウムが燃え尽きて燃えかすの炭素と酸素がたまってくるからです。

図48　太陽の最期（星の進化の最終段階）

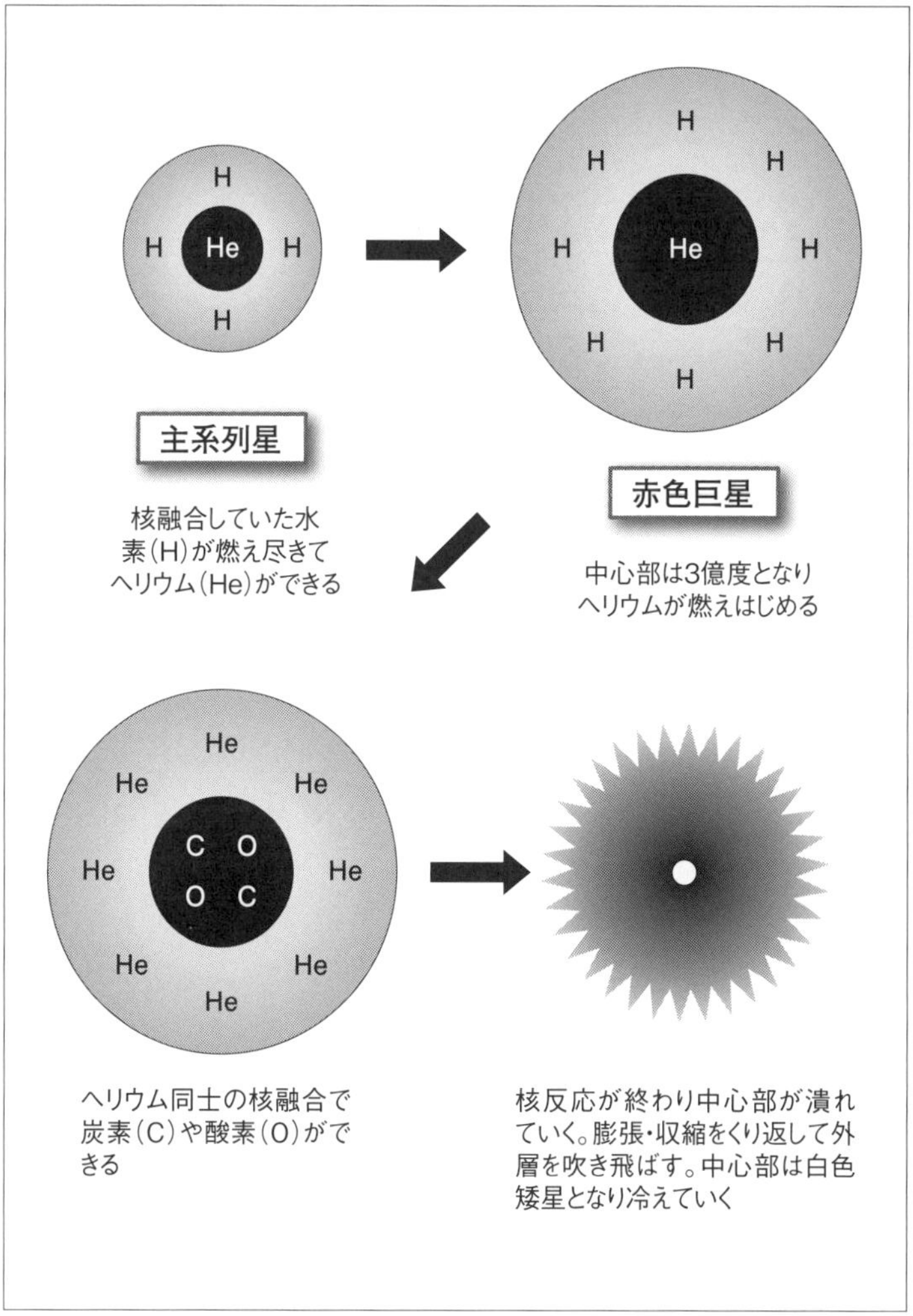
H
H
He
H
H
主系列星
核融合していた水素(H)が燃え尽きてヘリウム(He)ができる
He
赤色巨星
中心部は3億度となりヘリウムが燃えはじめる
C O
O C
ヘリウム同士の核融合で炭素(C)や酸素(O)ができる
核反応が終わり中心部が潰れていく。膨張・収縮をくり返して外層を吹き飛ばす。中心部は白色矮星となり冷えていく

そして太陽は再び膨張をはじめます。太陽は先述のとおり、この段階で核反応を終えます。その後はもう熱を出さないので徐々に冷えていき、それにつれて中心核がだんだん潰れていきます。

太陽は赤色巨星になった段階から外層部が宇宙空間に吹き飛ばされ、太陽系の惑星はその影響を受けて軌道を大きく変えるでしょう。

さらに太陽の外層は膨らんだり縮んだりをくり返し、外層のほとんどを宇宙空間にまき散らし、中心部がむき出しになります。

中心部が地球程度に縮まり、密度が1立方センチメートル当たり1トン程度になると、電子の量子力学的な揺らぎのために、それ以上に収縮することはできません。表面温度が3億度という高温の中心部だけが残った状態が太陽の最期の姿です。

この状態を「白色矮星《はくしょくわいせい》」といい、数十億年かけて徐々に冷えていき、それにともなって暗くなり、最終的には宇宙の闇に隠れてしまいます。

▼重たい星の運命――重力崩壊を起こしてブラックホール化も

太陽よりももっと重たい星の運命を見てみましょう。重たい星はもっと劇的な最期をとげます。

太陽よりも数倍以上重たい星の中心部では、核反応は鉄の原子核をつくるまで進みます。鉄の原子核は最も安定で、ほかの原子核を融合させることはできないのです。

中心部が鉄の原子核になると、もう燃えないので温度が徐々に下がっていきます。そのため圧

図49　重い星の最期（星の進化の最終段階）

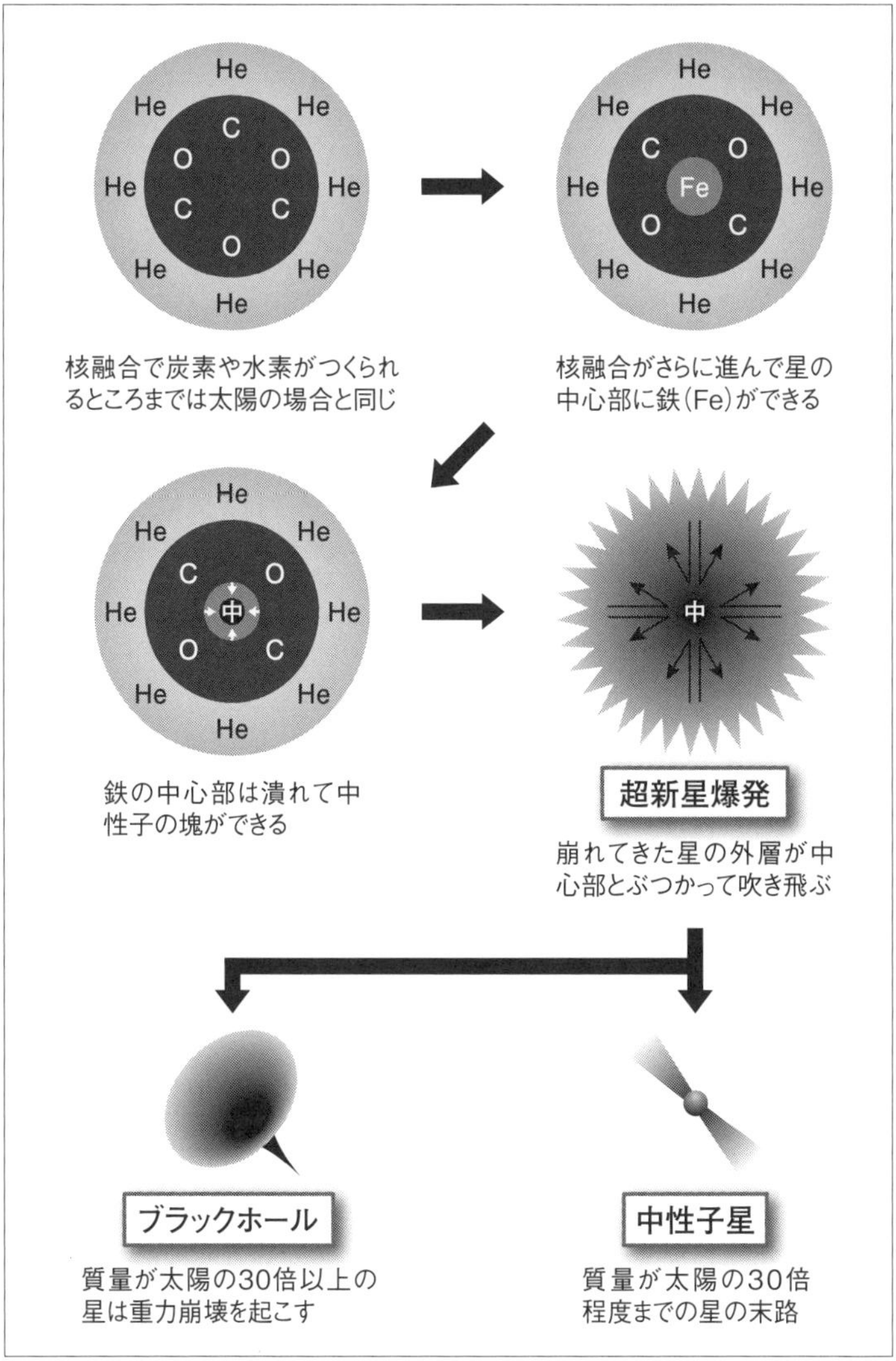
He
He
He
C
O
O
He
He
C
C
O
He
He
He
He
He
He
C
O
Fe
He
He
O
C
He
He
He
核融合で炭素や水素がつくられるところまでは太陽の場合と同じ
核融合がさらに進んで星の中心部に鉄（Fe）ができる
He
He
He
C
O
He
中
He
O
C
He
He
He
中
鉄の中心部は潰れて中性子の塊ができる
超新星爆発
崩れてきた星の外層が中心部とぶつかって吹き飛ぶ
ブラックホール
質量が太陽の30倍以上の星は重力崩壊を起こす
中性子星
質量が太陽の30倍程度までの星の末路

力が減り、中心部は自分の重さで潰れはじめます。

潰れて密度が高くなると温度が上がります。すると鉄はヘリウムと中性子に分解されてしまいます。この反応はエネルギーを吸収するので、温度が下がり圧力が減って、**中心部は爆発のビデオを逆回ししたように急激に潰れます。**

収縮の過程で、中心部に含まれる陽子は非常にエネルギーの高くなった電子を吸収して中性子に変わり、**中心部はほとんど中性子だけ**となります。

この中性子の塊の運命は、星の質量によって変わってきます。

星の質量が太陽の30倍程度までなら、中性子の量子力学的な揺らぎによってなんとかこの塊の収縮を止めることができて、中性子の塊の星ができます。これが**「中性子星」**です。その大きさは半径が10キロメートル程度、密度はなんと1立方センチメートル当たり1億トンの星です。

太陽質量の30倍程度以上の場合は、悲惨《ひさん》です。

中性子の量子力学的な揺らぎによる圧力には限界があり、したがって**支えられる質量にも限界があります。**この限界はそれを発見した物理学者の名をとって、「チャンドラセカール質量」と呼ばれています。

この質量は星が回転していなければだいたい太陽質量の1・4倍、星が回転している場合はその速さにもよりますが3〜4倍程度となります。

それ以上、**中性子の塊が重たければ際限なく潰れて**いくだけです。自分自身の重さのために際限なく潰れることを「重力崩壊」といいます。**重力崩壊の結果できるのがブラックホールです。**このようなブラックホールが宇宙にはたくさん存在しているのです。

重たい星の外側はどうなっているでしょう。星の中心部が急激に小さくなるので、外側は少し遅れて中心に向かって激しい勢いで落下していきます。中心部には次から次へと外側の物質が降り注いできます。そして小さく非常に硬くなった中心部に激しくぶつかり、跳《は》ね返されて、中心部を残し星全体が爆発を起こします。**これが「超新星」です。新しい星と書きますが、実際には星の最期にまつわる現象です。**

▼爆発した星のかけらが生物の材料になった

超新星の爆発で放出されるエネルギーは、星がそれまで長い間放出しつづけてきたエネルギーの総量に匹敵《ひってき》し、その輝きは小さな銀河全体の明るさに相当します。

たとえば１８８５年8月、アンドロメダ銀河中心部に出現した超新星の明るさは、じつに数千億個の星を含むアンドロメダ銀河全体の明るさの10分の1に達しました。

また１９８７年、４００年ぶりに肉眼でも見えた大マゼラン星雲で観測された超新星からは、日本の神岡《かみおか》鉱山跡に設置されたカミオカンデでニュートリノが検出されて、小柴博士がノーベル賞を受賞しました。この超新星に関しては、以来30年余にわたって爆発後の経過が観測されています。

超新星の爆発によって、星の中でつくられた元素がまわりの宇宙空間にまき散らされます。鉄よりも重たい元素の一部は爆発の過程でつくられ、それらも周囲に放出されます。

天文学では、ヘリウムよりも重たい元素をまとめて「金属」あるいは「重元素」といいます。酸素や炭素なども「金属」です。

そして、**超新星爆発によって、**水素やヘリウムのほかはわずかにリチウムなどの**軽い元素しか存在しなかった初期宇宙は、だんだんと「金属」で〝汚染〟されていく**のです。

超新星が爆発するたびに、汚染はだんだん拡大していきます。酸素や炭素、窒素《ちっそ》など**生物の体をつくっている「金属」もこの汚染の結果**なのです。

「汚染」という言葉には悪い印象がともないますが、この場合は悪いことではありません。私たちの生存に必要な元素の大半は、宇宙の初めには用意されていませんが、超新星による宇宙空間の汚染によって初めて現れるのです（図50）。

特にいまから約110億年前、ビッグバンから30億年程度たった頃に星が大量にできた時期があり、大質量の星が短時間で超新星爆発を起こし、金属を宇宙空間にまき散らしたと考えられています。

図50　さまざまな元素が宇宙に現れるしくみ

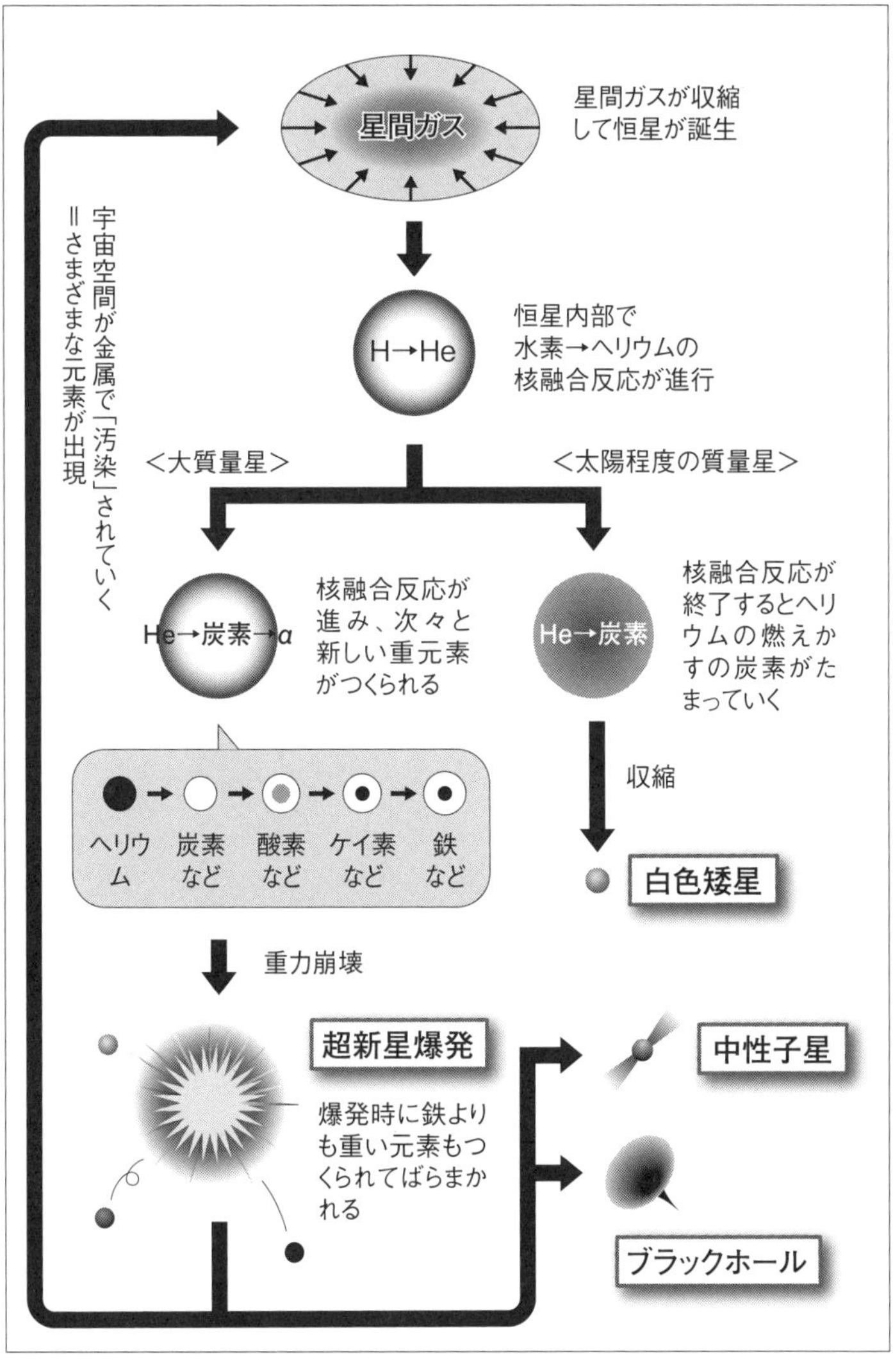
星間ガス
星間ガスが収縮して恒星が誕生
H→He
恒星内部で水素→ヘリウムの核融合反応が進行
<大質量星>
<太陽程度の質量星>
He→炭素→α
核融合反応が進み、次々と新しい重元素がつくられる
He→炭素
核融合反応が終了するとヘリウムの燃えかすの炭素がたまっていく
ヘリウム
炭素など
酸素など
ケイ素など
鉄など
収縮
白色矮星
重力崩壊
超新星爆発
爆発時に鉄よりも重い元素もつくられてばらまかれる
中性子星
ブラックホール
宇宙空間が金属で「汚染」されていく
＝さまざまな元素が出現

次項で述べるように、太陽系は約46億年前に「原始太陽系円盤」と呼ばれるガスの塊からできたのですが、その頃にはすでに金属で汚染されていたでしょう。

だからこそ、地球のような鉄を豊富に含む惑星が誕生できたのです。

このように、星の一生のドラマの最期は、宇宙における生命の起源と深く結びついています。**私たちの体をつくっている元素は、はるかな過去に超新星爆発で宇宙空間にまき散らされた星のかけら**なのです。なんとも不思議な話ですね。

どんどん新しくなる太陽系の姿

▼星と惑星の誕生は宇宙・天文の最先端

「宇宙船地球号」という言葉を聞いたことがあるかもしれません。国境や人種を超えて、人類が同じ星の一員であることを認識させる言葉です。と同時に、われわれが住む地球を宇宙船と見立てることによって、地球資源が有限であることや地球環境の大切さを表した言葉でもあります。

地球環境を変えることで豊かな文明を築いてきた人類が、ようやく、その愚《おろ》かさに気づきはじめたのかもしれません。宇宙がどれだけ長い時間をかけて、この地球号をつくったのかを知れば、そう簡単には地球を破壊するようなまねはできなくなるでしょう。

太陽系と地球の形成は、たとえば有名な哲学者のカントをはじめ、古くから多くの人がいろいろな説を唱えてきました。

18世紀の頃には、アンドロメダ銀河のような淡く見える天体（星雲）は銀河系の中にあると思われていて、カントはそのような星雲から星が生まれ、星雲の腕の部分から惑星が生まれたと考えたのです。

科学的、系統的な研究は、１９７０年代になってようやく開始されました。物理学、天文学、地球物理学、化学など多くの分野にまたがった研究であり、ある意味では宇宙の初めを探るよりもむずかしいといえます。

１９９５年に太陽系以外に惑星が発見されて以来、多くの系外惑星（太陽系外惑星）の発見がつづきます。また、電波望遠鏡により惑星形成の現場が観測されるようになり、**星と惑星の誕生は天文学の最先端の分野に躍り出た**のです。

星は宇宙に漂っている水素を主な成分とするガスの中から生まれたという話をしましたが、惑星の誕生の説明をするには、よりくわしく星の誕生について触れなければなりません。ここでは星と惑星の誕生について最新の研究成果を見てみましょう。

▼ガス雲から原始太陽が誕生

太陽系のもとになったのは、宇宙空間に漂っている、水素やヘリウムがほとんどを占めるガス雲（星間ガス）でした。このガスの雲は数百光年の広がりをもち、その質量は太陽の数百倍もあったと考えられています。

ガスの中には酸素、炭素、あるいは鉄のような元素もほんのわずか含まれていますが、その総量はせいぜい全体の２％程度でした。

このガス雲の密度は非常に低く、１立方センチメートル当たり水素原子が数個程度しかありません。それでもこの星間ガスには水素原子が平均よりも多かったり、逆に少ないところがあります。これを密度の濃淡、あるいは「密度揺らぎ」といいます。

密度の濃いところでは水素同士が結合して水素分子をつくるので、「分子《ぶんし》雲《うん》」と呼ばれます。水素分子のほか、一酸化炭素のような分子も微量ですが含まれています。

分子雲の大きさは数十光年程度に広がっています。その中にはいくつか密度の濃い領域があり、その濃い領域が自分自身の重力によって収縮し、10万年から１００万年かけて「分子雲コア」と呼ばれる、質量が太陽の10倍程度で大きさが1光年にも満たない高密度の領域をつくります。

高密度といっても、１立方センチメートル当たりの水素分子は1万個程度です。現在、人間がつくりだせる真空は、１立方センチメートル当たり窒素分子が２００億個程度ですから、それより圧倒的にスカスカです。

図51　原始太陽と原始太陽系円盤

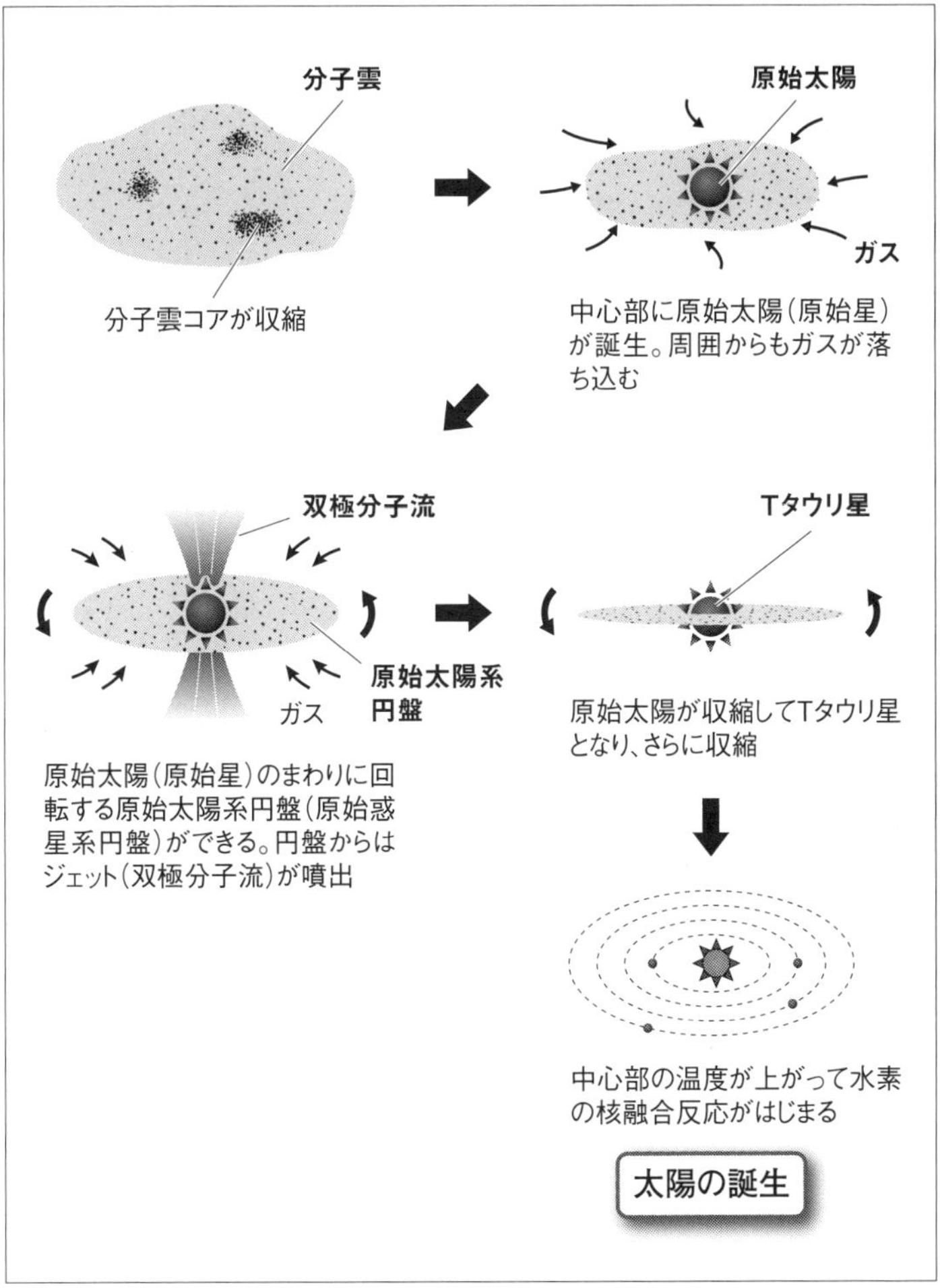
分子雲
原始太陽
ガス
分子雲コアが収縮
中心部に原始太陽（原始星）が誕生。周囲からもガスが落ち込む
双極分子流
Tタウリ星
原始太陽系円盤
ガス
原始太陽が収縮してTタウリ星となり、さらに収縮
原始太陽（原始星）のまわりに回転する原始太陽系円盤（原始惑星系円盤）ができる。円盤からはジェット（双極分子流）が噴出
中心部の温度が上がって水素の核融合反応がはじまる
太陽の誕生

この分子雲コアがさらに収縮し、中心部の密度が1立方センチメートル当たり1兆個を超えると、中心部の温度は10万度程度になり非常に明るく輝きだします。「原始太陽《げんしたいよう》」の誕生です（図51）。まだ核融合反応は起こっていません。太陽だけでなく、**この段階の星（恒星）を一般に「原始星《げんしせい》」といいます。**

原始太陽にはまわりからガスがどんどん落ち込んできます。こうして原始太陽の質量が増えると、同時にガスが原始太陽にぶつかって運動エネルギーが熱エネルギーに変わります。原始太陽が明るく輝くのは、このためです。このときの熱が赤外線や電波として観測されます。

また、落ち込んだガスの一部は、**原始太陽のまわりに回転するガスと固体微粒子（0・001ミリメートル程度のチリ）が混じった円盤をつくります。これを「原始太陽系円盤」といい、この円盤が惑星の材料となります**（ほかの恒星の惑星系の場合には、「原始惑星系円盤」と呼ばれます）。

ガスは円盤をつくるだけでなく、円盤の垂直方向に秒速10キロメートルもの速度で勢いよく噴き出すジェットをつくります。これを「双極分子流《そうきょくぶんしりゅう》」といい、いくつかの原始惑星系円盤で観測されています。

まわりからのガスの落下は100万年ほどつづき、最終的に原始太陽の質量を決めることになります。

まわりからのガスの降着が終わった**原始太陽は、1000万年ほどかけてゆっくりと収縮して**

いきます。この段階の星は、１９４５年にはおうし座のＴ星として初めて発見されたので、「Ｔタウリ星《せい》」と呼ばれています。

ちなみに、おうし座の英語はTaurusで、星座の中の星は、明るさの順序にA、B……と名前がつけられるので、この星は、おうし座の15番目に明るい星ということです。

収縮の過程で**中心部の温度が上がり、１０００万度程度となって水素の核融合反応がはじまります。一人前の星、太陽の誕生です。**

▼チリから原始惑星へのメカニズム

次に惑星の形成をみてみましょう。原始惑星系円盤の質量は、中心の原始星のたった１％程度ですが、地球を数千個つくるくらいの量は十分あります。最近の観測では、誕生したばかりの原始星のまわりにすでに原始惑星系円盤が観測されていて、かなり早い段階から惑星形成がはじまるとも考えられています。

惑星形成の第１段階は、原始惑星系円盤の中の赤道面付近に薄い固体微粒子層ができることです（図52）。これは最初、１万分の１ミリメートル以下の小さなチリ同士が衝突をくり返し、10万年ほどかかって、１ミリメートル程度まで成長した結果、重たくなって赤道面へと落ちてできます。

次に赤道面にできた薄い固体微粒子層はその重さのために、突如《とつじょ》バラバラに分裂《ぶんれつ》してしまいま

図52　京都モデルによる太陽系の惑星のでき方

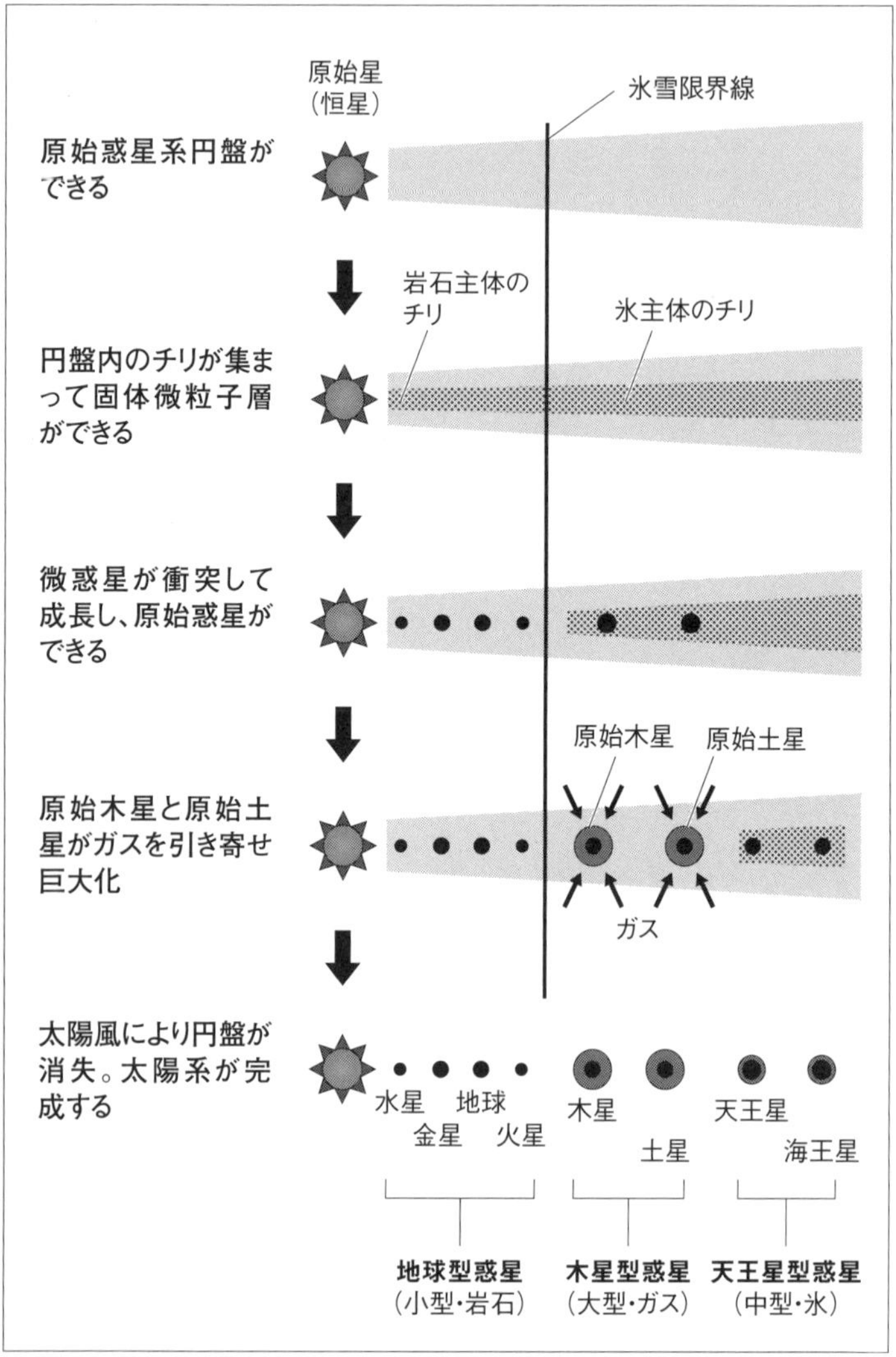

す。その1つ1つの大きさは、半径10キロメートル前後で質量は1兆トン程度（これはちょうど火星の衛星であるフォボスやダイモスに相当する大きさと質量です）です。これらの分裂破片を「微惑星《びわくせい》」と呼んでいます。

こうしてできた膨大《ぼうだい》な数の微惑星は、原始星のまわりを回りながら、お互いに衝突をくり返してだんだん大きくなっていきます。数百万年ほどで、月より少し小さいくらいの大きさに成長するものが数十個ほど現れます。

これらを「原始惑星」と呼んでいます。このくらいの大きさになると、それ自身の重力が強くなって、まわりの原始惑星系星雲のガスを引きつけて、厚い原始大気をまとうようになるのです。

原始惑星がどこまで大きくなるかは、それがどこで生まれたかによります。

このときに大事になるのが、原始惑星系円盤の中で液体の水がどこで氷に変わるかということです。地上では水は摂氏《せっし》0度で氷に変わりますが、これは1気圧のときの話です。圧力のない宇宙空間では、摂氏マイナス１２３度（絶対温度１５０度）で氷になります。

原始惑星系円盤は、中心の星から遠ざかるほど温度が下がっていきます。したがって内側では液体の水、外側では固体の氷という境目があることになります。

これを氷雪限界線《ひょうせつげんかいせん》といって、太陽系をつくった円盤の場合は太陽から約３天文単位、現在の火星と木星の間と考えられています。

氷雪限界線より内側にできた原始惑星（水星・金星・地球・火星）は、氷を含まず岩石や鉄が主成分となります。そして重たい鉄などの金属が中心に沈み、小型の岩石惑星となったのです。氷雪限界線の外側にできた原始惑星（木星・土星）は、岩石や鉄のほかに大量の氷を含むことになり大きくなります。

大きくなった原始木星と原始土星は、さらに強い重力でまわりのチリを集めて暴走的に巨大化します。その巨大な質量は、強い重力で円盤に残っているガスを大量に引きつけ、200万年程度で現在のサイズまで成長したと考えられています。

一方、地球が現在のサイズまで成長するのには、数億年かかったと考えられています。

また若い太陽の表面からは、猛烈な勢いで高エネルギーの粒子が噴出しています。これを太陽《たいよう》風《ふう》といいますが、氷雪限界線の内側にできた惑星は、この太陽風の影響で円盤にはほとんどガスが残っておらず、ぶ厚い大気をまとうことができなかったのです。

一方、木星や土星のあたりでは太陽風の影響は弱く、大量のガスが残っていました。残ったガスは木星と土星の大気として取り込まれます。そのため、さらに遠くにできた天王星や海王星はあまりガスをまとうことができず、木星や土星のように巨大化できなかったのです。

このような惑星形成のシナリオが１９８０年代から京都大学のグループを中心としてつくられ、「京都モデル」と呼ばれました。１９９０年頃までは、太陽系に限らずどの恒星のまわりでも、この京都モデルで惑星形成はうまく説明できると思われていました。

▼ありえない系外惑星が続々と発見

ところが1995年、天文学界ばかりか、一般にも大きな衝撃を与えたニュースが世界を駆けめぐりました。スイスの天文学者マイヨールと彼の下で学んでいた大学院生ケローによって、**太陽系以外の惑星（系外惑星）が発見された**のです。

じつは1992年に中性子星のまわりに惑星が発見されていたので、この発見は最初の系外惑星の発見ではありません。中性子星というのは重たい星の大爆発の後に残る、半径がたったの10キロメートルにもかかわらず質量は太陽程度というコンパクトな星です。その惑星は、爆発で吹き飛んだ物質の一部が中性子星のまわりで集まってできたものと考えられ、生命の存在可能性は皆無《かいむ》のため、あまり興味を引きませんでした。

太陽のような恒星のまわりの惑星を見つけたということで、マイヨールらの発見は人類の長い夢をかなえたのです。しかも、発見したその惑星自体も衝撃的でした。それまで想像すらしていなかった惑星だったからです。

その惑星は、太陽から50光年ほど離れたペガサス座51番星のまわりを、たった4日で一周する、木星の半分程度の大きさだったのです。

図53　ありえない系外惑星がぞくぞく発見

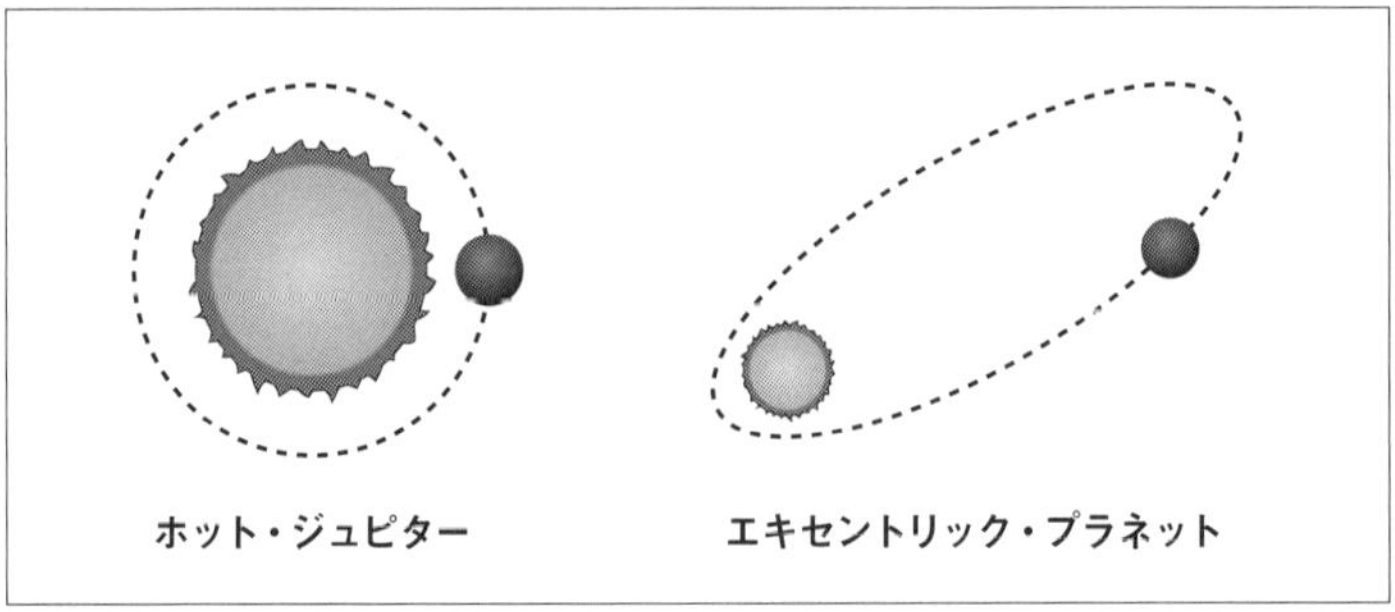

この恒星は太陽とほぼ同じ大きさと質量をもっています（正確には半径が約1・27倍、質量は約1・11倍です）。太陽の場合、太陽にいちばん近い惑星である水星は、月より少し大きいくらいで、太陽から0・387天文単位のところを周期88日で回っています。

それに対して公転周期がたった4日というのは、その惑星が極端に恒星に近いことを意味します。実際、運動の法則から**この惑星は恒星から0・05天文単位しか離れていません**。

そのため、この惑星はつねに一方の面を恒星に向けていて、**大気上層の温度は1000度にまで加熱されている**と思われます。

その後も**このような恒星の近くを回っている巨大ガス惑星が発見されていて、「ホットジュピター」**と呼ばれています（図53）。

また、太陽系の惑星の軌道はどれも円に近い楕円《だえん》ですが、系外惑星の中には非常に細長い楕円軌道をもつものがあって、「エキセントリック・プラネット」と呼ばれています。

その後、系外惑星の発見は、２００９年にＮＡＳＡが打ち上げた宇宙望遠鏡（衛星）によっていっそう拍車がかかりました。

この望遠鏡は、地球サイズの系外惑星の発見を目的として打ち上げられたもので、ルネッサンスの偉大な天文学者ヨハネス・ケプラーにちなんでケプラー衛星と命名されました。

２０１９年４月の時点で、４０００を超える系外惑星が発見されています。天文学者は、他の惑星系も太陽系とあまり変わらず、京都モデルでその大枠は理解したと思っていたのです。ところが、その理解を超える惑星の存在を目《ま》の当たりに見せつけられたのでした。

観測例が多くなると、**太陽系と同じく地球のような岩石惑星が恒星の近くにあるのも見つかっています。**最初にホットジュピターが発見されたのは、恒星の近くにある大きな惑星のほうが観測しやすいためですが、それにしてもそのような惑星が存在するということ自体が、想定できなかったのです。

系外惑星の発見や後述する惑星形成現場の観測などから、京都モデルの再検討やその改良版などの研究がさかんにおこなわれています。

たとえば、マイクロメートルサイズのチリが合体してだんだん成長していくというシナリオ自体は正しいと考えられていますが、チリはそう簡単には成長しないこともわかってきました。

また、**惑星はできてからずっと同じ場所にいるわけではなく、「惑星大移動」ともいうべき軌道変化をおこなう可能性がある**こともわかってきたのです。

▼冥王星が準惑星に格落ちしたわけ

太陽系に再び戻りましょう。

長い間、太陽系の惑星は9つあって、いちばん遠いところにあるのが冥王星《めいおう》だと思われていました。1846年、8番目の惑星・海王星が発見されると、その軌道の詳細な観測から、より遠い9番目の惑星の存在が予想され、その発見は20世紀初頭から天文学の重要なテーマになっていました。そして1930年、アメリカのアマチュア天文家クライド・トンボーによって発見されたのが冥王星です。

しかし**冥王星**は発見当初から、**大きさや軌道が他の惑星とかなり違う**ことがわかっていました(図54)。

たとえば、海王星の軌道は太陽から約30・1天文単位のほぼ円軌道で、その公転周期は約165年、直径は約5万キロメートルであるのに対し、冥王星は近日点《きんじつ》(太陽から最も近いところ)が29・6天文単位、遠日点(最も遠いところ)が約49天文単位という細長い楕円軌道で、公転周期は約248年。直径は2370キロメートルで、これは最も小さな惑星である水星の半分以下の大きさです。

2006年、チェコのプラハで開かれた国際天文学連合の総会で、賛成多数で冥王星は惑星ではなくなりました。

その理由は軌道や大きさが他の惑星と違っているという理由ではありません。もちろん冥王星

図54　冥王星の軌道

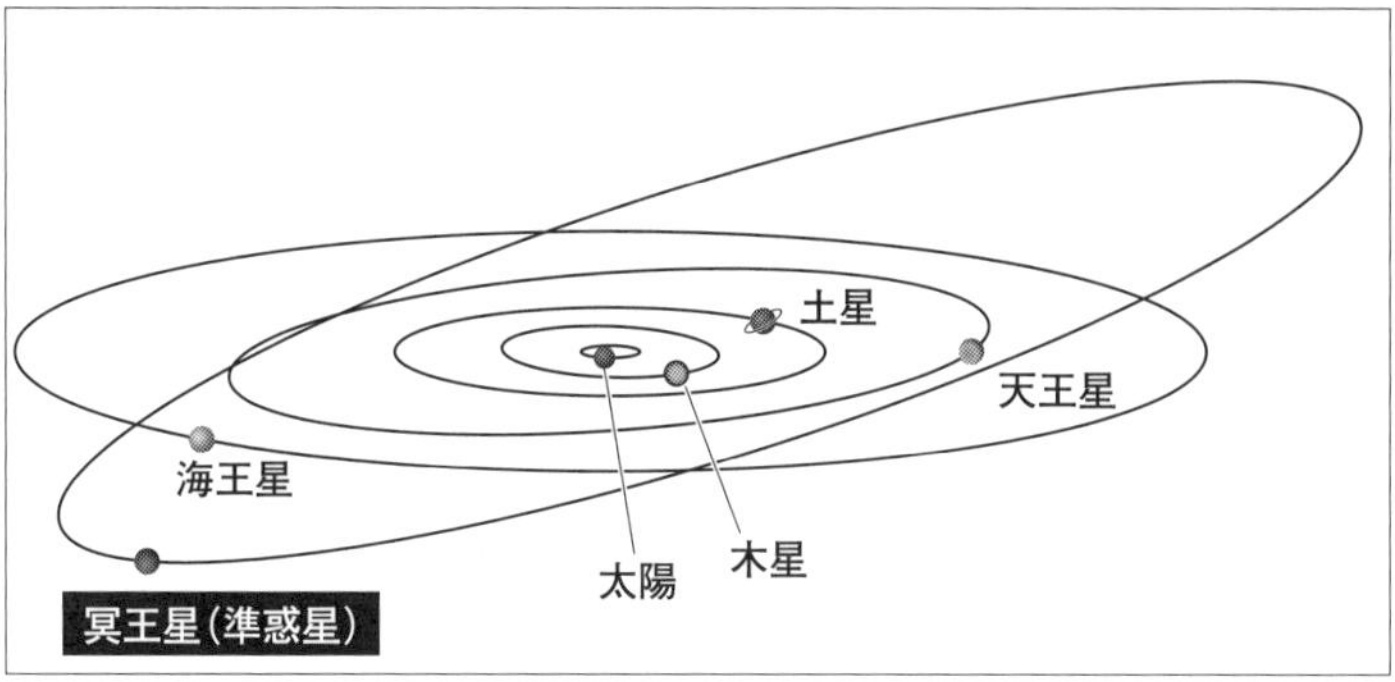

が消えたわけでもありません。冥王星は「惑星」というくくりではなく、「準惑星」に分類されたのです。

このことは単なる名前の変化だけでなく、太陽系の形成にも関わることなのです。

太陽系の果てはどこで、そこには何があるのでしょうか。

冥王星が発見される以前から、彗星《すいせい》は冥王星のはるか彼方からやってくることはわかっていました。

有名なハレー彗星は、周期76年前後で短周期彗星（公転周期が２００年より短い彗星）と呼ばれるもののひとつですが、近日点は０・５天文単位、遠日点では35天文単位という非常に細長い楕円軌道をもっています。

これに対して、周期２００年以上の彗星を長周期彗星といいますが、その遠日点は35天文単位よりはるか彼方になります。観測される彗星の80％以上は長周期彗星で、これらもやはり太陽系の一員です。

短周期彗星と長周期彗星の間には、その周期の違いのほかに大きな違いがあります。**短周期彗星がほぼ惑星と同じ軌道面上を運動するのに対して、長周期彗星はさまざまな軌道面をもっている**ことです。

１９４３年、アイルランドの天文学者エッジワースは、海王星の外側に短周期彗星が集まった円盤状の領域が広がっていると考えました。

一方、１９５０年、オランダの天文学者オールトは多くの長周期彗星や非周期彗星（一度きりしか太陽の近くにこない彗星）の軌道を研究して、１万〜10万天文単位まで広がった球状の領域に無数の小天体が存在し、それらが彗星となって太陽の近くまでやってくると考えました。第１章でも述べたとおり、この領域が「オールトの雲」です。

また、エッジワースが考えた円盤状の領域を「エッジワース・カイパーベルト」と呼びます（図55）。カイパーというのは、エッジワースが考えた領域にある天体が海王星などの重力によってより遠方に飛ばされた結果、オールトの雲になると考えたアメリカの天文学者です。

実際にエッジワース・カイパーベルトにある天体が発見されたのは、１９９２年のことで、のちにこの天体はアルビオンと命名されました。

アルビオンの近日点は約41天文単位、遠日点は約48天文単位、公転周期が２９４年の直径１２０キロメートル程度の小天体です。この天体は大きさこそ冥王星よりもはるかに小さいのですが、軌道に関しては冥王星とあまり違っていません。

その後、いくつかのエッジワース・カイパーベルトにある天体（エッジワース・カイパーベル

図55　エッジワース・カイパーベルトのイメージ

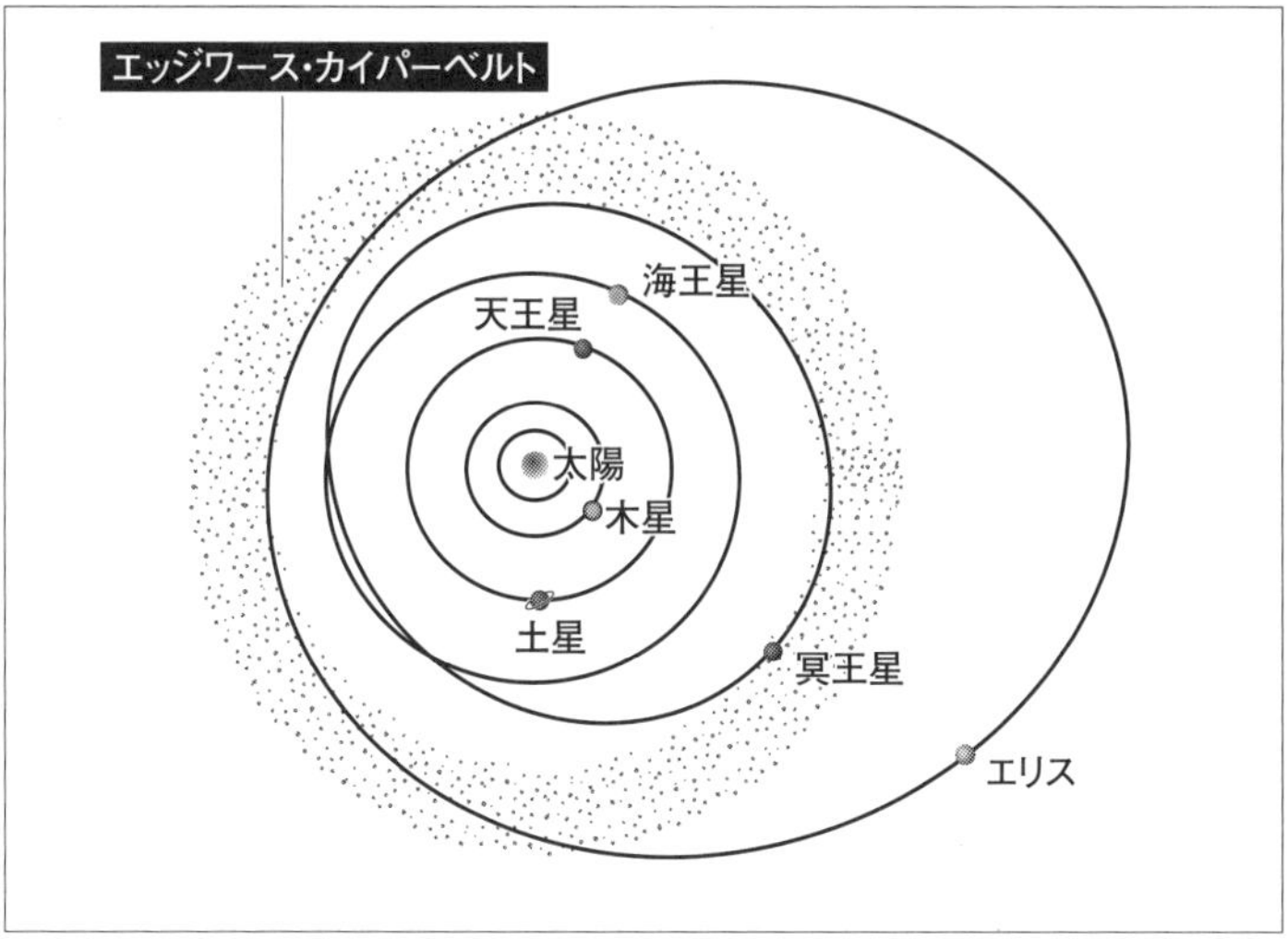

ト天体Edgeworth-Kuiper Belt Objectsの頭文字をとってＥＫＢＯと呼ばれる）が発見されました。

２００３年には冥王星と同程度の大きさのＥＫＢＯが発見され、エリスと名前がついています。エリスの近日点は約38天文単位、遠日点は約98天文単位で、公転周期は約５５８年です。

こうしてＥＫＢＯが次々に発見されると、冥王星だけを特別扱いして「惑星」とする理由がなくなったのです。

▼50億年前を物語る太陽系外縁天体

エッジワース・カイパーベルト天体やそれより遠い天体、オールトの雲にある天体などを総称して「**太陽系外縁天体**」と呼びます。

惑星形成論の観測の進展によって、惑星形成のシナリオがある程度わかってきました。原始惑星系円盤内で微小天体の衝突がくり返されることによって微惑星へ、微惑星から原始惑星へ、そして惑星ができあがります。**太陽系外縁部の天体は、惑星になる前の微小天体や微惑星であり、50億年前の原始太陽系円盤の遺跡のようなもの**なのです。

このため2005年にNASAは、彗星探査機ディープインパクトを打ち上げ、短周期彗星テンペル第1彗星に接近し、370キログラムの衝突体を打ち込みました。そして、彗星内部から飛び出した物質を、すばる望遠鏡など地上の望遠鏡で観測するという宇宙と地球のコラボレーション観測がおこなわれました。

この結果、この短周期彗星の内部が長周期彗星とよく似ていることがわかり、**短周期彗星、長周期彗星とも木星と海王星の間の領域でできたこと**が確からしくなりました。このうち天王星や海王星の影響で海王星より遠くに散乱されてできたのがエッジワース・カイパーベルトとなり、さらに遠くに散乱されたものがオールトの雲となるのです。

オールトの雲がどこまで広がっているかははっきりとはわかっていませんが、**太陽から1万〜10万天文単位程度と考えられていて、これが太陽系の果て**です。

なお、冥王星は惑星の位置から落ちましたが、**惑星Xと呼ばれる9番目の惑星の存在が完全に否定されたわけではありません。**いくつかの説がありますが、そのうちのひとつは太陽系外縁部の天体の運動から、**海王星の20倍以上遠方に地球の10倍以上重たい海王星程度の大きさの惑星が存在して、1万~2万年で太陽のまわりを公転している**というものです。惑星Xが発見されれば太陽系の形成についての貴重な情報がもたらされるでしょう。

▼彗星は生命の故郷なのか?

またＥＳＡ（欧州宇宙機関）は２００４年、彗星探査機ロゼッタを打ち上げ、２０１４年、チュリュモフ・ゲラシメンコ彗星に到着し、着陸機を初めて彗星の核に着陸させました。ロゼッタという名前は、古代エジプト文字の解読で決定的な役割を果たしたロゼッタ・ストーンに由来します。

ロゼッタの2年にわたる観測によって、彗星の核から流れ出るガスに酸素、窒素《ちっそ》などの分子が、またアミノ酸の一種グリシン、細胞膜《まく》に必要なリンなど多くの生命に必要な有機化合物も発見されました。

地球上の生命の材料が彗星からきた可能性もあるのです。

忘れてはいけないのが、**日本の小惑星探査機はやぶさの成果**です。

２００３年、太陽系の誕生の解明を目的に打ち上げられた探査機はやぶさは、２００５年、目標の小惑星イトカワに到着し、着陸。サンプルの採取に成功し、5年の歳月をかけて地球に戻り、サンプルを収納したカプセルを地球に送って、地球大気で燃え尽きました。

持ち帰ったサンプルには、1500個以上の微粒子が含まれていました。宇宙から落下してくる隕石にはいくつかのタイプに分かれ、そのうち最も一般的なものを石質隕石《せきしついんせき》といいます。**サンプルの微粒子は、この石質隕石の成分であるコンドライトと同じであることがわかりました。**

石質隕石の組成は、蒸発しやすい元素を除けば太陽の大気組成とよく似ていて、太陽系のごく初期の状態を保っていると考えられています。**したがって小惑星自体が太陽系初期の物質で、地球で見つかるほとんどの隕石の起源である**ことがわかります。

またサンプル微粒子の一部には摂氏800度に熱せられた痕跡《こんせき》があり、その微粒子が直径20キロメートル以上の小惑星の中心部にあったことを示しています。

これらの結果から、次のようなことが推定されます。原始太陽系星雲でできた大きな小惑星がゆっくり冷えた後、他の小惑星との衝突によってこなごなに破壊されました。その破片が重力によって集まってできたのがイトカワなのです。

はやぶさの探査プロジェクトについては第7章でくわしく解説しましょう。

▼惑星誕生の現場が見えてきた！

星は分子雲の特に密度の高いところにできるという話を先にしましたが、その観測も1990

年以降、非常に進んでいます。

特にハッブル宇宙望遠鏡、すばる望遠鏡のような口径8～10メートルクラスの大望遠鏡、そして電波望遠鏡の観測によって、予想どおり**誕生したばかりの恒星を囲む原始惑星系円盤がいくつも観測**されています。

恒星誕生の現場である分子雲からは電波が出ていますし、原始星の光はまわりの円盤を温めて電波として放出されるので、電波望遠鏡が最適な観測装置です。

電波望遠鏡に限らず、どの望遠鏡もその口径が大きいほど、分解能（離れた2点を区別できる能力）が高く天体の詳細な観測ができるのですが、**電波望遠鏡は複数の望遠鏡の観測データをコンピュータで合成して、より大きな口径の望遠鏡として観測することができます。**

これを「電波干渉計《かんしょうけい》」といい、南米チリにあるアルマ望遠鏡は絶大な威力を発揮しています。

アルマ望遠鏡は通称で、正式名称は「アタカマ大型ミリ波サブミリ波干渉計」。2002年から日本も参加してチリのアタカマ砂漠《さばく》の標高5000メートルに建設が開始され、2011年から徐々に観測がはじまりました。

アルマ望遠鏡の目的は、銀河形成の観測、星や惑星の形成の観測、宇宙における有機物の発見などです。口径12メートルのアンテナ54台、口径7メートルのアンテナ12台（このうち口径7メートルと4台の12メートルアンテナが日本製）の、合計66台の電波望遠鏡の観測データを合成して、実質口径十数キロメートルという超巨大電波望遠鏡です。

66台の望遠鏡をフルに活用して干渉計として用いると、東京から、大阪に落ちている1円玉の大きさが見分けられる程度の分解能をもっています。これまで原始星の観測、原始惑星系円盤の観測などで大きな成果を上げています。また、第4章で述べたブラックホールシャドウの観測にも貢献しました。

それらの観測によると、原始惑星系円盤の大きさ（直径）は、100天文単位程度で、**いくつかの円盤では溝（リング状の隙間）も観測されています。これはそこで惑星が誕生していて、円盤のガスが使われている**と考えられています。まさに惑星誕生の現場です。

▼地球はどんな最期を迎えるのか？

惑星の誕生を見てきましたが、では最期はどうなるのでしょう。これまで数千個発見されている**系外惑星の中には、終末期に近い恒星のまわりを回っている惑星も発見**されています。

たとえば2011年に発見された2つの惑星は、地球から約3900光年離れたところにある赤色巨星のごく近くを回っています。

赤色巨星というのは、前にも述べたように中心部で水素を使い果たしてヘリウムがたまり、そのまわりで水素が燃えている星のことで、もともと星の半径の何百倍にも膨らんだ状態です。太陽もあと数十億年たつと、地球軌道付近まで膨らんだ赤色巨星となります。

さて、この2つの惑星の質量は地球より少し小さい程度ですが、もともとの質量は地球よりはるかに大きく、木星のようなガス惑星であっただろうと考えられています。**恒星の近くにあった惑星は膨らんだ恒星に飲み込まれるか蒸発してしまい、**巨大なガス惑星だけが表面のガスをはぎ取られて生き残っているのです。

太陽系の惑星も同様の運命をたどるでしょう。しかし太陽が赤色巨星になるだいぶ前に、地球は生命が住める環境ではなくなってしまうでしょう。

現在の太陽は中心部で水素の核融合反応が起こっている主系列の段階ですが、この段階で徐々に燃えかすのヘリウムがたまってくると、中心部の温度が上昇して徐々に太陽が放出するエネルギーは大きくなります。

そのためいまから十数億年もすると、地球の海はすべて蒸発してしまい、地球は生命活動が不可能な状態になってしまうでしょう。その頃まで人類が存在していたとすると、火星に移住しているかもしれません。

そして40億年後、**アンドロメダ銀河は銀河系から現在の距離の半分程度にまで近づいてきて、2つの銀河は合体をはじめるでしょう。**火星に移住した人類はこの合体劇を見ることができるかもしれません。もっともこの合体が終了するのはさらに20億年後と考えられていて、最後まで見物できるかどうかは疑問です。

また、この2つの銀河の**合体の過程で、太陽系は銀河の果て、あるいは銀河の外に放り出され**

ることになる可能性も指摘されています。

赤色巨星のまわりの系外惑星のほかに、白色矮星のまわりにも系外惑星が発見されています。白色矮星は、太陽の約8倍以下の質量の星の最期の姿で、大きさが地球程度で質量が太陽質量程度の小さな高温の星です。

かに座の方向に地球から1500光年離れたところに、ガスやチリでできた円盤がとりまいている白色矮星があります。2019年、この円盤の中で白色矮星から1000万キロメートル離れたところを周期10日で回っている、海王星ほどの大きさの惑星が発見されたのです。

この白色矮星の表面温度は摂氏2万8000度で、強力な放射で惑星から大気をはぎ取り、円盤をつくっていたのです。白色矮星になる前にこの星は赤色巨星だった時期があり、そのとき飲み込まれず生き残った木星のような巨大なガス惑星のなれの果ての姿だと考えられています。

いずれにせよ惑星の最終的な運命は悲観的ですが、10億年以上未来の話です。それまで人類がなんらかの形で存続して超文明を築いていたら、悲観的な運命を避けられるのかもしれませんね。

これからわかる宇宙の謎

●惑星形成のよりくわしい新しいシナリオが判明

- 原始惑星系円盤内で誕生過程にある惑星の観測
- 宇宙で最初にできた星ファーストスターは見つかるか
- ハイパーカミオカンデによる銀河系内の超新星観測で超新星爆発のメカニズムが解明
- オールトの雲の存在を観測で実証
- 太陽系９番目の惑星Ｘは発見されるか
- 太陽系外縁天体からの彗星が生命の材料を地球に運んだのか

宇宙おもしろコラム5

タイムマシンは実現可能か

▼科学の大前提は「原因は必ず結果の過去にある」

これからのコラムでは3回にわたって、タイムマシンの話をしましょう。

SFではH・G・ウェルズの作品以来、タイムマシンを扱った多くの名作があります。私は、かってロバート・A・ハインラインの『時の門』（ハヤカワ文庫）というタイムマシンものを読んで、登場人物の多くが同一人物だったので、わけがわからなくなった記憶があります。

SF小説の話はさておき、科学としてはタイムマシンの可能性は、真剣に検討されることはありませんでした。これはタイムマシンの存在を禁止する法則があるからではありません。

たとえばアインシュタインの一般相対性理論では、過去に戻れるような宇宙をいくらでも考えることができます。未来に進んでいったら、時間を一周していつのまにか過去から戻ってくるような宇宙をつくることもできます。

しかし**科学の大前提**は「**原因があって結果がある**」、したがって「**原因は必ず結果の過去にある**」ということです。

もし過去に戻れる宇宙やタイムマシンが存在して過去に戻れたら、原因と結果の関係がめちゃくちゃになってしまいます。自分の生まれる前の過去に戻って親を殺してしまったら、いったい自分はどうなってしまうのでしょうか？　そんなことが起こらないように、初めから過去に戻ることはいっさい考えないというのが普通の科学の立場なのです。

ところが近年、タイムマシンが物理学者の間で真剣に取り上げられるようになってきました。そして研究すればするほど、タイムマシンの存在が、単純には否定できないことが明らかになってきたのです。

くわしい研究の結果、たとえタイムマシンの存在が否定されても、その研究の過程で時間や宇宙についての多くのことが明らかにされるでしょう。普通のことばかり考えていては、科学は進歩しないのです。

現在、「ワームホール」や「宇宙ひも」を使ったいくつかの方法で、タイムマシンが考えられています。

宇宙ひもは超弦理論の「ひも」とは違います。ヒッグス粒子による真空の相転移は全空間で一斉に起きるわけではなく、ところどころに取り残された空白の領域ができます。氷の中に水が残っているようなものです。相転移が起こった領域はエネルギーが低くなるので、取り残された領域はまわりに比べてエネルギーが高く、莫大な質量をもっています。この領域がひも状の場合を「宇宙ひも」（コスミックストリング）と呼ばれます。

われわれの宇宙に実際に「宇宙ひも」があるのか、あるいはかつて存在して現在は消えてしまったのかはまだわかっていません。

ここでは、時空の抜け道である「ワームホール」を使った方法を紹介しましょう。その準備として初めに、ワームホールについての話をします。

▼時空の外を通って瞬間移動できるワームホール

アインシュタインの一般相対性理論では、重力を時空の曲がりと考えました。たとえば太陽はそのまわりの時空を曲げ、地球はその曲がりのために太陽のまわりを回っているのです。

太陽くらいではその重力は弱いので、時空の曲がりは小さいのですが、もっと重たい星の場合、時空の曲がりはもっと大きくなります。ちょうど重たいものをのせると、ゴム膜《まく》が大きくへこむようなものです。このアナロジーでは、ゴム膜が時空に相当します。そして、へこみがどんどん深くなっていった極限がブラックホールです。

ブラックホールの表面では、強い重力のために、外向きに出した光は引きずり戻され、遠くから見るとその場所に止まっているように見えます。さらにその内側では、外向きに出した光は、引きずり戻されて内向きに進んでしまうのです。外に逃げようとしても、へこみがきつくアリ地獄のように中心に落ちてしまいます。

あらゆる物体の速度は光の速度より遅いので、どんなものもブラックホールに入ったら最後、そこから外に逃げることはできません。ブラックホールの中心は、へこみが無限に深くなってゴム膜が破れた状態に対応します。この状態を「特異点」といいました。

さて、ゴム膜の上に2つの重たい物体をのせてみましょう。ゴム膜の2ヵ所がへこみますが、そのへこんで細くチューブ状に伸びた部分をうまくつなげられたとします。

すると、2つの物体を置いた場所の間に、へこみを通って抜け道ができることになります。**ゴム膜を時空と見ると、これがワームホールに対応します。ブラックホールを2つ、うまくつなげたようなものです**（207ページ図41参照）。

ただし、入り口がブラックホールになってしまうと、いったん中に入ると外には二度と出ることができないので、抜け道を通り抜けることができません。通り抜けることのできる抜け道をつくるには、外向きに出した光が引きずり戻されないように、へこみをあまりきつくしないようにしなければなりません。残念ながら、いまのところわれわれが普通に知っている物質を使ってワームホールをつくると、必ず入り口にブラックホールができてしまうことが知られています。

また、せっかくつないだ時空の抜け道も、自分自身の重力で潰れてしまい、あっという間にふさがってしまいます。このようなことが起こらないようにするには、ワームホールの中に重力を打ち消すような物質を詰めておかなければなりません。ただしそれがどんな物質かは、いまのところわかっていません。

さて、抜け道を通るとかえって距離が長くなると感じるかもしれませんが、そうではありません。普通の意味の距離の概念が通用するのは、時空の上だけです。ワームホールの抜け道は、いわば時空の外を通っているので、その間の経過時間はいくらでも短くできるのです。したがって**ワームホールがもしあれば、瞬時に離れた地点に移動する**ことができます。

ワームホールとは、直訳すれば「虫食い穴」です。たとえば、リンゴの表面の1ヵ所と別の1ヵ所を結んでいる虫食い穴を想像してください。リンゴの表面を時空と考えると、リンゴの実は時空の外です。表面上を行くよりも虫食い穴を通っていけば、早く着けますね。そう単純ではないのですが、まあこのようなものです。

▼ワームホールがほかの宇宙を生み出す?

では、ワームホールがまったく空想の産物かといえば、必ずしもそうでもありません。多くの研究者は、**時空を10のマイナス30乗というミクロなスケールで見ると、ワームホールがうようよ存在する**と考えています。

たとえば、ジェット機から海を見ると海面はのっぺりと穏やかに見えますが、近くで見ると波が立っています。このように、時空もマクロのスケールではなめらかに見えますが、ミクロに見るとでこぼこしていて小さなブラックホールがあったり、それらがつながったりしたワームホールだらけだというのです。

さらにワームホールは、われわれの宇宙の違った場所をつなぐものばかりではなく、ほかの宇宙への架け橋になっているものもあると考えられています。**無限の数の宇宙が存在して、お互いが無数の数のワームホールでつながっている**のです。

あるいは別の見方をすると、**われわれの宇宙からワームホールが伸びて、それがほかの宇宙に成長していく**とも考えられます。そうするとワームホールは「宇宙の赤ちゃん（ベビーユニバース）」とも考えられます。

われわれの宇宙も、ほかの宇宙から生まれたベビーユニバースが成長してできたのかもしれません。

タイムマシンをつくるには、このようなミクロなワームホールではなく、少なくとも入り口は人間が通れるくらいの大きなものでなければなりません。そんなものをつくるのは、現在の科学技術ではとうてい不可能ですが、遠い未来の文明あるいは宇宙のどこかの高等文明には可能かもしれません。

そのようなワームホールがもしあったとしたら、それを利用してタイムマシンがつくれるかもしれないのです。

第6章　地球外生命は存在するか？

生命はどんな環境に誕生するのか

▼生命が生きていける領域「ハビタブルゾーン」

太陽系には水星、金星、地球、火星、木星、土星、天王星、海王星の8つの惑星があり、そのほかにも準惑星や彗星《すいせい》、小天体など無数の天体が存在しますが、地球はその中で最も恵まれた惑星です。厚い大気と磁場で守られ、温暖な気候と満々たる海をたたえています。

現在のところ、太陽系には地球だけに生命が確認されています。それはすべて**地球が太陽から適当な位置にあるから**です。金星は太陽に近すぎ、火星は太陽から遠すぎるのです。

一般に**恒星の周辺で液体の水が存在する領域を「ハビタブルゾーン」**、あるいは「ゴルディロックスゾーン」、**日本語で生命居住可能領域**、あるいは単に居住可能領域といいます。

ゴルディロックスとは童話『三びきのくま』に出てくる女の子の名前です。森で迷ったゴルディロックスはくまの家を見つけて、用意してあった3つのスープのうちちょうどいい温度のスープを飲み、ちょうどいいサイズのベッドで寝てしまったという話です。

ハビタブルゾーンは、恒星からの距離のほかにも惑星の質量や大気の性質などいろいろな要素

図56　太陽系のハビタブルゾーン

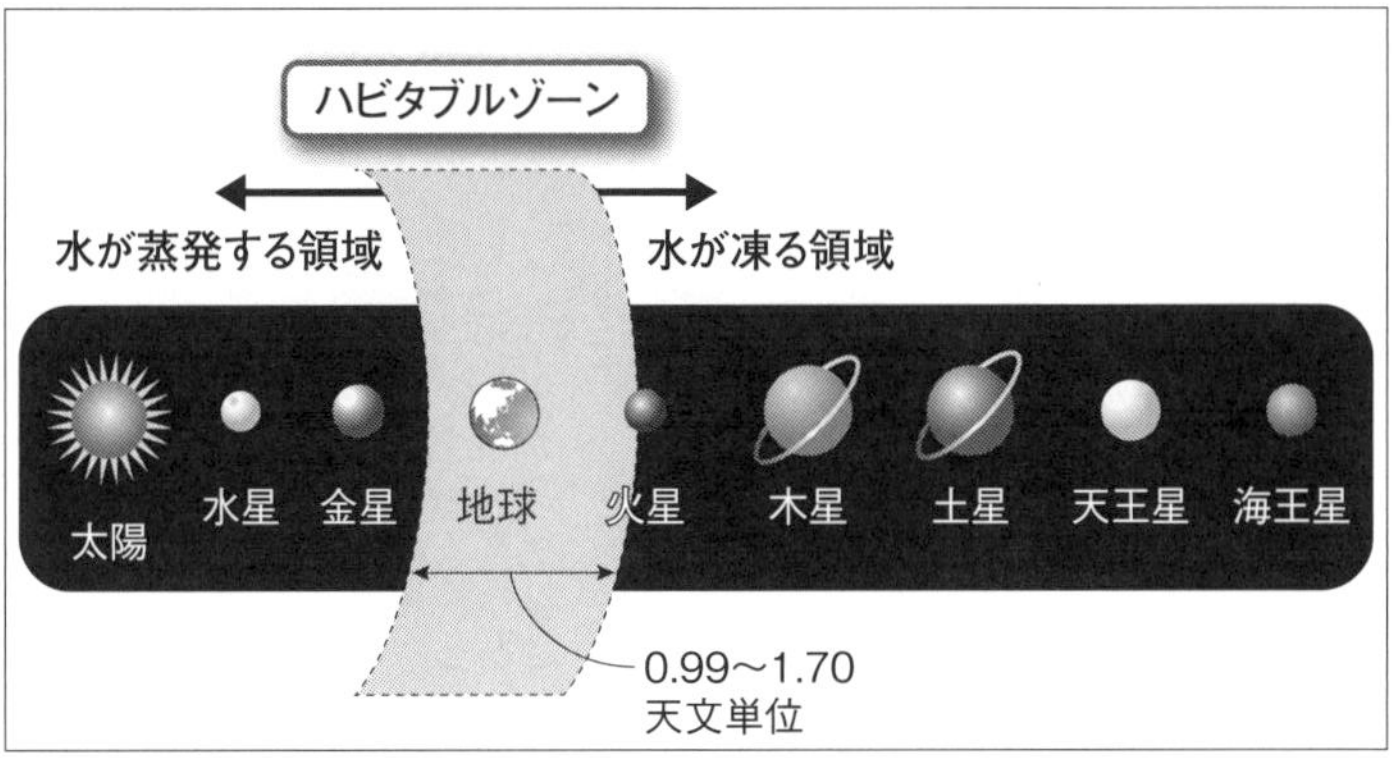

が複雑にからみ合って、それほど厳密に決めることはできません。

温室効果を考慮しなければ、液体の水が存在できる恒星からの距離の範囲は、惑星が受ける恒星からのエネルギーから比較的簡単に評価できます。17世紀にあのニュートンが推定しています。

温室効果を考慮すると、ハビタブルゾーンは次のようにして評価されます。

・ハビタブルゾーンのいちばん内側＝温室効果が暴走的に起こり、海が完全に蒸発してしまう距離
・ハビタブルゾーンのいちばん外側＝二酸化炭素の温室効果が最大のときでも、惑星の表面温度が摂氏《せっし》0度以上にならない距離

このような考えから推定した**太陽系のハビタブルゾーン**は研究者によって違っていますが、よく引用されるのは、**0・99〜1・70天文単位**です。

この推定では**太陽系でハビタブルゾーンにある惑星は**、

地球と火星の一部だけとなります。またこの推定が正しいとすると、地球は太陽に現在のたった1％（150万キロメートル）近づくだけで、金星のような灼熱《しゃくねつ》の惑星になってしまいます。

しかし地球の深海での発見で、ハビタブルゾーンの概念は大きく変更を受けることになります。

▼深海の過酷な環境にも生態系が存在した

地球の表面が十数枚のプレートと呼ばれる巨大な板状の岩で覆われていること、そしてその運動が巨大地震を引き起こす原因のひとつであることは現在ではよく知られています。

この「プレートテクトニクス理論」は、1960年代後半に提唱され、その検証として海底の火山活動の兆候《ちょうこう》を発見するプロジェクトが1970年代後半からおこなわれていました。

その結果、1977年、**ガラパゴス諸島付近の2000メートルの海底で、摂氏400度の黒く濁《にご》った熱水が噴き出ている、まるで煙突のような構造物が発見されました。**この熱水噴出孔《ねっすいふんしゅつこう》は「ブラックスモーカー」と呼ばれ、鉛《なまり》や亜鉛《あえん》、銅、鉄などが硫黄《いおう》と結びついた硫化物《りゅうかぶつ》が多く含まれ、それが海水と反応することで黒く濁っていたのです。煙突状の突起をチムニーといい、熱水に含まれる金属などが堆積《たいせき》してできています。

この深海で発見された熱水噴出孔が、宇宙における生命に新たな展開をもたらすことになったのです。

その発端は、ブラックスモーカーの発見者たちが思いがけない光景を目にしたことです。

ブラックスモーカーには、生物にとって有害な硫化水素ガスや重金属イオンが含まれています。ましてや太陽の光も届かない深海です。当然、死の世界だという予想になりますね。

ところがそれに反して、**チムニーのまわりにエビやカニ、管《くだ》状の虫（チューブワーム）のような生物、見たこともないような巻貝などが群がっている光景を見たのです。**

これらの生物はチムニーのまわりに多くいる、より小さな生物を目当てに集まってきたものです。より小さな生物は、さらに小さな生物を目当てに集まってきています。

そしてその最初にあるのは、熱水孔から吹き出てくる硫化水素を酸化させてエネルギーをつくり出す細菌です。このような細菌を化学合成細菌といいます。

熱水噴出孔のまわりで繰り広げられる生命活動を「化学合成生態系」といい、太陽の光によってエネルギーをとり出すことで形成される光合成生態系とはまったく別の世界です。

地球上で最初の生命がいつどこで生まれたのかは、まだ謎ですが、遺伝子解析《かいせき》をすると、**地球上のすべての生命がＬＵＣＡと呼ばれる共通祖先から進化した**ことがわかっています。

ＬＵＣＡというのは「最終共通祖先」の英語 Last Universal Common Ancestor の頭文字をとってつくった言葉です。**このＬＵＣＡは41億年前には存在していた**と考えられています。

▼地球以外の太陽系内生命の可能性

ハビタブルゾーンの話をしたときに、暗黙のうちに「惑星の生命は中心の恒星からのエネルギーによって誕生した」と仮定していました。また、「液体の水が存在するためにも恒星から適当な距離にあること」が必要でした。

たとえば、木星や土星のような太陽から遠く離れた惑星やその衛星の表面温度は摂氏マイナス百数十度以下となって、生命が存在する可能性は考えられていませんでした。

このような状況はブラックスモーカーの発見以降もしばらくつづきましたが、2010年以降、ハッブル宇宙望遠鏡による観測結果や土星探査機カッシーニ、木星探査機ガリレオによる観測がおこなわれると、一変しました。

木星や土星の衛星のいくつかに「内部海」があることがわかり、俄然《がぜん》、それらの衛星での生命の存在の可能性が注目されるようになったのです。

現在までに内部海の存在が確実視されているのは、木星の3つの衛星エウロパ、ガニメデ、カリスト、土星の2つの衛星エンケラドス、タイタンです。そのうちエウロパとエンケラドスを取り上げてみましょう。

【木星の衛星エウロパ】

エウロパは1610年、ガリレオが見つけた木星の4大衛星の1つで、その中ではいちばん小さく、木星から約67万キロメートルのところを約3日半の周期で公転しています。

その大きさは月よりわずかに小さく、太陽系の中では6番目に大きな衛星です。自転周期は公転周期と同じで、月のようにつねに同じ面を木星に向けて公転しています。

エウロパの表面温度は赤道で摂氏マイナス１６０度、極で摂氏マイナス２２０度であり、**全体が厚さ１００キロメートル程度の氷で覆われています。**この氷の表面には幾筋もの亀裂《きれつ》が走っており、これは木星の潮汐力《ちょうせきりょく》によるものと思われています。

潮汐力というのは、この場合、エウロパの木星に向いた表面とその裏側が木星からの重力の違いのため、エウロパを変形させる力のことです。

たとえば、潮の満ち引きは月の潮汐力のために起こります（太陽による潮汐力もあるが月に比べると小さい）。**エウロパが受ける木星からの潮汐力の強さは、月による潮汐力の強さの１０００倍以上**となります。このため表面の氷にひび割れが起こるのです。

内部海の存在の兆候は１９７９年に指摘され、実際に２０１２年、ハッブル宇宙望遠鏡がエウロパ表面から高度２００キロメートルにもおよぶ水蒸気の噴出を観測し、内部に海が存在することが確実となりました。

さらに１９８９年にＮＡＳＡが打ち上げた木星探査機ガリレオは、１９９５〜２００３年まで木星を周回し、その間、エウロパにも接近し詳細な観測をおこなった結果、**エウロパ表面から毎秒７トン程度の水が噴出している**ことが確認されました。

図57　探査機ガリレオによるエウロパ表面の氷のひび割れ画像（1996年～97年）

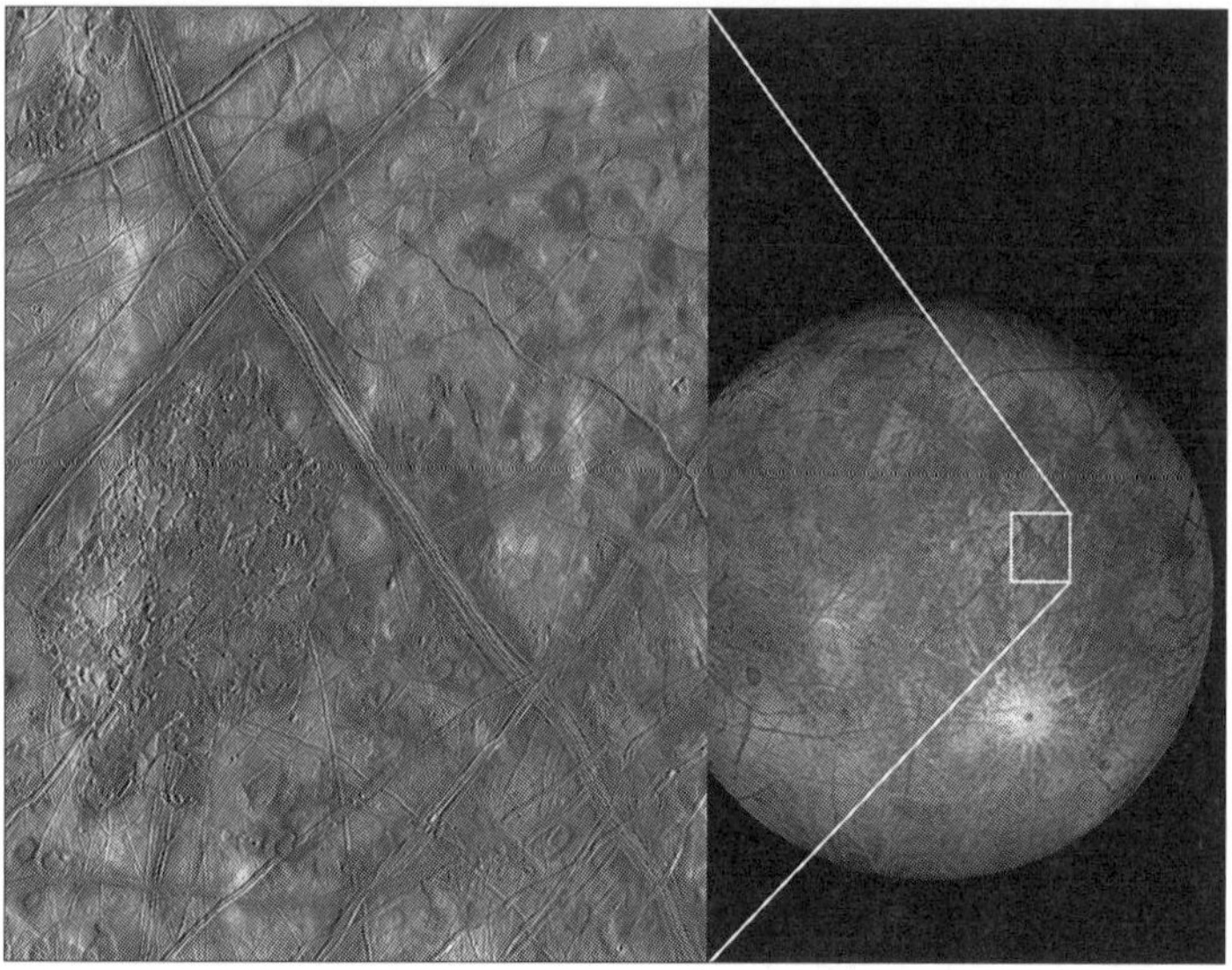

また、氷の表面の亀裂で表面が内部に沈み込んでいることが確認され、エウロパを覆う何枚かの氷の巨大な板が、地球でのプレートに対応して、**内部の熱源のエネルギーによってプレートテクトニクスが起こっている**ことが明らかになっています。

ここまでくると、**エウロパの内部海の底には地球と同じような熱水噴出孔があることが期待できる**ことがわかるでしょう。

地球の場合、内部の熱源は、地球ができたときの熱の残りが厚いマントル（地《ち》殻《かく》の下にある岩石圏。一部は部分融解状態にある）に取り囲まれていることと、内部の放射性元素が崩壊するときに出てくる熱があるからです。

エウロパに限らず月もそうですが、衛星は惑星に比べて質量が小さいため、そもそも内部の熱源が小さく、すぐに冷えてしまいます。

エウロパなどの木星や土星の衛星はさらに太陽から遠いので、急速に冷えてしまうはずです。にもかかわらず、エウロパの内部が熱いのはなぜでしょう。

それはエウロパの表面の氷のひび割れの原因と同じです。エウロパの内部も木星の潮汐力でつねに伸びたり縮んだりしています。そのため**内部の物質がこすれて、摩擦**《まさつ》**によって熱が発生する**のです。

エウロパのより詳細な探査のため、ＮＡＳＡは２０２０年代中頃に木星探査機エウロパ・クリッパーを打ち上げる予定です。エウロパ・クリッパーは木星を周回しながら2週間ごとにエウロパ上空に接近し、表面の高解像度撮影や内部構造を調べ、生命の兆候を探る計画です。

【土星の衛星エンケラドス】

エンケラドスは土星から約24万キロメートルしか離れていない直径５００キロメートル足らずの小さな衛星で、１７８９年に天文学者ハーシェルによって発見されました。

この小さな衛星が注目を集めています。それは１９９７年、ＮＡＳＡとＥＳＡの土星探査衛星カッシーニによる観測です。カッシーニは２００４年6月3日、土星軌道に到達、その後、13年にわたって土星とその衛星の探査をおこない、２０１７年9月15日、土星大気に突入し、その使

図58　エンケラドスから噴出する水蒸気のイメージ図

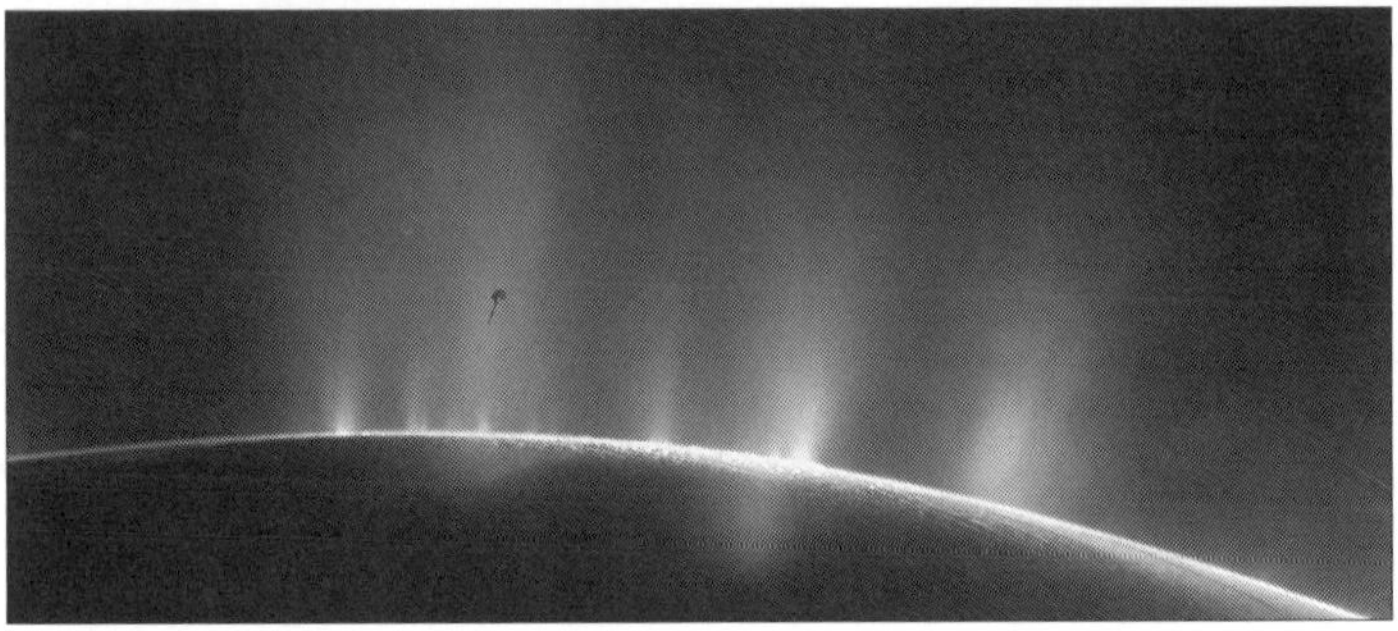

命を終えました。

このカッシーニは２００８年、エンケラドスの南極付近か**ら間欠泉《かんけつせん》のように大量の水蒸気が噴き出していて、その組成は彗星によく似ていて有機物を含むことを発見しました**。さらに２００９年の観測では、水蒸気中に塩化ナトリウム（塩）を検出しました。

２０１４年までの観測から、エンケラドスの氷の表面の下に、**深さ30キロメートル程度の広大な海が星全体を覆っている**ことが確認されました。ちなみに地球の海の深さの平均値は３・７キロメートルです。

エンケラドスの海底に熱水源が存在する証拠も発見されています。

２０１５年、カッシーニが検出した微粒子の中にナノシリカが含まれていることが確認されました。ナノシリカは岩石と熱水が反応してできる鉱物の微粒子で、エンケラドスの深海に熱水源があることが確実になっています。

エンケラドスの熱源は、土星の潮汐力のほかに、比較的密度が高く岩石が多いことから放射性物質による加熱も継続的にあり、内部は絶対温度で１０００度程度になっていて少なくともその一部が熔《と》けていると考えられています。

２０１５年には**水蒸気の中に水素も検出**されています。

水素の存在は生命にとってきわめて重要です。**水素はメタン菌のエサ**なのです。メタン菌は、水素を用いて二酸化炭素をメタンまで還元することによってエネルギーを得るのです。地球で生命発生の初期段階でメタン菌が存在していたことがわかっています。

これらのことから、**エンケラドスは「太陽系で微生物が生息する可能性の最も高い場所」**であると考えられています。

▼次々とラインナップされる探査計画

ＮＡＳＡは、将来計画として「エンケラドス生命兆候・居住可能性探査衛星」、通称エルサーという探査衛星の実現をめざしています。

カッシーニはこのほかにも、２００５年1月、土星の最大の衛星タイタンに本体から分離した探査機ホイヘンスを着陸させ、タイタン表面に砂漠や液体のメタン、エタンを成分とする湖があることを発見したり、窒素を主成分とする厚い大気の組成を明らかにしました。

これによって、原始の地球環境に似ていることや内部海があることなど、**タイタンにも原始的な生命が誕生している可能性がある**ことがわかってきました。

タイタンのよりくわしい探査のため、NASAは2020年代に探査機を送り込む計画をもっています。この計画はドラゴンフライ計画と呼ばれ、ドローン型探査機で2年8ヵ月にわたり、トンボのようにタイタン大気中を漂い表面のさまざまな場所に着陸し探査をおこなう計画です。

火星に生命は存在できるか?

▼火星の青い夕焼け

太陽系内の生命というと、火星が真っ先に浮かぶと思います。火星に生命どころか文明があるという説は19世紀からありました。

イタリアの天文学者ジョバンニ・スキアパレッリは1877年、口径22センチメートルの望遠鏡による火星の眼視観測で、火星表面全体に広がる直線状模様を発見しました。スキアパレッリが水路、あるいは溝と呼んだことを運河と誤訳したことで、高等文明をもった火星人がいるという説ができたのです。

この説を信じたのが、アメリカの実業家パーシバル・ローウェルです。大富豪の彼は個人で天文台をつくり、火星研究に没頭《ぼっとう》しました。

この天文台は、のちに惑星研究のメッカとなります。たとえばこの天文台で１９３０年にクライド・トンボーが冥王星を発見しました。

さて火星です。火星は太陽から平均約１・５天文単位の軌道を６８７日かけて一周する、太陽系の第４惑星です。**自転周期は地球とほぼ同じで24時間と37分**、さらに自転軸も公転軌道面の垂直方向から約25度傾いていて、**地球と同じく四季があります。**

火星の平均温度は氷点下摂氏43度程度ですが、真夏の太陽直下では摂氏20度程度まで上がります。

大きさは地球の半分程度、質量は地球の10％程度しかありません。したがって表面の重力は地球の40％程度、表面の大気圧は地球の１％以下です。

このためもあって、**火星の夕焼けは青い**のです。

地球の夕焼けが赤いのは、空気分子（地球の場合、窒素78％、酸素21％）によって、太陽からの光のうちで赤い光に比べて青い光がより散乱（進行方向を変えること）されるからです。

火星の場合は大気が薄いため、太陽の光に対する大気の影響はほとんどありません。そのかわりに影響を与えるのが、大気中に存在しているチリ（目に見えないほど微小な粒子）です。

このチリのほとんどは**火星表面をおおっている**酸化鉄のチリですが、**このチリは青い光よりも赤い光のほうをより散乱するの**です。したがって、夕暮れに大気中を長い距離通過してくる**太陽**

光は、赤い光が少なくなって青く見えるのです。

火星の大気の主成分は地球とまったく違っていて、二酸化炭素が95％を占めています。そのほかは窒素が２・７％、アルゴンが１・６％、酸素は０・１％程度にすぎません。

▼米ソの火星探査競争と火星の生命の居場所

火星をめざした探査機は、ソビエト連邦（ソビエト社会主義共和国連邦）が１９６０年代初めから打ち上げています。次いでアメリカが１９６４年に打ち上げたマリナー4号が、１９６５年7月に火星から９６００キロメートル地点を通過して、初めて火星表面の近接撮影をおこないました。

火星の周回軌道に乗った最初の探査機はアメリカが打ち上げたマリナー9号で、１９７１年11月13日のことです。その2週間後、ソ連のマルス3号も火星の周回軌道に入りました。このときマルス３号は探査機を火星に着陸させようとしましたが、墜落《ついらく》してしまいます。

最初に火星表面の軟着陸に成功したのは、１９７４年のソ連の探査機ですが、着陸後1秒で通信が途絶えてしまいます。

実質的に最初の探査機は１９７５年8月20日に打ち上げられ、１９７６年6月19日に火星の周回軌道に入ったアメリカのバイキング1号です。バイキング1号は同年7月20日、着陸機が軟着陸に成功し、１９８２年11月まで稼働して火星表面の鮮明な画像を送りつづけました。

図59　探査機キュリオシティーによる火星の画像（2015年9月15日）

その後の火星探査はほぼアメリカの独壇場《どくだんじょう》。着陸して活動した探査機は１９９０年代のマーズ・パスファインダー、２０００年代のオポチュニティー、フェニックス、２０１０年代の着陸機キュリオシティー、インサイトなどいずれもアメリカの探査機です。

これらの探査機の調査によって、**水の浸食《しんしょく》でできた地形や水の流れた跡が多数発見**されています。さらに北極地方のクレーターの底に氷があること、南極の地下１５００メートルの幅20キロメートルほどに**液体の水の湖があることも確認**されています。

火星には地球のようなプレートはありませんが、地震が起きていることから**火山活動が存在する**ことが明らかになっています。生命活動の直接の証拠はまだ見つかってはいませんが、大気中にメタンが検出されたことから、メタン菌の存在の可能性も考えられています。

ただ火星の大気が非常に薄いことや、火星には地球のような磁場圏がなく、太陽や宇宙からの高エネルギー粒子が地表に降り注いでいるため、**もし微生物が存在していたとしても地下数メートル以下にひそんでいる**と予想されています。

▼生命は火星からやってきたのか?――パンスペルミア説

現在の火星には生命が存在しないとしても、過去には存在していた、あるいはそもそも太陽系の生命の誕生の場所は火星だったと考えている研究者もいます。

四十数億年前のできたばかりの火星は、地球と同様、中心まで熔《と》けた高温の状態で、その後、地球と同じ経過をたどって海ができ、温暖な環境が数億年程度つづいたと思われます。

できてから10億年程度までの火星は、現在の地球のように厚い大気や海があり温暖でした。ある推定では**43億年前の火星には、北半球に地表の20%程度を覆うような広大な海があった**としています。

地球の生命の誕生は40億年前後だと考えられています。この時期、地球は後期重爆撃期と呼ばれる時期で、大量の小天体が地球に衝突し、地表はほとんどマグマの海で覆われていたという説があります。この説は、月から持ち帰った天体衝突による熔けた岩石の年代測定が、38億〜41億年前の期間に集中していたことから提案されました。

もし地球に後期重爆撃期があったとしたら、生命がその最中に誕生したとは考えにくいので、重爆撃期の前に誕生し、重爆撃期を生きのびたことになります。

もちろん火星にも後期重爆撃期があったでしょうが、火星は地球に比べて大きさ・質量ともに小さいので、地球ほど小天体の衝突がなかった可能性があります。

そこで、**生命は地球ではなく火星で生まれた**とする説があるのです。そして**生命が火星からの隕石《いんせき》で地球に運ばれた**と考えるのです。

このように**生命が地球以外で生まれて地球にやってきた**という説を「パンスペルミア説」といいます。この説は１９０３年、スウェーデンの化学者スヴァンテ・アレニウスによって最初に提案されました。

一見、荒唐無稽《こうとうむけい》に見えるこんな説を唱えるのはおかしな人と思われるかもしれませんが、アレニウスは１９０３年、物質を液体に溶かしたときプラスイオンとマイナスイオンに分解する物質に関する研究でノーベル化学賞を受賞した一流の研究者です。

パンスペルミア説は長い間、真剣に受け取られていませんでした。しかし、１９８０年代に火星からの隕石が発見されたり、隕石が地球大気に突入するときでも内部の温度がそれほど高温にはならないことなどが示されて、徐々に注目を集めるようになっています。

▼火星と地球の違いをもたらしたもの

では、なぜ現在の火星には、いまだに生命の兆候が発見されないのでしょう？

それは太古の火星の環境が変わってしまい、海や大気のほとんどが消え、温室効果が働かず温度が下がってしまったからです。

その第一の理由が質量です。火星の質量は地球の10％程度しかないため重力が小さく、大気を引きとめる力が弱いため、大気はだんだん宇宙に逃げていきます。

それにしても現在の火星の大気が地球の1％程度というのはその質量から見て小さすぎますが、これには理由があります。

地球の場合、中心核は分厚いマントルに包まれているため温度が下がりにくく、中心部の金属も一部が熔けた状態となります。その液体金属が回転し、そこに流れる電流によって42億年前に地球に磁場が発生しました。この磁場によって地球の大気は守られています。

火星も同様に内部は熔けていたので磁場ができましたが、質量が小さいため中心部の温度が下がって液体の内部核に電流が流れなくなり、磁場ができなくなってしまったのです。このため太陽からやってくる高エネルギー粒子が直接大気に衝突して、大気がよりいっそう吹き飛ばされてしまい、非常に薄い大気になってしまったのです。

また同様な理由で、火星には地球ほど火山活動が活発ではなく、プレートテクトニクスはごく初期にしか起こらなかったと考えられます。

もちろん火星にも火山があります。たとえば太陽系最大の火山は、火星にある標高2万500

0メートルのオリンポス山です。プレート移動がないので、同じ場所で火山活動が起こりつづけたからです。

ちなみにオリンポス山では２００４年に２４０万年前に噴火した形跡が発見されていて、**いつかまた噴火する可能性があります。**

２０１８年11月に火星に着陸した無人探査機インサイトは翌年4月、最初の地震を観測してから何百もの地震を観測しています。そのなかには活断層によるものもあって、**マグマの存在による地殻運動が現在も起こっている**ことを示しています。

地球の場合、過剰な二酸化炭素が海に溶け込みカルシウムとマグネシウムと化合して石灰岩となり、プレートの運動でマグマの中に取り込まれ、過剰な温室効果を防ぐことも海が干上がらない理由です。

火星の場合はこのような二酸化炭素が減るようなメカニズムはありませんが、二酸化炭素や水蒸気による温室効果よりも大気の減少や海の蒸発が急速に進むため、温室効果が働かなかったのです。

ところで金星にはプレートテクトニクスがないのですが、その理由はよくわかっていません。プレートがマントル内に沈み込むときに水の存在が重要な働きをしているのではないかと思われています。

まだ火星には生命もその兆候も見つかっていませんが、それでも**火星は太陽系で地球以外の生命が発見される可能性が大きい**ため、これからも火星探査がＮＡＳＡ、ＥＳＡなどで計画されています。

太陽系外生命を探す

▼銀河系の高等文明の数がわかる「ドレークの式」

人類はこの広い宇宙の中で孤独な存在なのでしょうか？　筆者はハワイ島のマウナケア山頂に設置されたすばる望遠鏡で観測をするたびに、モニターに映る無数の銀河を眺《なが》めながら、「これらの銀河の中のどれかの星に、私たちのように宇宙を観測している生命体が必ずいる」という思いになります。

1つの銀河の中に、人間のような知性をもち、宇宙を観測する生命体がつくる文明はどのくらいあるのでしょうか？

この数を考えた天文学者がいます。アメリカの天文学者ドレークです。

ドレークは夜空を見ては宇宙人に思いをはせる少年でした。のちに天文学者となった彼はその思いを研究テーマのひとつとして、１９６０年代にオズマ計画を実行しました。この計画は、高等文明が存在するなら宇宙に向かって電波でメッセージを出しているだろうという予想のもとに、そのメッセージを受け取る計画でした。

目的の星としては、太陽に似た恒星で比較的近い地球から12光年離れた「くじら座」のタウ星と10・5光年離れた「エリダヌス座」のエプシロン星が選ばれました。

この観測ではなんら意味のある信号も検出できませんでしたが、多くの天文学者の目を宇宙文明探査に向けさせました。

ちなみに、これらの星は実際に惑星をもっていることが観測されていて、とくにくじら座タウ星の惑星はハビタブルゾーンにあると考えられています。

またドレークは、**「ドレークの式」**として**知られるようになった「銀河系の中に現在存在する高等文明の数N」**を**見積もる式**を提案しています。これは次のような簡単な式です。

$$N = R_* \times f_p \times n_e \times f_l \times f_i \times f_c \times L/T$$

右辺の因子を順に説明していきましょう。

・R_*＝銀河系内の恒星の数

図60　ドレークの式

$$N = R_* \times f_p \times n_e \times f_l \times f_i \times f_c \times L/T$$

・f_p＝恒星が惑星をもつ割合
・n_e＝惑星系のうちハビタブルゾーンにある惑星の割合
・f_l＝そのような惑星で生命が誕生する割合
・f_i＝生命が知的生命へと進化する割合
・f_c＝知的生命が電波で恒星間通信をするほど進化する割合

これらをかけると、銀河系のこれまでの全歴史の中で存在した高等文明の数Nが与えられます。この数の中にはすでに絶滅してしまった文明も含まれています。

さらに、現在のわれわれと同じ時代に存在している文明の数は、全体の数に現在存在する割合をかけたものになります。その割合は、文明が存続する時間Lを銀河系の中で最初に高等文明が生まれてから現在までの時間Tで割って得られる、というのがこの式の意味です。

▼実際に計算するといくつになる?

人によって数字が異なるので、筆者の考える数字を入れて計算してみましょう。

銀河系には約2000億の恒星があります。ほとんどの恒星は惑星とともに形成されると考えられるので、f_p＝1としていいでしょう。

現在4000個以上の系外惑星が発見されていますが、その中でハビタブルゾーンにある惑星は数十個にすぎません。太陽系の場合は8個の惑星のうち地球、あるいは楽観的に見積もって地球と火星だけがハビタブルゾーンにあります。

エウロパやエンケラドスなどの衛星にも生命が誕生している可能性はありますが、ここでは高等文明にまで進化するものに話を限りましょう。そこで、n_e＝0・1としておきましょう。

ハビタブルゾーンにある惑星で生命が誕生する割合はよくわかりませんが、地球には生命が誕生しているので、環境さえ整えば生命は必然的に発生するとしてf_l＝1としておきます。

生命が知的生命にまで進化する割合ですが、地球の場合、最初に生命が誕生してから人類にまで進化するのに40億年程度かかっています。したがって、**寿命が40億年以上の恒星の惑星にしか知的生命は存在しないと考えることができます。**

一方で、恒星の寿命は質量が大きいほど短くなります。たとえば太陽の2倍の質量をもった恒星の寿命は12億年程度です。**銀河系には2000億の恒星が存在していますが、太陽程度の質量よりも小さい恒星の惑星にだけ知的生命が存在する可能性があるのです。**質量の小さい恒星ほど数が多く、銀河系の星の大半は太陽より質量が小さい恒星です。

赤色《せきしょく》矮星《わいせい》と呼ばれる太陽より半分程度以下の恒星は、表面活動が非常に活発で、惑星上の生命現象にとって致命的になる可能性があります。どの程度、生命に致命的かはよくわかっていませんが、2000億のうちで30％程度の恒星の惑星で知的生命にまで進化するとしましょう。f_i＝0・3です。

知的生命にまで進化したら、宇宙に対する好奇心をもち電波天文学を発展させるでしょうから $f_c=1$ としておきます。

ここまでで60億という数が出てきます。

現在観測されている銀河系で最も古い恒星の年齢は132億年程度ですが、銀河系誕生の頃は銀河中心の活動も活発で、生命の誕生には不適かもしれません。銀河中心の活動がおさまって、それから数十億年後に最初の高等文明が生まれるので、最初の高等文明から現在までの時間をT＝50億年としておきましょう。

いちばんわからないのは文明が存続する時間です。人類の場合、本格的に電波天文学をはじめたのは1950年代です。まだ100年もたっていません。

この先、人類が何年生存して文明を維持できるのでしょう。寿命の長い文明も短い文明もあるでしょうが、平均がたとえば5000年とするとL＝5000年ですから、$L/T=10^{-6}$です。60億にこの数をかけると、現在、銀河系の存在している文明の数は、60億$\times10^{-6}$=6000となります。

6000個を銀河系全体にばらまくと、高等文明はお互いに1000光年以上離れていることになります。

6000という数は、実際には100倍かも100分の1かもしれません。その程度の推定ですが、大事なのはゼロではない、ということを当時の天文学者に知らしめたことです。

▼スーパーアースに温かい海があるかも⁉

天文学者の夢のひとつだった太陽以外の恒星の周囲を公転する系外惑星の発見は、１９９５年の発見以降、２００９年３月にＮＡＳＡが打ち上げたケプラー衛星によって、その数は急激に増えました。２０１８年に運用を終えるまでにケプラーは数十万個の恒星を観測し、２６００個の系外惑星を発見しています。

発見された系外惑星の中には数百の地球のような岩石惑星もあって、その中にはハッブル宇宙望遠鏡の追観測でその大気中に水蒸気が検出されているものもあります。

これらの観測結果から**銀河系の恒星のうち20〜50％には、地球のような岩石惑星がハビタブルゾーンにある**と推定されています。

ケプラーの後継機としてＮＡＳＡは２０１８年、トランジット系外惑星探査衛星（通称ＴＥＳＳ《テス》）を打ち上げました。

われわれから見て、惑星が恒星の前面を通過するとき、恒星からの光の一部が惑星にさえぎられてわずかに暗くなります。これを利用して惑星の存在を検出する方法を「トランジット法」といいますが、ケプラー衛星もＴＥＳＳもこの方法で惑星を検出します。

ケプラー衛星ははくちょう座方向の狭《せま》い領域を暗い恒星まで観測しましたが、ＴＥＳＳはケプラーよりも４００倍広い領域の12等級より明るい恒星を観測します。

観測対象は、寿命が１００億年程度以上の太陽質量程度以下の質量をもった恒星で、そのまわりを回る公転周期が2カ月以内の数千の惑星の検出をめざしていて、すでに興味深いいくつかの惑星を発見しています。

たとえば、2019年には31光年彼方の、太陽の3分の1程度の質量をもった赤色矮星グリーゼ357に3つの岩石惑星を発見しています。これらは**地球よりも1・2倍から数倍の大きさをもち、このような系外惑星は「スーパーアース」と呼ばれます。**

このうちの1つは、恒星から0・2天文単位のところを周期55・7日で回っていて、火星が太陽から受け取るのと同じ程度のエネルギーを受けており、ハビタブルゾーンの端に位置しています。質量は地球より大きいので厚い大気をもっている可能性があり、もしそうなら**温室効果によって温かい海があると考えられています。**

▼狙い目は目玉惑星プロキシマb

系外惑星上の生命について可能性があるもののひとつは、赤色矮星のまわりの惑星です。

赤色矮星は太陽質量の0・08〜0・46倍以下の質量をもつ恒星で、中心で水素の核融合反応を起こしている主系列星《しゅけいれつせい》の80％程度を占める、最もありふれた星です。その表面温度は3000度前後と低く、寿命は現在の宇宙の年齢よりもはるかに長く1000億年を超えると考えられています。

赤色矮星にも多数の惑星が見つかっています。たとえば太陽にいちばん近い恒星である**プロキ**

シマ・ケンタウリも赤色矮星です。

プロキシマ・ケンタウリは、ケンタウルス座アルファ星A、アルファ星Bと三重星をつくっています。A星は太陽の1・1倍、B星は太陽の0・907倍の質量をもち、お互いのまわりを80年程度で回っています。肉眼では1つの星にしか見えないほど近距離にあり、いちばん遠ざかるときでも40天文単位しか離れていません。

プロキシマ・ケンタウリはA星、B星から約1万5000天文単位離れていて、そのまわりを50万年程度で回っています。現在のプロキシマ・ケンタウリまでの距離は4・24光年ですが、3万年後には3光年まで近づきます。

プロキシマ・ケンタウリは太陽質量の12％程度しかなく、表面温度は絶対温度で3000度、自転周期は83・5日で赤色矮星としては遅いほうです。それはこの星が誕生からすでに50億年程度たっているからです。とはいっても、その寿命は**1兆年以上という途方もない長寿命の星**です。

プロキシマ・ケンタウリにも2013年に惑星が発見されています。この惑星は太陽質量の1・2倍前後と推定され、主星から0・05天文単位離れ、11・2日で公転しています。この惑星はプロキシマ・ケンタウリb（あるいはプロキシマb）と呼ばれています。

主星から非常に近い惑星ですが、主星が暗いため**プロキシマbが受け取るエネルギーは地球が太陽から受けるエネルギーの65％程度**です。このエネルギーのほとんどは、主星が低温であるため赤外線として受け取ります。

図61　目玉惑星プロキシマbのイメージ

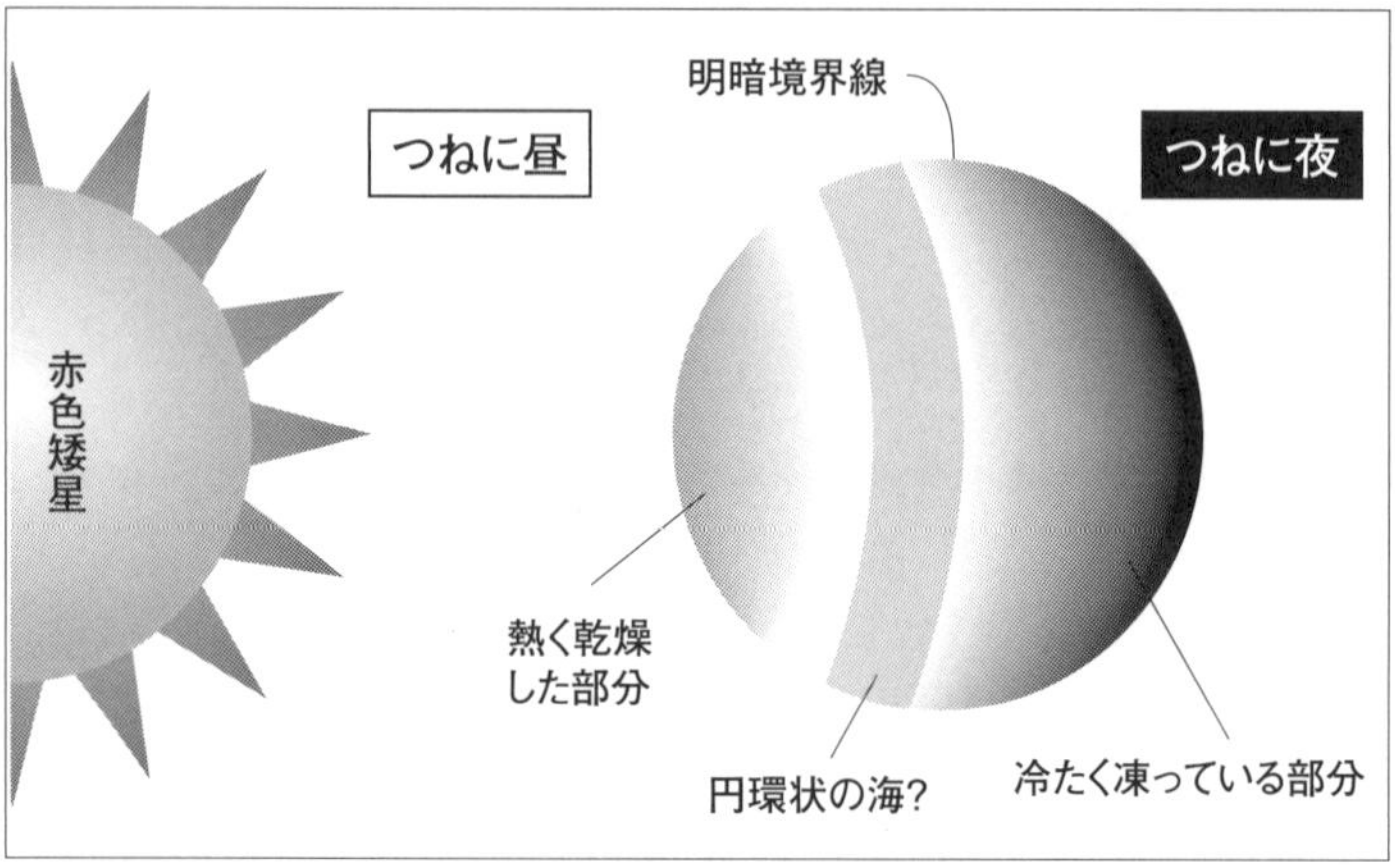

プロキシマ・ケンタウリがそうであるように赤色矮星は表面温度が低く、そのためハビタブルゾーンは恒星の近くになります。恒星近くの惑星は恒星の重力の影響を強く受けるため公転周期と自転周期が同じになり、いつも同じ面を恒星に向けることになります。たとえば、月がいつも同じ面を地球に向けているのも同じ理由です。

こうして**赤色矮星のハビタブルゾーンにある惑星はいつも同じ面を恒星に向けていることになります。惑星の半分がつねに昼、残り半分がつねに夜という**ことになります。

もし惑星が海と大気をもてば、恒星を向いた表面では海は干上がり、反対側では凍《こお》りついているでしょう。その中間に、円環状に惑星をおおっている液体の海があるのかもしれません。

遠くから見ると、**惑星はまるで目玉のように見えるため「目玉惑星」**と呼ばれています。

目玉惑星の海をはさんだ狭い領域は、生命の生存に適した環境が実現されている可能性があると考えている研究者がいます。**プロキシマｂも目玉惑星**だと考えられています。

▼太陽フレア４０００倍のＸ線が直撃

ただし、赤色矮星は一般に表面活動が活発で、頻繁《ひんぱん》にフレアと呼ばれる大規模な爆発が起こります。たとえば２０１７年３月、プロキシマ・ケンタウリで巨大フレアが起こったことがアルマ電波望遠鏡で観測されました。

プロキシマ・ケンタウリは赤色矮星としては比較的おだやかな星ですが、それでもこのフレアは太陽で過去に起こった最大のフレアの10倍もの規模でした。このときの電波強度は10秒間で通常の１０００倍にもなり、可視光では通常11等級ですが６・８等級にまで明るくなったのです。

このフレアによって、プロキシマｂは地球が太陽のフレアから受ける４０００倍ものＸ線を受けたと推定されます。

このような巨大フレアは過去何度となく起こったはずで、そのたびに強力なＸ線や高エネルギー粒子が降り注ぎ、海や大気ははぎ取られてしまっているかもしれません。

しかし地球程度の大気をもち、さらに強い磁場を惑星がもっている場合には、高エネルギー粒子の影響は少なくなります。

プロキシマｂの大気の厚さや海の深さについてはまだよくわかっていません。非常に巨大なフレアだったためかなりの影響は受けたはずで、**生命が存在するとすれば海底深くだけなのかもしれません。**

しかし地球の歴史を見ても、大量絶滅後に生き残った種は急速に進化しています。プロキシマbでも、生命はしぶとく生き延びているかもしれません。

▼新たな候補は橙色矮星の惑星

このように、赤色矮星の惑星の環境は生命にとって必ずしも最適とはいえません。そこで太陽質量の0・5〜0・8倍程度以下の恒星が注目されています。

このような星の寿命は200億〜1000億年程度と長いので、生命の進化には十分の長さがあります。この質量の範囲の恒星はその表面温度が4000〜5000度程度で、橙色《とうしょく》矮星とも呼ばれます。

橙色矮星は数も多く、主系列星の13%程度を占めています。

橙色矮星は赤色矮星よりも表面活動はおだやかで、しかもハビタブルゾーンは0・5〜1天文単位と主星からの距離も遠いので、主星のフレアの影響も少なく、生命の誕生と進化にとっては有利といえます。

橙色矮星のまわりにも惑星は発見されています。そのなかで2013年、ケプラー衛星は**約990光年彼方の橙色矮星のまわりに、地球の0・5〜2倍程度の質量をもつ5つの惑星を発見し**

ています。そのうちの2つはハビタブルゾーンにあることがわかっています。

▼植物の存在を示すバイオマーカー「レッドエッジ」

・2021年に打ち上げが予定されているNASAの口径6・5メートルの新しい宇宙望遠鏡ジェームズ・ウェッブ宇宙望遠鏡（通称JWST）
・2025年、南米チリのアタカマ砂漠に完成予定のESO《イーソー》（欧州南天《なんてん》天文台）の39メートル望遠鏡（通称E－ELT）
・2029年、ハワイのマウナケア山頂に完成予定の30メートル望遠鏡（通称TMT）

これら次世代の観測装置の目的のひとつは、**太陽の比較的近くで発見されたハビタブルゾーンにある系外惑星をくわしく調べて生命現象の兆候《ちょうこう》を探すこと**です。

生命現象の兆候のことを「バイオマーカー」といいます。

たとえば系外惑星の大気のスペクトルをとって、酸素、オゾン、メタンの吸収線、あるいはもっと直接的な証拠として**葉緑素の存在を示すスペクトルの特徴を見つける**ことです。

植物の葉は光合成に必要な波長帯の光を吸収し、必要ではない波長帯の光を反射するという性質があります。この結果、反射光は波長700ナノメートル付近以下では弱く、それ以上では強くなります。

波長700ナノメートルは赤色よりも少し長い波長（近赤外線）なので、このスペクトルの変

図62　植物の存在を示すバイオマーカー「レッドエッジ」

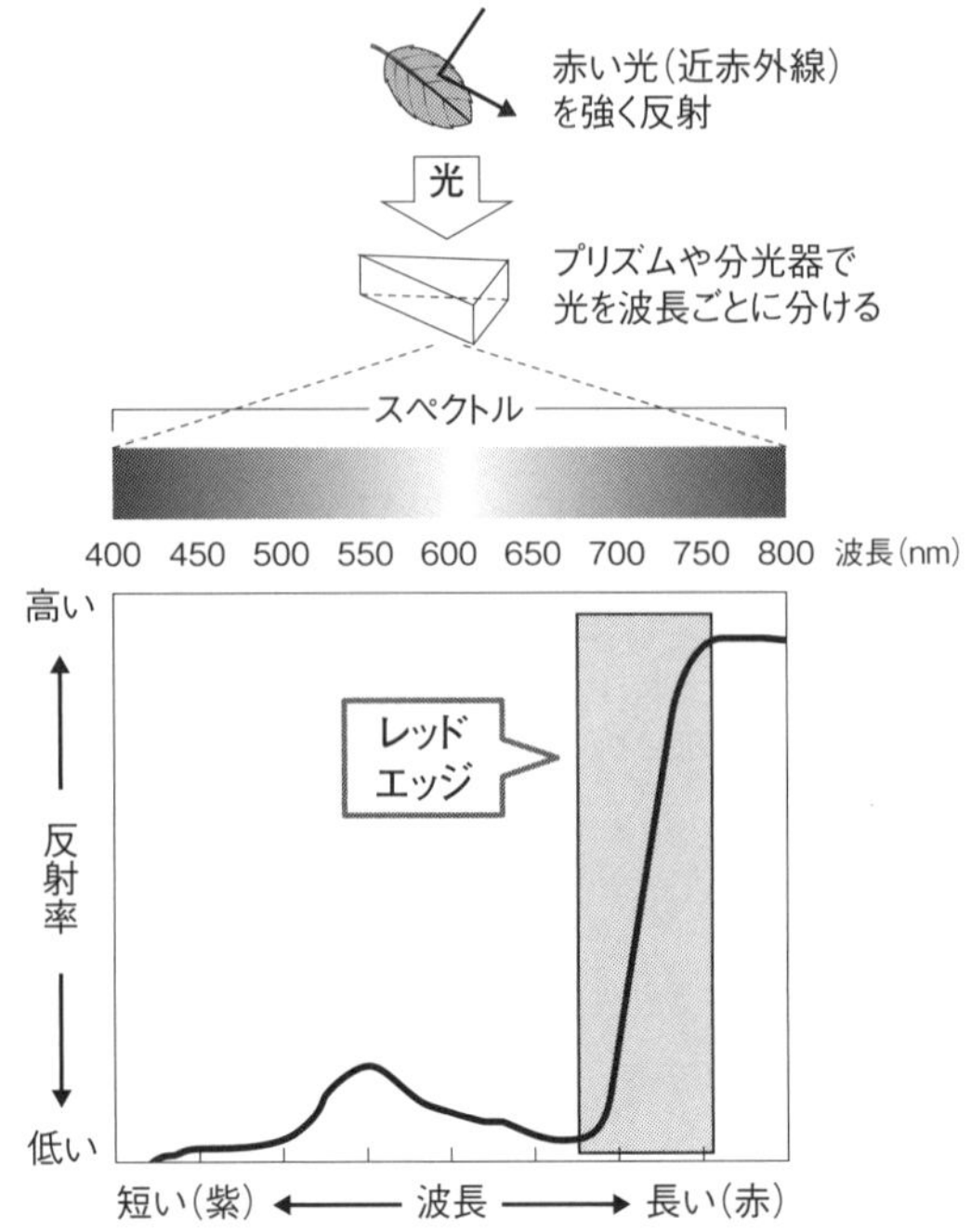

化を「レッドエッジ（赤色端）」と呼んでいます（図62）。

系外惑星のスペクトルにこのレッドエッジを発見すれば、それは植物の存在を強く示唆《しさ》しているることになるのです。

このことは以前から知られていて、実際、1924年にアメリカの天文学者ベスト・スライファーが火星のスペクトルにレッドエッジが存在していないことを発表しています。同じ観測を2020年代後半、JWST、E-ELT、TMTがめざしているのです。

これからわかる宇宙の謎

- ●木星探査機エウロパ・クリッパーによる探査
- ●エンケラドス探査衛星エルサー計画の実現
- ●ドローン型探査機ドラゴンフライによるタイタン探査
- ●NASA、ESAなどによる火星探査
- ●探査衛星TESSによるさらなる系外惑星の検出
- ●次世代望遠鏡によるバイオマーカー「レッドエッジ」の発見

ワームホールタイムマシン

タイムマシン話の2回目は、時空の抜け道ワームホールを使ったタイムマシンのつくり方をお話ししましょう。これはワームホールという道具立てを除けば、「双子のパラドックス」あるいは「浦島効果」と呼ばれる、特殊相対性理論ですでに実証されている方法を使うので、それほどわかりにくくないはずです。

▼双子のパラドックス

特殊相対性理論の最も驚くべき予言のひとつは、

「運動している時計は止まっている時計に比べてゆっくり進む」

ということです。まず、これを認めて話を進めましょう。よく特殊相対性理論は間違いだという人がいますが、特殊相対性理論の予言はすべて実験により、疑いようのない事実であることが確かめられているのです。

ここで双子の兄弟を考えてみます。本当は恋人同士のほうが話としては面白いのですが、兄弟にしておきましょう。

兄弟が20歳のとき、弟が地球に残り、兄はロケットで宇宙旅行に旅立ったとします。地球の時間で20年後に、兄の乗ったロケットが地球に戻ってきました。弟はもう40歳になっています。ところがロケットから出てきた兄は、まだ30歳にもなっていません。そんなことが本当に起こるのです。これは**ロケットの中の時間が地球の時間に比べてゆっくり進むから**と説明されます。

これがパラドックスといわれるのは、次の理由によっています。

地球から見るとロケットが運動しているように見えますが、ロケットから見れば、運動しているのは地球のほうです。したがって地球の時間のほうが、ロケットの中の時間よりゆっくり進むはずです。もしそうなら、ロケットが地球に戻ってきたとき、年をとっているのはロケットに乗っていた兄のはずでしょう。

こうして正反対の結果が得られるのです。一見、どちらの論理も正しいように見えるので、運動している時計は遅れるという相対性理論の予言は間違いであるという結論が出てきそうです。実際にそう主張する人がときどき現れます。

しかし、じつは後者の論理が間違っているのです。

▼カラクリは兄に働いた加速度

たしかにロケットから見ると、地球のほうが運動しています。もしロケットが運動状態を変えずに飛びつづけていれば、ふたりの立場はまったく対等なので、お互いが「自分の時間のほうがゆっくり進んでいる」と主張して差し支えありません。この場合、そう主張したところで、ふたりは永遠に出会うことがないので何の矛盾《むじゅん》も生じないのです。

大事なことは、**兄が地球に戻るためには、方向を反転するなどして運動状態を変えなければいけないことです。**運動状態を変えるときには加速度が働きます。加速度があるかないかは、単に見かけの違いではありません。**加速度は重力と同等ですから、兄は運動状態を変える際に、重力を受けたような状態になるのです。**そして、**重力があるときには時計はゆっくり進みます。**

それに対して地球は運動状態を変えることがないので、加速度は働かず、時計の進みはつねに一定なのです。

これが兄と弟の決定的な違いです。兄と弟の運動は対等ではなく、ロケットに乗った兄の時間のほうがゆっくり進むのです。

これはちょうど、浦島太郎が亀に乗って竜宮城に行き、数日楽しく過ごしてから帰ってみると、生まれ故郷の村ではもう何百年もたっていた、という浦島太郎の物語を思い出させます。

「じつは亀はUFOで、浦島太郎は宇宙に行っていたのだ」という人がいますが、それはまあこじつけというものでしょう。

それはともかく、この効果は実際に実験で確認されています。

まったく同じにつくられた非常に正確な原子時計のひとつを地上におき、もうひとつはジェット機にのせて何時間か飛んで戻ってきた後、比べてみると、たしかにジェット機にのせていた時計のほうがゆっくり進んでいたのです。

▼タイムマシンのつくり方

では、いよいよタイムマシンをつくってみましょう。

まずワームホールを用意します。ワームホールとは、時空の2点を結ぶ抜け道でした。時空の上を通っていくと長い時間かかるものが、ワームホールを通り抜けると一瞬のうちに着いてしまいます。したがって**ワームホールの入り口と出口は、同じ時刻でつながっている**と思ってください。この性質を利用します。

まず、ある時刻、たとえば昼の12時にワームホールの入り口と出口をそばに並べておきます。どちらが入り口でも出口でもよいので、今後は両方とも入り口と呼び、A、Bで区別しましょう。

さて、入り口Aはそのままにしておいて、入り口Bを光の速さに近い速度で動かします。ある程度動かした後、運動方向を反対にして元の位置に戻します。

すると、双子のパラドックスと同じ状況が起こり、運動していた入り口Bにあった時計はゆっくり進むので、**戻ってきたときには違う時刻をもった2つのワームホールの入り口が並ぶ**ことになります。たとえば12時間後、入り口Aの時計は24時で、運動して戻ってきた入り口Bの時計はまだ15時としましょう。

ここで、入り口Aの近くにいた人が、23時に隣の入り口Bに出かけていって、その中に飛び込んだとします。話を簡単にするため、隣の入り口Bに着いた時刻をその人の時計で24時とします。Bに行くまでに1時間かかったわけです。

ところが隣の入り口の時刻はまだ15時なので、ワームホールを通り抜けた先も15時になっています。ワームホールを通り抜けた先とは、元の入り口Aです。

こうして**23時に出発した人は、元の場所に15時に着くことになる**わけです。これぞまさしくタイムマシンです。

この話でわかるように、この方法ではワームホールの2つの入り口をそろえた時刻より過去には戻れません。これは、大昔にどこかの宇宙人がワームホールを用意していたと考えれば解決しますが、そこまでくると物理ではなくもはやSFの世界です。

しかし、これでタイムマシンが完成したと思うのは早計です。

問題はワームホールです。**時空を素粒子よりも小さなスケールで見ると、**多くの研究者は**ワームホールがうようよ存在している**と考えています。とはいえ、**人間が通り抜けられるようなワームホールをつくれる保証はどこにもない**のです。むしろ、悲観的な研究者が圧倒的です。

しかし、科学の真理は多数決にないこともまた明らかなので、現在のところタイムマシンができるかどうかは、まだわからないといったほうがよいでしょう。

第7章　観測が解き明かす宇宙の姿

宇宙の距離を測るテクニック

▼底辺が3億キロの巨大三角測量

天文学でいちばんむずかしく、かつ最も基本的で重要な問題は、意外に思うかもしれませんが「天体までの距離を求めること」です。月までの距離は約38万キロメートルですが、この距離が正確に測れるようになったのは、1960年代です。この当時、無人あるいは有人の探査衛星を月に送り込む計画が実行され、月までの距離を正確に測る必要があったのです。

月に人間を送り込んだ「アポロ計画」では、宇宙飛行士が月に反射盤を置いてきました。その反射盤めがけて地球からレーザービームを発射すると、反射盤で跳《は》ね返って地球に戻ってきます。レーザー（光）の速度は秒速30万キロメートルとわかっていますから、発射してから戻ってくるまでの時間を測って、月までの距離を数メートルの誤差で測ることができたのです。金星や火星までの距離も、同じ方法で、やはり数メートルの誤差で求めることができます。

ところが太陽系外の天体までの距離を測ることは、そう簡単ではありません。太陽からいちばん近い星までの距離は、光速でも3年以上もかかるのです。そんな遠くまでレーザーは届きません。では、どうやって遠くの星までの距離を測るのでしょう。

とてつもなく複雑な方法が使われていると思うかもしれませんが、じつはきわめて原始的な方法が使われているのです。もちろん、使う道具は原始的なものではありませんが、原理は簡単です。

片目を閉じて歩くととても歩きにくいのは、遠近感がなくなるからです。**遠近感を感じるのは、右目で見たときの方向と左目で見たときの方向がわずかに違うからです。近くのものはその違いが大きく、遠くのものほど違いが小さくなります。**人間は両目で見ることによって、距離の見当をつけているのです。

この方法は、三角測量と呼ばれます。三角形の1辺とその両側の角度がわかれば、高さがわかることと同じ原理だからです（図63）。1辺の長さを固定すれば、遠くのものほど高さの高い二等辺三角形ができます。また、底辺の両端から見た方向の差が小さければ小さいほど、頂点は遠くにあることになります。

星までの距離を求めるにも、この三角測量が使われるのです。この場合には底辺の長さを非常に長くしなければなりません。なぜなら星までの距離は非常に遠いので、短い底辺をもった二等辺三角形を考えると、底辺の両端から見た方向がほとんど同じになって距離を測定できなくなるからです。**遠くの距離を測るには、底辺を長くとって、しかも角度を正確に測らなければなりません。**

図63　遠くの星の距離の測り方

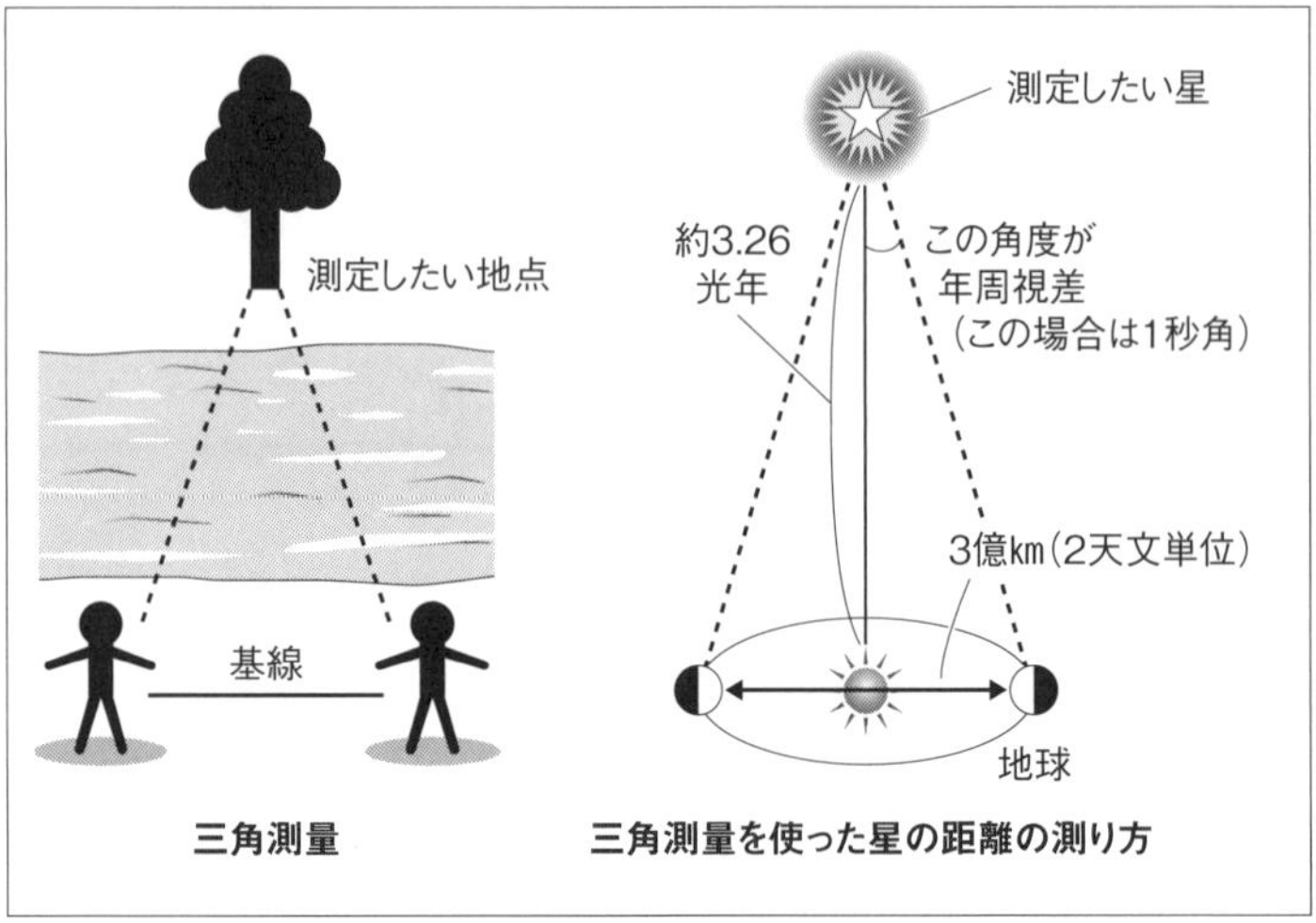

そこで利用されるのが、太陽のまわりの地球の公転運動です。

同じ星を春と秋に観測すると、星の見える方向が違って見えます。太陽と地球の平均距離は約1億5000万キロメートルですから、春と秋の地球の位置は約3億キロメートル離れていることになります。**底辺が3億キロメートルの二等辺三角形を考えるわけです**。この角度を年《ねん》周視差《しゅうしさ》といいます。

より正確な角度をいうときは「度・分・秒」という細かい単位を使います。1度角の60分の1が1分角、1分角の60分の1が1秒角です。月の見かけの直径（視直径）は0・5度＝約30分角です。

0・1秒角というのは、地上から月面上の100メートルくらいの長さを見たときの角度です。**春と秋とで見える位置が0・1秒角違う星**

までの距離は、約60光年となります。

現在、電波望遠鏡の観測では10マイクロ秒が達成されています。1マイクロ秒は100万分の1秒です。10マイクロ秒とは、精度は月面においた1円玉を地球から見たときの大きさです。

最近ではより精度のいい観測ができるようになって、**1000パーセク（3260光年）程度彼方の星までの距離を三角測量で測ることができます。**

▼星の明るさから推定する

それではもっと遠くの星までの距離は、どうやって測るのでしょう。それには次のような方法が用いられています。

夜空の星の大部分は、太陽のようにその中心部で水素の原子核がヘリウム原子核になる核融合反応（235ページ図45参照）の際に放出される莫大《ばくだい》なエネルギーによって輝いています。そのような主系列星《しゅけいれつせい》に対しては、その表面の温度と放出されるエネルギーの間には、経験的にある一定の関係があることが知られています。

表面の温度は星の色を見ればわかります。**白っぽい星は1万度程度の高温、黄色い星は数千度、赤い星は3000度程度の温度**です。太陽の表面温度は約6000度で黄色い星です。

星の色がわかって温度が推定されると、その星が放出しているエネルギーがわかります。その星が放出するエネルギーは、その星が本来どのくらい明るく輝いているかということです。星のエネルギーの一部が地球に届くわけですが、遠くにある星ほどわずかなエネルギーだけが届くので暗く観測されることになります。

実際に観測される明るさのことを「見かけの明るさ」といい、本来の明るさが明るくても遠くにある星ほど「見かけの明るさ」は暗くなります。

このことを逆に使って、本来の明るさをなんらかの方法で見積もることができれば、「見かけの明るさ」からその星までの距離がわかります。**主系列星では、星の色から本来の明るさがわかるのです。**この方法を使って、**約15万光年までの距離が推定されています。**

さらに遠くの距離を測るためには主系列星よりも明るい星を使えばよいのですが、これはそう簡単ではありません。いろいろな星団の中の星でいちばん明るい星は、本来の明るさも同じであるという仮定をしたりします。しかし、星団をつくったもともとの星雲の化学組成が違うので、できる星に含まれる元素の組成も違います。すると、星の明るさも違ってくるのです。

こうしてこの方法で測る距離は不確かになるので、より正確に距離を測る方法が必要になります。

▼銀河の距離測定にはセファイド型変光星

われわれの銀河系の大きさは10万光年程度ですが、われわれの銀河系とよく似た構造をもったアンドロメダ銀河までの距離は約250万光年と見積もられています。宇宙にはさらに遠くに無数の銀河が存在します。そのような遠い銀河までの距離は、どうやって測るのでしょう。

距離を測る方法の基礎は「本来の明るさが同じものでも、遠くにあれば暗く見える」ということです。したがって、その本来の明るさを推定できる天体があれば、それを探し出して「見かけの明るさ」を測ればよいのです。このために利用されるのがセファイド型の変光星です。

変光星というのは、ある周期で明るさが変化する星のことです。変光星にはいくつかの種類がありますが、**セファイド型変光星は星が周期的に膨《ふく》らんだり縮んだりすることによって、その明るさを変える変光星**です。膨らむと表面積が増えるのでエネルギーがたくさん宇宙空間に放出されて明るくなり、縮むと暗くなるのです。

セファイド（Cepheid）というのは星座の名前で、ケフェウス（Cepheus）座ともいいます。ケフェウス座で最初に見つかった変光星なのでセファイド型と呼ばれるのです。**北極星はセファイド型変光星**です。

20世紀の初め、アメリカの女性天文学者リービットは、小マゼラン星雲の中に25個のセファイド型変光星を発見して、変光の周期が長いほど「見かけの明るさ」が明るいことに気がつきました。

これらの変光星はどれも小マゼラン星雲にあるので、地球からの距離はほぼ同じと考えることができます。したがって「見かけの明るさ」の違いは、本来の明るさの違いによるものです。こうして**セファイド型変光星は、変光周期が長ければ長いほど本来の明るさが明るい**ことが発見さ

図64　銀河の距離を測るセファイド型変光星

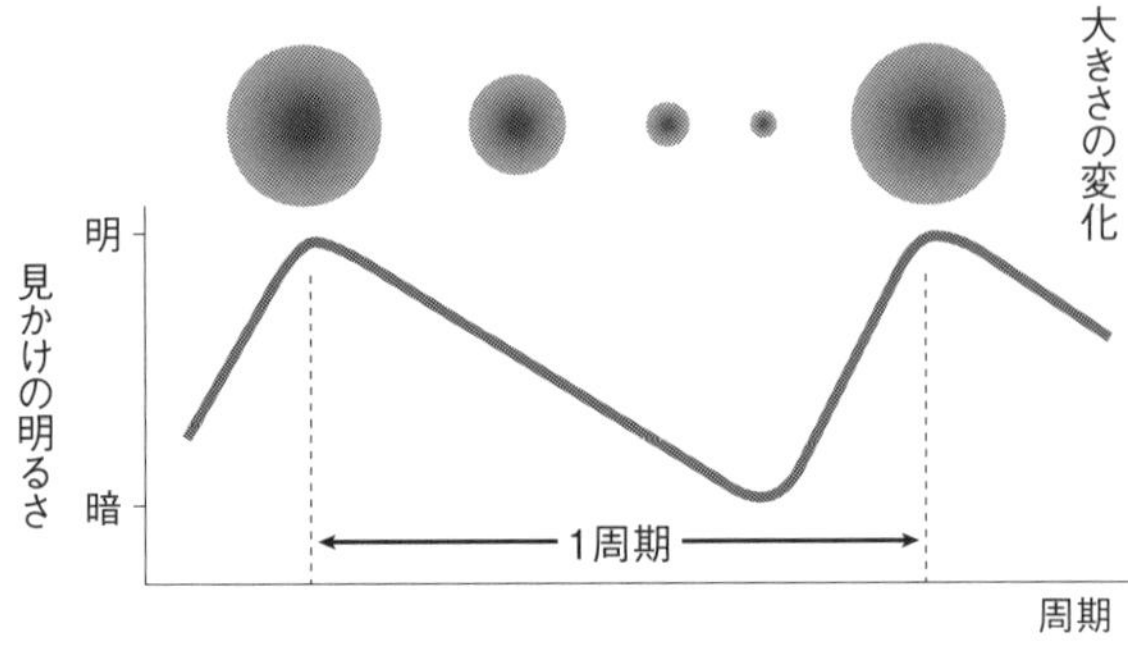

見かけの明るさが周期的に変わる
変光周期が長いほど、本来の明るさが明るい星

れたのです（図64）。

あとは年周視差などの方法で直接、距離を測ることのできるセファイド型変光星を探して、変光周期と本来の明るさの関係を決めればよいのです。

セファイド型変光星は太陽の10万倍も明るくなるものもあるので、遠くの銀河にあるセファイド型変光星も見つけることができます。

ハッブル宇宙望遠鏡では、３０００万光年彼方の銀河の中にセファイド型変光星を発見しています。

▼30億光年先が測れる超新星

セファイド型変光星が見えないような遠くの銀河までの距離は、どうやって測るのでしょう。そのためには、セファイド型変光星よりももっと明るい天体を使わなければなりません。そこで登場するのが超新星です。超新星の明るさは銀河全体の明るさにも匹敵《ひってき》するので、宇宙の果てにある銀河の中で超新星が現れたとしても、観測することができるのです。

超新星は星の最期の大爆発のことですが、いくつかの種類があります。そのなかでも特に距離を推定するのに使われるのは「Ⅰa《いちエー》型超新星」と呼ばれるものです。このタイプの超新星は、白《はく》色矮星《しょくわいせい》が大爆発を起こすことによって現れます。

白色矮星というのは、太陽程度の質量の星が内部の核燃料を使い果たして燃えることができなくなり、地球程度に小さくなった燃えかすの星です（２４３ページ図48参照）。

この白色矮星と太陽よりもはるかに大きな星が連星《れんせい》系をつくっていて、大きな星から物質が白色矮星に降り積もると、降り積もった物質が熱くなって核反応を起こして爆発し、それが引き金となって白色矮星全体を吹き飛ばす大爆発を起こします。

このように爆発のメカニズムがわかっているので、放出されるエネルギーをほぼ正確に評価できて、本来の明るさがわかるのです。

超新星を使うと、30億光年程度先の銀河の距離を測ることができます。

▼銀河の距離を測れば宇宙膨張がわかる

そもそも遠くの銀河までの距離を測るのはなぜでしょう。それは宇宙の膨張の様子を知るためです。

図65　光のドップラー効果

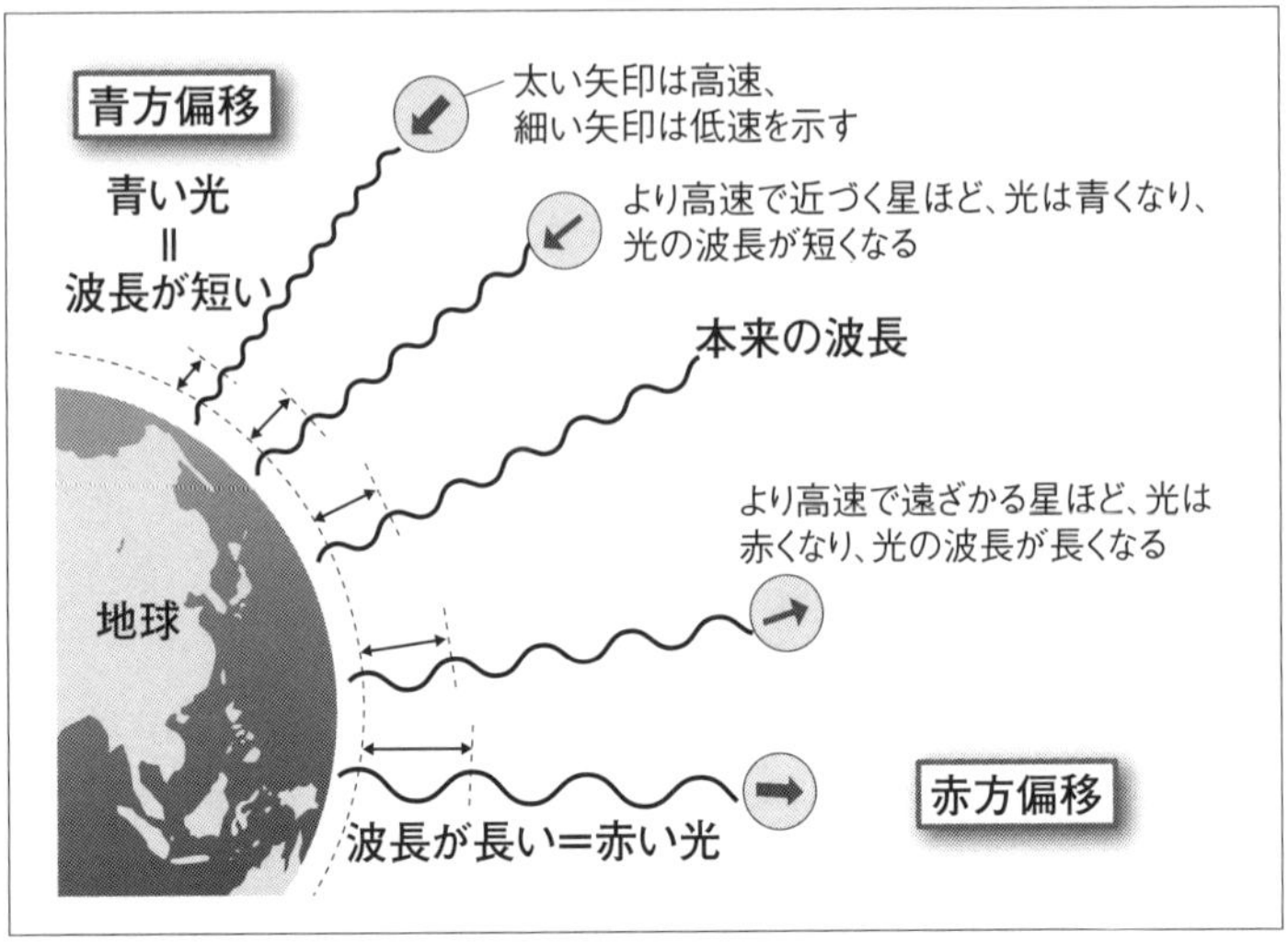

青方偏移
太い矢印は高速、
細い矢印は低速を示す
青い光
＝
波長が短い
より高速で近づく星ほど、光は青くなり、
光の波長が短くなる
本来の波長
より高速で遠ざかる星ほど、光は
赤くなり、光の波長が長くなる
地球
赤方偏移
波長が長い＝赤い光

1920年代にアメリカの天文学者ハッブルが発見したのが、先に述べた「遠方の銀河ほど速い速度で遠ざかる」ことでした（42ページ図6参照）。どの銀河から見ても、ほかの銀河はその距離に比例した速さで遠ざかっているのです。

銀河が遠ざかる速さは、その銀河からの光の波長がどのくらい伸びているかを測るとわかります。

音は波長が短ければ高く、長ければ低く聞こえます。音源が近づいてくるとき音の波は圧縮されて波長が短くなり、遠ざかるときは引き伸ばされて波長が長くなるのです。

これを「ドップラー効果」といい、音だけでなく光の場合も同じことが起こります（図65）。近づいてくる光源から受け取る光の波長は短くなり、遠ざかる光源から受け取る光の波長は長くなります。**短い波長（＝近づいてくる）の光は青く、長い波長（＝遠ざかる）の光は赤く見えるので、「青方偏移《せいほうへんい》」「赤方《せきほう》偏移」と呼ばれます。**本来の波長からのずれが大きければ大きいほど、遠ざかる速さ、あるいは近づく速さは速くなります。

しかしハッブルの時代には、比較的近い銀河までの距離しかわかっていませんでした。したがって宇宙膨張が本当に正しいことを示すには、なるべく遠くの銀河の距離を正確に測ることが必要なのです。遠くの銀河までの距離がわかると、膨張の速さが距離とともにどのように変わっていくかもわかります。

宇宙膨張は、宇宙の中に含まれている物質（ダークエネルギー以外の物質）の重力によって減速されると考えられています。ということは、過去にいけばいくほど膨張の速度は速かった、ということです。遠くの銀河から出た光は長い時間かかってわれわれに届くわけですから、遠くの銀河ほど過去の姿を見ていることになります。要するに、**遠くの銀河を観測すれば、宇宙の過去の膨張の速さを測ることができる**のです。

宇宙の膨張の速度がどのように変化していくかがわかれば、過去にさかのぼって宇宙が一点に縮むまでの時間を見積もることができます。現在の宇宙の年齢を見積もることができるのです。

また現在までの膨張の様子がわかると、将来の膨張の様子が予想できて、宇宙が永遠に膨張するのか、あるいはいつか膨張を止めて収縮に転じるのかを決めることができるのです。

重力が生み出す観測テクニック——重力レンズと重力波

▼2つのクェーサーの正体

アインシュタインが生まれてちょうど100年たった1979年、天文学者をあっと驚かせる大発見がありました。

宇宙の果てに存在していて、われわれの銀河系の100倍以上ものエネルギーを出しているのがクェーサーです（197ページ参照）。全天で10万個にもおよぶクェーサーが発見されていますが、その中に0957＋561A、0957＋561Bと呼ばれる2つのクェーサーがあります。0957＋561というのは天球上の座標で、おおぐま座の近くです。

これら2つのクェーサーはほとんど同じ方向に見えるばかりか、赤方偏移もまったく同じなので、地球からの距離も正確に等しいことがわかっています。

1979年、これらのクェーサーからの光を無数の波長に分けてくわしく観測してみると、じつは**この2つのクェーサーは同じ天体であることがわかった**のです。

波長ごとに光を分けることを分光、波長ごとの光の強さの分布をスペクトルといいます（312ページ図62参照）。分光をしてスペクトルをとると、そのなかに多数の特に明るい波長の光

（輝線）や暗い波長の光（吸収線）があります。それらはその天体に含まれる特定の元素から放出されたり吸収された光です。また、その天体の温度や密度もわかります。

要するに、**スペクトルは天体の指紋のようなもの**です。スペクトルが一致すれば、同じ天体と考えてよいのです。

▼銀河が重力レンズとなる現象

同じ天体が2つに見えることが可能でしょうか？　じつはこのような現象は、その半世紀以上も前に予言されていました。

1915年、アインシュタインはニュートンの重力理論に代わる新たな重力理論、一般相対性理論を提唱しました。その予言のひとつは、**重力によって光はその進路を曲げる**ことでした。たとえば遠くの星からの光は、太陽のそばを通ると太陽の重力のためにわずかに曲げられて、本来見える天球上の位置からわずかにずれて見えます。このことは1919年、イギリスの天文学者エディントンによって確かめられました。

エディントンは、日食のときに太陽の近くに見える星の位置を精密に観測して、星の位置が本来の位置からわずかにずれていて、そのずれが一般相対性理論の予言に一致することを確かめたのです。さらにエディントンは、もし重力がもっと強ければ、遠方の星の像は2つに見えるかもしれないと考えました。

図66　重力レンズ

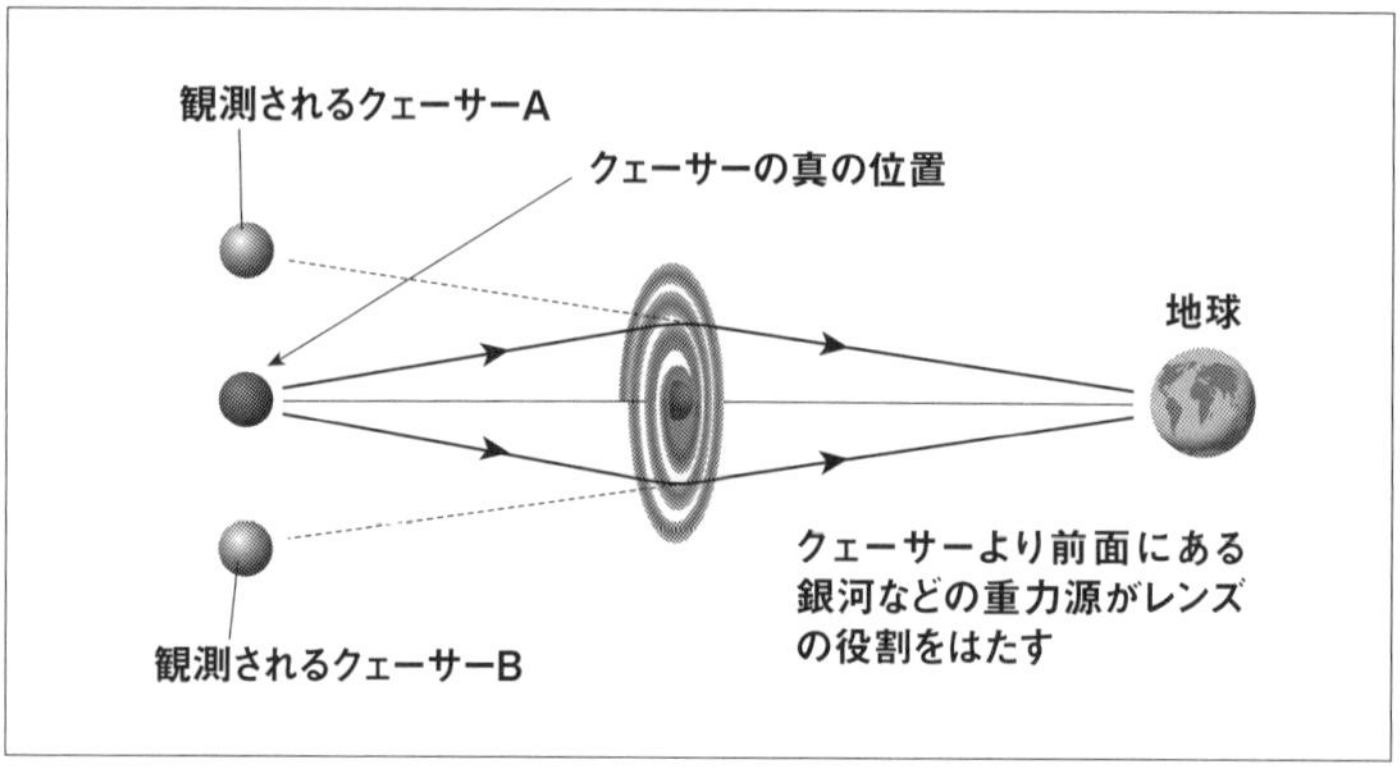

重力がレンズの役割をして、ひとつの天体からの光を曲げて一般に複数個の虚像をつくる現象を「重力レンズ」といいます（図66）。０９５７＋５６１Ａ、０９５７＋５６１Ｂはクェーサーを光源にして、クェーサーとわれわれの間にある銀河がレンズの役割をしている重力レンズの像だったのです。

重力レンズを起こすためには、光源になる天体とレンズになる天体、そしてわれわれの銀河がほぼ一直線上に並ばなければなりません。アインシュタインは重力レンズが起こる可能性に気がついていましたが、現実にはそう都合のよいことはほとんど起こりそうもないので、重力レンズは観測できないと考えていました。

ある天文学者は重力レンズを探すことを、たくさんのクローバーの中から四つ葉のクローバーを探すようなものだといいました。不思議なことに、四つ葉のクローバーとよく似た、１つの銀河が４つのイメージに見えている重力レンズも発見されているのです。

れています。

▼宇宙の将来も予測できる

０９５７＋５６１Ａ、０９５７＋５６１Ｂの発見以降、さまざまな種類の重力レンズが発見されています。

たとえば遠方の銀河とレンズの役割をする銀河、そしてわれわれが、限りなく一直線上に並んでリング状の像をつくっている重力レンズが、１９８７年に見つかっています。このような像を「アインシュタインリング」と呼んでいます。

アインシュタインリングは、光源、レンズ天体、そしてわれわれの位置関係が単純なので、レンズ天体の質量を比較的容易に決定することができます。

また１９８５年に、遠方の銀河の像が手前の銀河団（銀河の集団）によってアーク状に引き伸ばされた重力レンズも発見されました。

複数像をつくったり、巨大なアーク状にゆがんだ像をつくる重力レンズ現象は「強い重力レンズ」と呼ばれます。それに対して、わずかに像がゆがむ程度の「弱い重力レンズ」現象も考えることができます。弱い重力レンズ現象は、遠方にある多数の銀河の形のわずかなゆがみは銀河団によるものとして、１９８８年に観測されました。

このわずかなゆがみから、銀河団がどのくらい重いかを評価することができます。

銀河や銀河団には光を放出しない大量のダークマター（暗黒物質）が含まれていると考えられていますが、光を出さないため容易には観測することができません。ダークマターは光を出さなくても質量をもっているので、光を曲げることには寄与《きよ》します。こうして**重力レンズで質量を見積もると、ダークマターがどれだけあるかもわかる**のです。

宇宙の中にどれだけダークマターが含まれるかは、宇宙の膨張の様子に重大な影響を与えます。ダークマターがある程度以上あると、その重力のため現在の宇宙膨張は引き止められて、そのうち収縮に転じるのです。**ダークマターの量を正確に見積もることは、宇宙の将来を決めることでもある**のです。

現在の観測では、ダークマターは宇宙の膨張を引き止めるほどには存在しないことがわかっています。

▼「アインシュタイン最後の宿題」

２０１５年、宇宙への新しい窓が開きました。アメリカの重力波望遠鏡ＬＩＧＯ《ライゴ》が13億光年彼方で起こったブラックホールの合体からの重力波を検出したのです。

重力波とは、１００年ほど前、アインシュタインがその存在を予言した現象です。１９０５年の特殊相対性理論から10年間の試行錯誤《さくご》ののち、アインシュタインが完成させた新しい重力理論が一般相対性理論です。

それまでの重力理論は、17世紀にニュートンが発見した万有引力の法則です。この理論では、たとえば地球が太陽のまわりを回っているのは、太陽のつくる重力に引っ張られているからです。

図67　時空の曲がりのイメージ

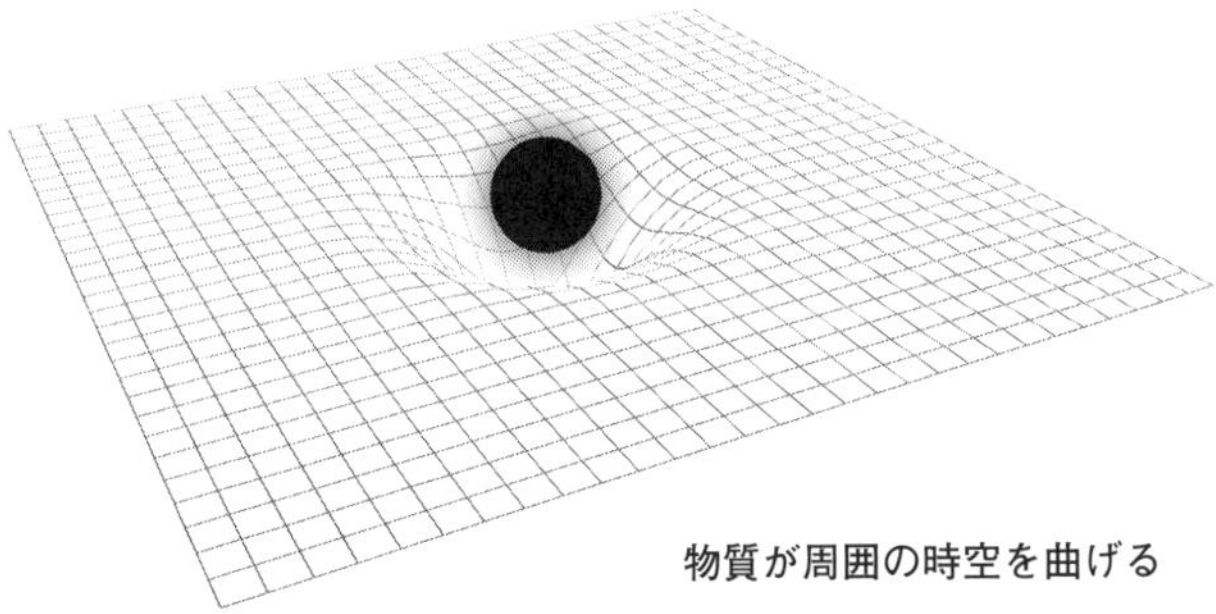

そして、重力の強さは太陽の質量に比例します。

正確には地球と太陽はお互いの重力で引っ張りあっているのですが、太陽の質量のほうが地球よりはるかに大きいので、地球が太陽を引っ張る重力はほとんどの場合無視できます。

それに対してアインシュタインは、**地球が太陽のまわりを回るのは太陽の質量がまわりの空間をへこませるから**だと説明します（じつは時間と空間を一緒にした４次元時空が曲がるというほうが正確です）。へこみ具合はその天体の質量に比例していて、したがって地球のまわりの空間のへこみはごくわずかです。

このように一般相対性理論では物質とまわりの空間は密接に関係していて、空間のへこみこそ重力だと考えるのです。

したがって、**物質がなくても空間がへこんでいるだけで重力が生まれます。すると天体が運動すると、まわりの空間もその運動によって運動する**ことが考えられます。

これは「天体のエネルギーが空間の運動に変化した」ためです。ニュートンでは考えられなかったこのような現象が、アインシュタインの重力理論では起こるのです。そしてそのエネルギーは空間の振動となって無限に伝わっていくことになります。

空間の振動というのは、伝わる方向に垂直な空間の長さが伸びたり縮んだりすることです。この空間の振動が水面《みなも》に立った波のように伝わっていく現象が重力波です。

アインシュタイン自身、重力波が存在することを予想しましたが、けっして観測できないだろうと考えていました。それは空間の振動の大きさがごくごく小さいからです。

たとえば10トンの重りを長さ10メートルの棒の両端につけて振り回しても、その運動によって空間が振動して重力波ができます。その振幅は、1秒間に10回振り回すとすると、1光年の長さ(9兆5000億キロメートル)が10^{-26}ミリメートル変化する程度しか空間は振動しません。原子の大きさは、10^{-7}ミリメートルくらいですから、その1兆分の1のそのまた1万分の1です。

しかし天体のような莫大な質量が超高速で運動すれば、話は別だと思うかもしれません。たとえば数万光年彼方で太陽質量程度の中性子星《ちゅうせいし》が合体したときに放出された重力波を地球で観測すると、その重力波の振幅は10^{-21}程度、これは太陽と地球の平均距離である1天文単位(1億5000万キロメートル)をたった原子1個分だけ変化させる程度に相当します。

これではアインシュタインでなくても、そんな小さな変化を観測できるはずがないと思うでし

図68　パルサー

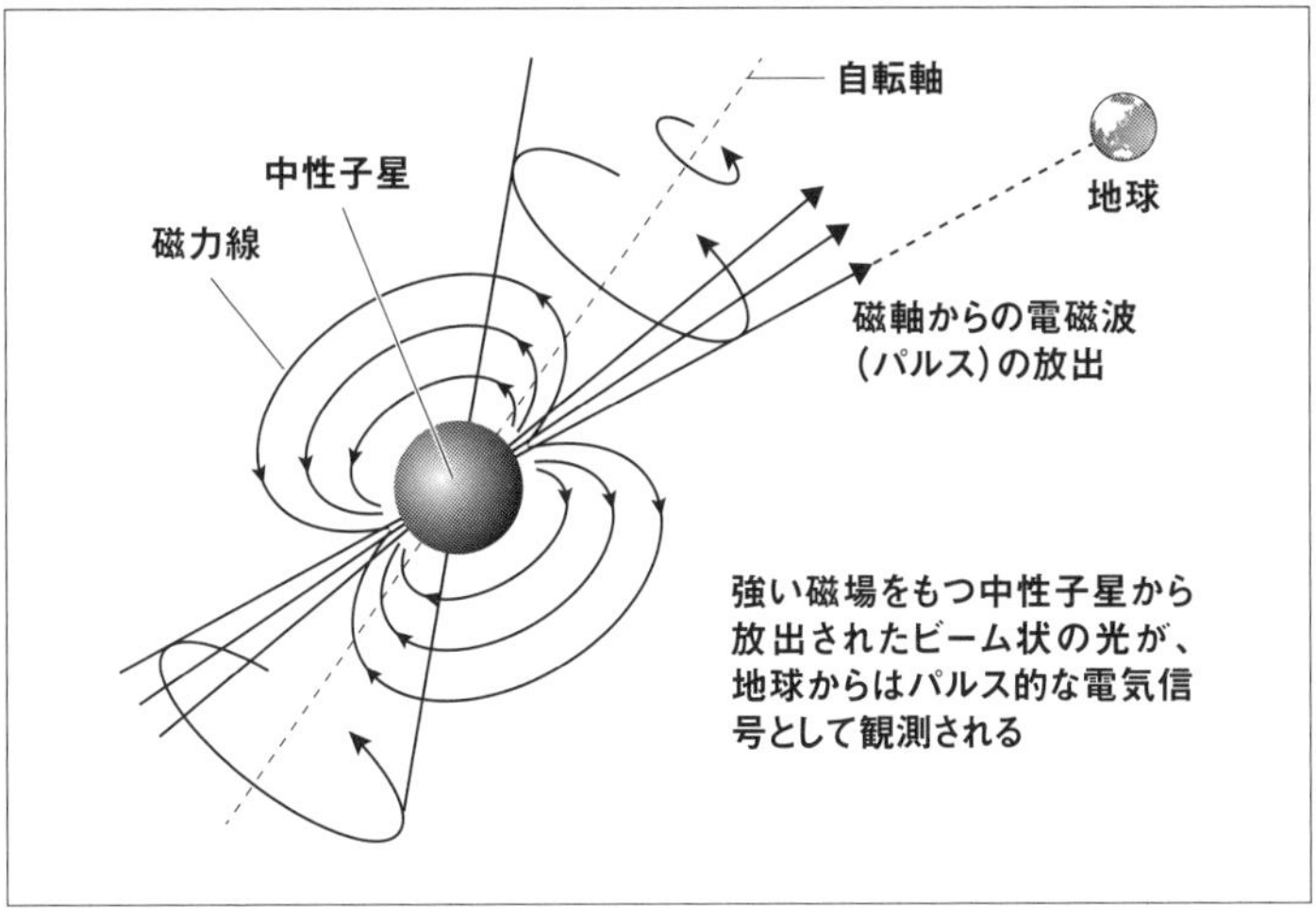
自転軸
中性子星
地球
磁力線
磁軸からの電磁波
(パルス)の放出
強い磁場をもつ中性子星から
放出されたビーム状の光が、
地球からはパルス的な電気信
号として観測される

よう。なかなか観測されないため、重力波の直接検出は「アインシュタイン最後の宿題」ともいわれた予言でした。

ところが重力波の存在は、１９７０年代後半にはすでに確認されているのです。

▼連星パルサーからの重力波

１９７４年、マサチューセッツ工科大学の大学院生だったラッセル・ハルスは、プエルトリコにある当時世界最大の大きさの電波望遠鏡で、パルサーを見つけるという研究をしていました。

パルサーはごく正確な間隔でパルス的な電波信号を送っている天体です（図68）。パルサーは１９６７年に発見されたばかりで、その正体が高速で回転する中性子星ということはわかっていましたが、当時はなるべくたくさんのパルサーを探してその性質を調べようとしていたのです。

ところがハルスはとてもパルスの周期が一定ではない不思議なパルサーを見つけたのです。指導教官だったジョセフ・テイラーに連絡してよりくわしく観測した結果、そのパルサーはもう1つの中性子星と連星をつくっているため、パルスが周期的に変わることを見つけました。

パルサーとパルサーではない連星（連星パルサー）の初めての発見でした。

そうとわかれば、パルサーの周期が一定であることを利用して、連星の運動を正確に知ることができます。

それによるとパルサーの質量は太陽質量の1・441倍、もう1つの中性子星の質量が太陽質量の1・378倍で、お互いのまわりを、いちばん遠いときが太陽半径の4・5倍、いちばん近いときが太陽半径の1・1倍という楕円《だえん》軌道で、7・75時間で回っていることがわかりました。

これだけでも大きな発見でしたが、数年間観測をつづけた結果、お互いの距離が1年間に3・5メートルだけ短くなっていて、3億年後には合体することがわかったのです。

連星の軌道運動によってまわりの空間が振動し重力波となってエネルギーを運び去るため、軌道半径が徐々に小さくなり、軌道周期も短くなっていくのです。

軌道運動を正確に知ることができたおかげで、一般相対性理論を使うと連星パルサーの運動から放出される重力波が持ち去るエネルギーが正確に計算できます。この計算結果と観測される連星パルサーの軌道の変化がピタリと一致したのです。

こうしてこの連星パルサーが重力波を出していることがわかり、間接的に重力波の存在が確認されたのでした。ハルスとテイラーはこの発見によって、1993年ノーベル物理学賞を受賞しました。

重力波望遠鏡LIGOの凄腕

▼アルミ筒でできた最初の重力波検出器

すでにその存在が確認された重力波ですが、重力波を直接検出しようという試みは古く1960年代からはじまっています。当時はだれひとり重力波を直接観測するなど考えてもいませんでした。そんななかでアメリカの物理学者ジョセフ・ウェーバーはたったひとりで重力波検出の実験をはじめたのです。

ウェーバーのつくった検出器は、直径1メートル、長さ2メートル、重さ1・5トンほどの大きなアルミの筒《つつ》をワイヤーでつるしたものでした。ワイヤーでつるしたのは地面からの振動を遮《しゃ》断《だん》するためです。重力波がやってくると、このアルミの筒が変形し、筒に張りつけた変形を感知するとと電気信号を出すセンサーでその変形を検出しようとしたのです。

ワイヤーでつるしても地面の振動は完全には遮断できず、ある程度の振動は伝わります。そのたびにセンサーは信号を出すわけですが、重力波の信号は微弱で区別できません。

重力波の信号を取り出すために、ウェーバーは同じ装置を1000キロ離れた場所に置きました。同じ信号が1000キロメートル離れた場所で同時に起こる確率は非常に小さいでしょうが、重力波は光速で伝わるため2台がほぼ同時に同じ信号を出せば、それは重力波だとするのです。

1969年には「銀河中心方向からの重力波を検出した」と発表して全世界に衝撃を与え、日本の新聞にも載るほどでした。が、彼の装置の感度では大きすぎる信号だったので、この発見は間違いだったと思われています。

しかしウェーバーの挑戦的な研究に刺激を受けたことや、重力波の直接観測によってしか観測できない天体現象があることなど、重力波を直接観測しようとするグループが日本をふくめて世界中で出てきました。

たとえばブラックホールの観測がそうです。ブラックホールは文字どおり光さえ吸い込む時空の穴なので、その本体は通常の天文学で用いられる電磁波では観測できません。

観測できるのは、ブラックホールのまわりで起こる現象だけです。ブラックホールシャドウも周囲の電波からブラックホールを浮かび上がらせたものです。その現象からブラックホール本体

図69　レーザー干渉計（重力波望遠鏡）のしくみ

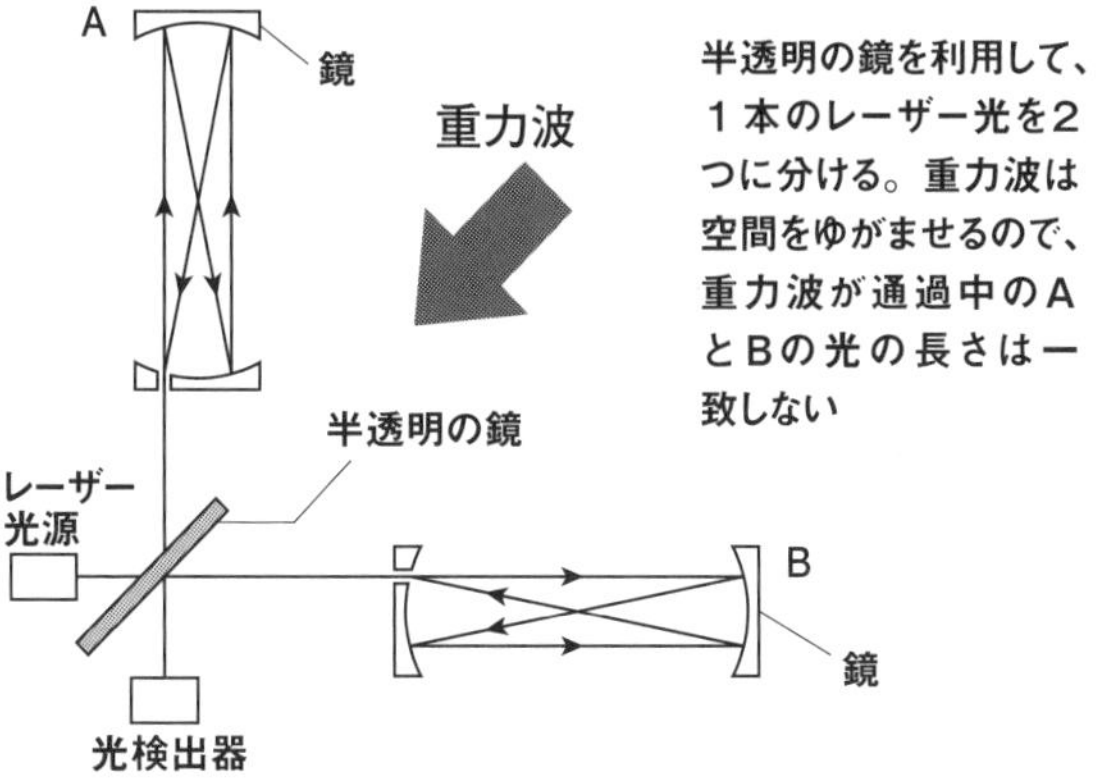
A
鏡
重力波
半透明の鏡を利用して、1本のレーザー光を2つに分ける。重力波は空間をゆがませるので、重力波が通過中のAとBの光の長さは一致しない
半透明の鏡
レーザー光源
B
鏡
光検出器

の性質を推測することはできますが、それはやはり推測にすぎません。

ブラックホール自身が振動したときにつくる重力波を検出することでしか、ブラックホール本体を観測することができないのです。

また、宇宙がはじまったときに出てきた重力波を検出すれば、宇宙がどのようにはじまったかがわかるのです。こうして重力波の直接検出に向けた研究が１９７０年代からはじまりました。

▼人類が達成した最も精度の高い実験装置

この研究の過程で検出器としてはウェーバーの用いた方法ではなく、レーザー干渉計というまったく別の方法が採用されるようになりました。

レーザー干渉計というのは、単一波長であるレーザー光を半透明の鏡で2つに分けて、分かれた光のそれぞれの経路上に鏡を置いて反射させて戻ってきたとき、再び1つの光に重ね合わせる装置です（図69）。2つに分かれた光の経路を干渉計の腕といいますが、腕の長さが正確に同じなら、戻ってきた光を重ね合わせると元の光に戻ります。

重力波が干渉計を通過すると、1本の腕の長さがほんのわずかに伸び、もう1本の腕の長さがほんのわずかに短くなることをくり返します。すると2本の腕を往復して戻ってきて重ね合わされたレーザー光は完全には元の光に戻らず、明るくなったり暗くなったりするでしょう。

実際には重力波による腕の長さはごくごく小さいのでレーザー光は各々の腕の中で何百回も往復してから重ね合わされます。この違いをもとにしてどんな重力波がやってきたかを推定するのです。

もちろん地面振動などの重力波以外の原因で、レーザー光は完全に一致しないことがあるので、綿密な振動対策が必要です。さらにウェーバーがそうしたように同じ観測装置を離れた場所に置いて、重力波以外の振動を区別しなければなりません。

このような干渉計を使った重力波望遠鏡は1970年代からつくられていて、1990年代から本格的に重力波検出をめざした計画がはじまりました。それがアメリカのＬＩＧＯ（Laser Interferometer Gravitational Observatory）計画です。

１９９７年、腕の長さ4キロメートルの重力波望遠鏡2台が完成し、ルイジアナ州リビングストンと３０００キロメートル離れたワシントン州ハンフォードに設置されました。その後、十数年にもわたって検出感度をあげる改良を重ねて、**２０１５年９月には感度10^{-23}以下を達成**しました。これは1メートルの長さが1兆の1億分の1ミリメートル変化しても検出できる感度です。

前項で見たように、期待されている重力波の振幅は10^{-21}程度と見積もられていましたから、**十分重力波を検出できる精度に達した**のです。人類が達成した最も精度の高い実験装置です。

十数年にもわたる努力をつづけた科学者、技術者たちはもとより、それをサポートしつづけたアメリカという国にも畏敬《いけい》の念をもちますね。

▼ブラックホール合体からすごい重力波が放出

そして**２０１５年９月14日**、本格観測をはじめる前のＬＩＧＯの試験観測中に、リビングストンが、そしてその7ミリ秒後にハンフォードが、と**2つの望遠鏡がほぼ同時に重力波を検出した**のです。この重力波の振幅は予想どおり10^{-21}程度で０・２秒の間に35～２５０ヘルツまで周波数が急激に上昇し、その間、８回振動しています。

このことから、**この重力波は13億光年程度彼方の、質量が太陽の36倍前後と29倍前後のブラックホール連星の衝突・合体から出てきた**ことがわかりました。

なぜブラックホールなのでしょう。

まず質量から、この連星はともに中性子星ではないことがわかります。お互いの距離は軌道周期からわかります。たとえば75ヘルツとして距離を見積もると350キロメートルとなります。普通の星のサイズはこんな小さいはずはありません。したがって2つの星はブラックホール以外にありえないのです。

2つのブラックホールが合体すると1つのブラックホールができます。できたばかりのブラックホールはゆがんだ形をしていて、振動しながら落ち着いた状態になります。

この落ち着く過程で出てくる重力波の形から、できたブラックホールの性質もわかります。できたブラックホールの質量は太陽質量の62倍程度であることもわかりました。

ここで少し不思議に思われたかもしれません。太陽質量の36倍と29倍のブラックホールが合体して、62倍のブラックホールができたというのです。36＋29＝65ですから、**太陽質量3個分のエネルギーが**消えたことになります。この消えたエネルギーが**重力波によって持ち運ばれた**のです。

太陽質量の3個分のエネルギーとは、どのくらいのエネルギーだと思いますか？

たとえばこのエネルギーが光として放出されたら、観測できる限りの宇宙にある全天体が放っている光のエネルギーの50倍です。

あるいは全世界の使用電気量でいえば、10^{27}年（10の27乗年、現在の宇宙年齢は1・38×10^{10}年です）分のエネルギーとなります。

とにかく途方もないエネルギーが、時空の振動として宇宙全体に広がっていったのです。この重力波源は、観測した日をとってＧＷ１５０９１４と名づけられました。

その後、太陽質量の30倍前後のブラックホール連星からの重力波がいくつも観測されています。現在の宇宙でつくられるブラックホールは、太陽の8倍程度以上の重たい星の最期の爆発でできると考えられています。この場合、できるブラックホールの質量はせいぜい太陽質量の10倍程度です。太陽質量の30倍前後のブラックホールが宇宙に大量に存在することは、ごく一部の研究者を除き予想されていませんでした。

一説には**宇宙で最初にできた星（ファーストスター）は太陽質量の１００倍程度という巨大な星と考えられていて、その巨大な星が潰れた結果、30倍前後のブラックホールができる**といいます。

もしそうなら重力波は宇宙で最初に生まれた星の証拠を見ているのかもしれません。

▼重力波望遠鏡も国際協力が大切

２０１７年からは、フランスとイタリア共同の重力波望遠鏡ＶＩＲＧＯ《バーゴ》が観測に加わりました。日本はＬＩＧＯに遅れること15年、２０１２年から重力波望遠鏡ＫＡＧＲＡ《カグラ》の建設が神岡鉱山跡の地下ではじまりました。２０２０年からＬＩＧＯ、ＶＩＲＧＯとの共同観測に参加する予定でしたが、新型コロナウイルス流行のため観測がキャンセルされてしまいました。

複数の重力波望遠鏡で観測することによって、重力波源が天球上のどこにあるのかがある程度わかります。

たとえば先ほどのＬＩＧＯが観測した重力波の場合、リビングストンで検出した７ミリ秒後に３０００キロメートル離れたハンフォードで検出しました。もし重力波がリビングストンとハンフォードを結ぶ線と平行にやってきたとすれば、重力波は秒速30万キロメートルで進むので、２つの間を10ミリ秒で伝わるはずです。

７ミリ秒で伝わったということは、重力波のやってきた方向とリビングストンとハンフォードを結ぶ直線との角度がわかるのです。

重力波望遠鏡が２つしかなければ、その２つを結ぶ直線に対する方向しかわかりませんが、もう１つ望遠鏡があれば、**重力波のやってくる方向と3つの望遠鏡を結ぶ3つの直線に対する角度がわかるので、重力波がやってきた方向を決めることができます。もう1つあれば、より正確に方向がわかるのです。**

このことは非常に重要です。ブラックホールの合体のように電磁波を放出しないものはもちろん、中性子星の連星のように電磁波を出す場合にも、天球上の位置が決まれば、すぐに光学望遠鏡や電波望遠鏡を向けて重力波源の素性《すじょう》をくわしく調べることができるからです。

30メートル望遠鏡TMTが見せる驚異の世界

▼宇宙を伝える望遠鏡の進化史

望遠鏡で宇宙を最初に覗《のぞ》いたのはガリレオで、１６０９年のことです。このときの望遠鏡の口径は16ミリ、倍率は20倍程度です。それでも月を見たときの驚きと衝撃は計り知れなかったでしょう。このとき、人類は宇宙の広さを初めて知ったのです。

望遠鏡はレンズ、あるいは反射鏡の口径が大きいほどより細かい構造が見え、より遠くの天体まで観測することができます。したがって望遠鏡の口径はどんどん大きくなります。それにともなって、ガラスレンズを用いた屈折《くっせつ》望遠鏡は、反射鏡を使った反射望遠鏡にとって代わられます。

18世紀には口径１・２２メートル、19世紀には口径１・８４メートルの反射望遠鏡がつくられています。しかし、当時の反射鏡はおもに銅と錫《すず》の合金を磨《みが》いたもので非常に重く、また反射率も20％程度と低く、大きな口径の反射望遠鏡のメリットはほとんどなかったのです。

19世紀の中頃、ガラスに銀メッキをほどこして鏡をつくる技術が確立して反射鏡はより軽くなり、反射率も格段に上がり、天体望遠鏡の性能はどんどんよくなっていきます。20世紀に入ると、アメリカで次々に大きな望遠鏡ができます。

１９１８年、カリフォルニアのウィルソン山に口径２・５４メートルが完成します。この望遠鏡は天文学の進展に非常に大事な貢献をします。この望遠鏡を使って、ハッブルはアンドロメダ星雲として知られていた天体が、われわれの銀河系の外にあって、莫大《ばくだい》な数の恒星の集団であることを発見しました。さらにハッブルが宇宙膨張を発見したのもこの望遠鏡です。

そして１９４８年、同じくカリフォルニアのパロマ山に口径５・０８メートルの望遠鏡が完成し、長い間世界最高の天体望遠鏡として活躍します。

一方、日本では１９６２年、現在の国立天文台が、岡山県竹林寺山《ちくりんじやま》山頂に口径１・８８メートルの反射望遠鏡を設置しました。

その後、望遠鏡の大型化は一息つきます。天体の記録媒体《ばいたい》が１９８０年代に写真乾板《かんぱん》からCCDに代わったことが、そのひとつの原因です。

記録媒体の進化も天文学には非常に重要です。19世紀末人間の目によるスケッチから、写真乾板に代わったことで客観的な記録が可能になりました。

しかし写真乾板は受け取った光のわずか１％程度しか記録することができず、受け取った光の強さと記録する光の強さが比例しないという欠点がありました。

要するに、天体の姿が正しく記録されていない可能性があるのです。その欠点を補ったのがC

ＣＤです。ＣＣＤは波長にもよりますが受け取った光の60％程度以上を、その強さに比例した電子信号として記録できるのです。この性質は天体のような微弱な光の観測には最適でした。

写真乾板からＣＣＤに代えることは、望遠鏡の口径を大きくすることと同じことです。それ以後、より扱いやすく建設費も安い３メートル前後の望遠鏡が建設されることになったのです。日本はこの流れに大きく後《おく》れをとり、日本で宇宙論について観測的研究ができない状態が長い間つづきました。

▼宇宙観測は大型望遠鏡の時代へ

１９８０年代の天文学の進展によって、３メートルクラスの望遠鏡の限界はすぐ見えはじめ、大望遠鏡建設の機運が盛り上がりました。

そして１９９３年、地球上で最も天体観測に適したハワイ島マウナケア山頂に口径10メートルの望遠鏡が完成します。この望遠鏡はカリフォルニア大学、カリフォルニア工科大学、ＮＡＳＡの連合体であるカリフォルニア天文学研究連合がケック財団からの寄付をもとに建設したもので、ケック望遠鏡と呼ばれます。

１９９６年にはまったく同じ10メートルの望遠鏡が完成します。ヨーロッパも１９９８年から２０００年にかけて、南米チリのアタカマ砂漠にある標高２６３５メートルのセロパラナル山頂に口径８・２メートルの望遠鏡４台を建設しました。

日本も準備に7年、建設に9年をかけ1999年、マウナケア山頂に口径8・2メートルのすばる望遠鏡が完成しました。すばる望遠鏡によって、日本の観測的研究は世界的にもトップレベルにまで発展しました。

2020年の時点で、8メートルを超える望遠鏡は世界に13台にもなっています。

2010年代になると、より遠くの宇宙、より小さく暗い天体、より細かい構造の解明には、10メートルクラスの望遠鏡でさえ不十分となり、さらに大きな望遠鏡の要求が出てきました。当然、建設費は莫大なものとなり、一国の科学予算ではまかなえないほどの金額となります。

そこで現在、国際協力によって2つの30メートル級の超大型望遠鏡の建設がはじまっています。そのうち日本が参加しているのはハワイ島マウナケア山頂に建設される30メートル望遠鏡(Thirty Meter Telescope：通称TMT。図70)です。

この建設には日本のほかアメリカ、カナダ、中国、インドが参加していて、総予算は2030億円程度と見積もられ、アメリカは35・5%を負担、日本は25%を負担することになっています。

建設場所はマウナケア山頂で、すでに基礎工事ははじまっていますが、マウナケアはハワイ人にとって神聖な山であることから根強い反対運動が展開されています。当初の予定では2022年に完成の見込みでしたが、反対運動などによる遅れのため、現在のところ2029年に完成の予定となっています。

図70　完成後のTMTのイメージ図

▼月面上のホタルの明るさが見える

さて、ＴＭＴ望遠鏡の口径30メートルというのはどのくらいの大きさか、想像がつくでしょうか。**30メートルの長さはだいたいマンション10階の高さに対応します。**面積では、**野球グランドの内野とほぼ同じ面積**です。

このような大きな反射鏡を１枚のガラスでつくることはもちろんできません。そのため４９２枚の六角形の鏡を組み合わせてつくられます。その１枚は厚さ４・５センチメートル、対角線の長さは１・４４メートルで、非常に熱変化の小さな日本製のガラスでつくられています。

この４９２枚の１枚１枚を精密なコンピュータ制御《せいぎょ》により、重力や風による変形を補正して全体をつねに完璧《かんぺき》な形状に保つことで、すばる望遠鏡の13倍の集光力と４倍の解像度を達成します。

ＴＭＴに限らず地上からの観測では、大気の運動によってどうしても天体像がぼけてしまいます。その影響を防ぐために、補償光学システムが開発されています。これは目標天体方向の近くに人工的に星（ガイド星）をつくり、そのガイド星を観測することで、大気の運動による揺らぎを瞬時に補正する装置です。

ガイド星はもちろん本当の星ではありません。地上から適当な波長のレーザーを照射すると、高度約90キロにある大気中のナトリウム原子に衝突します。するとナトリウム原子が発光するので、地上から星のように見えるのです。

大気の揺らぎの補正方法は次のようなものです。観測する装置の手前に反射鏡を置き、その反射鏡を大気の揺らぎを打ち消すように変形させて、その結果あたかも大気による揺らぎの影響がないような光を観測装置に送るのです。こうして望遠鏡の口径本来の分解能が達成され、非常にシャープな天体像が得られます。

このように**補正された30メートルの望遠鏡の性能は驚異的**です。

どれくらい星が見えるかという限界等級でみると、観測する波長や露出《ろしゅつ》時間にもよりますが、大ざっぱにいってすばる望遠鏡が28等級であるのに対してＴＭＴはその１００分の１の明るさの33等級まで見えます。これは**月面の１匹のホタルを地球から見た明るさ**です。

従来の補償光学システムは補償がきく範囲が狭く、１回の観測で１つの天体しか観測することができませんでした。ＴＭＴで開発される補償光学システムは、補償がきく範囲を従来の１００倍程度広くして、同時に多数の天体をシャープに観測できるもので、日本のグループが開発しています。

30メートル望遠鏡の目的は、その集光力と解像度を生かして、宇宙で最初の恒星や銀河の観測、系外惑星の大気の分光観測（光を波長ごとに分ける観測）によるバイオマーカーの発見、銀河中心の巨大ブラックホール周辺の観測、太陽系の最遠部の微小天体の観測などで成果が期待されています。

もうひとつの超大望遠鏡はヨーロッパが共同で建設するもので、口径39メートルで、ＴＭＴと同様に一辺１・４メートルの反射鏡を７９８枚合わせてつくられます。

この望遠鏡は南米チリのアタカマ砂漠にある標高３０４６メートルのセロアルマゾネス山頂に設置される予定で、ドームなど付属する建築が２０１８年にはじまっています。２０２５年に完成予定で、ＴＭＴよりも早く宇宙のフロンティアを広げることになるでしょう。

宇宙空間で観測するジェームズ・ウェッブ宇宙望遠鏡

▼失敗がけっして許されない観測位置

１９９０年、スペースシャトルで打ち上げられたハッブル宇宙望遠鏡は、口径２・４メートルにもかかわらず、空気の揺らぎに邪魔されることのない宇宙空間から、鮮明な宇宙の姿を見せてくれました。ハッブル宇宙望遠鏡によるさまざまな天体の画像は、一般の人ばかりでなくプロの天文学者も魅了しました。

個人的には「銀河団アーベル１６８９」の画像には圧倒されました（カラー口絵⑤参照）。数千もの銀河を含むこの銀河集団が、強力な重力でその背景にある多数の銀河からの光を曲げて、多くのアーク状の重力レンズ像をつくっている様子がはっきりと確認できました。

私たちの研究グループもこの銀河団の画像データから銀河団中のダークマター分布を明らかにしました。**画像が鮮明なら鮮明なほど、正確なダークマター分布がわかる**のです。

ダークマターの研究の進展はハッブル宇宙望遠鏡の成果のほんの一部にすぎません。天文学のほとんどの分野で目覚ましい成果をあげました。当初は打ち上げから15年で運用終了の予定でしたが、成果のすばらしさから２０２１年まで運用を延長することになっています。

図71　ジェームズ・ウェッブ宇宙望遠鏡のイメージ図

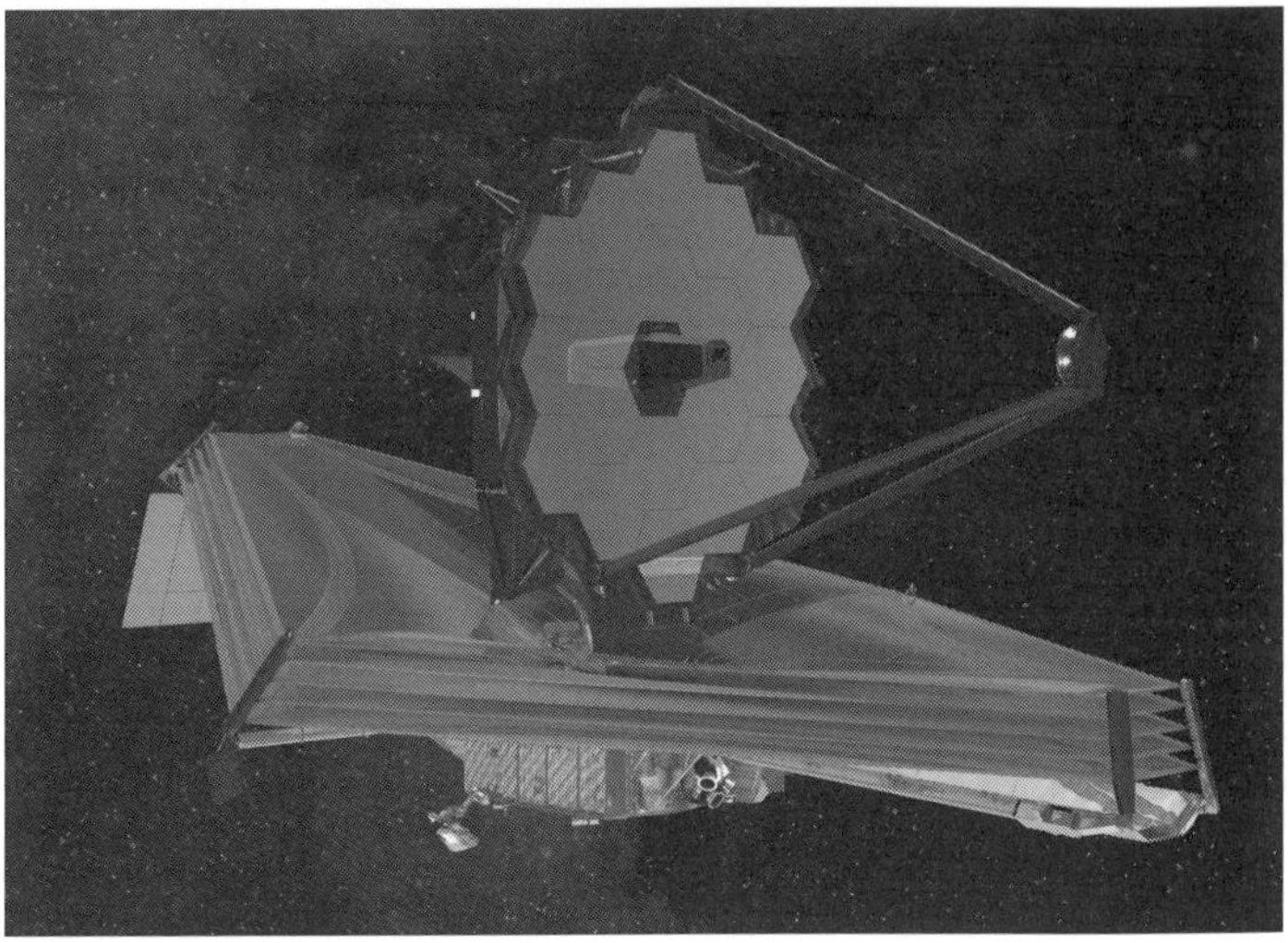

ハッブル宇宙望遠鏡の後継機とその観測装置の開発は、2002年頃からNASAを中心にESO（欧州南天天文台）、CSA（カナダ宇宙庁）も参加してはじまりました。おもな目的は宇宙で最初にできた星や原始銀河の探査、系外惑星大気の分光観測、銀河中心核にある巨大ブラックホール周辺の観測などです。

この目的のため観測する波長帯は、0・6〜28マイクロメートルの長波長《ちょうはちょう》の可視光から中間赤外《ちゅうかんせきがい》までです。しかし技術的困難さや予想以上に予算が膨《ふく》らんだことで開発は遅れに遅れて、当初2013年の予定だったのが最終的に2021年に打ち上げることが決まりました。

その名称は、2002年、アポロ有人月面

探査を率いたNASAの2代目長官ジェームズ・ウェッブにちなんでジェームズ・ウェッブ宇宙望遠鏡（James Webb Space Telescope：通称JWST）と呼ばれることになりました（図71）。

ハッブル宇宙望遠鏡は高度559キロメートルの地球周回軌道上を100分弱で回っていますが、JWSTは地球から見て太陽と反対側の150万キロメートルのラグランジュ点L2（125ページ図23参照）に置かれます。この位置は太陽がつねに地球に隠れるので天体観測には最適となりますが、いったん故障するとこんな遠いところまで修理にいくことはできません。

ハッブル宇宙望遠鏡の場合、最初の打ち上げ後、反射鏡の精度が設計どおりでないことがわかり、スペースシャトルの宇宙飛行士たちが駆けつけ、補正レンズを組み込む修理をおこないましたが、JWSTはそんなことはできません。慎重な上にも慎重を期さなければならないのです。

▼巨大な日傘で主鏡を太陽熱から守る

ハッブル宇宙望遠鏡は口径2・4メートルでしたが、JWSTは口径6・5メートルで、その主鏡は18枚の鏡を組み合わせてできています。1枚の重さは約20キログラムでベリリウムからできています。

ベリリウムは鉄の約6倍の硬度をもち非常に変形しにくく、また熱伝導性がよく、金属としては軽いため、厳しい宇宙環境での反射鏡としては最適な素材です。実際、鏡の重さはハッブル宇宙望遠鏡の主鏡の半分になっています。

観測波長帯がおもに赤外線のため、鏡には赤外線をよく反射する金メッキがほどこされています。このため金によって吸収される、黄色より波長の短い可視光は観測できません。

また、自身の機材から赤外線を出さないため、主鏡を摂氏《せっし》マイナス２２０度の極《ごく》低温に冷やします。さらに**地球や太陽からの赤外線から守るため、テニスコート１枚分の遮光《しゃこう》板、いわゆる日《ひ》傘《がさ》をつけています。**

よく日焼け止めのクリームでＳＰＦという太陽光を遮蔽《しゃへい》する指標が使われますが、この指標でいうと**ＪＷＳＴの日傘のＳＰＦは１００万**です。この日傘によって太陽側の温度摂氏85度が、裏側では摂氏マイナス２３０度になります。

もちろん、この巨大な日傘も主鏡も打ち上げロケットにそのまま積み込めないので、折りたたんだ状態で収納されます。そして打ち上げ後に展開されるわけですが、折りたたんだ状態は日本の折り紙をヒントにしていて、Origami Observatory（折り紙天文台）とも呼ばれます。

ＪＷＳＴは近赤外線カメラ、近赤外分光器など4つの観測装置を積みますが、このうち近赤外分光器は非常にユニークな特徴をもっています。

天体の性質や状態のくわしい観測は分光観測で初めて可能になります。それは天体に含まれている元素や温度、密度などでどの波長の光がどの程度強いか弱いかが決まるからです。そのため

に天体望遠鏡はつねに分光器とセットになって初めて使い物になるのです。

天体からの光は弱く、その光をさらに分光すると波長ごとの光はもっと弱くなり、それだけ長時間の光を集めつづけなければなりません。

ＪＷＳＴの観測天体は、宇宙で最初の銀河などのため非常に暗く、分光観測には何時間も必要になります。１回の観測で１天体だけを分光するのでは、観測時間が何時間あっても足りません。

ＪＷＳＴの近赤外分光器には、１回の観測で１００個以上の天体を同時に分光できる装置がついています。これは切手大の検出器（ＣＣＤチップ）の前に、６万個以上の人間の髪の毛ほどの縦と幅のシャッターを置き、目的の天体の光だけが通るようにシャッターを操作するのです。

ＪＷＳＴは打ち上げから1ヵ月程度でラグランジュ点に到達し、その後数ヵ月間機器を調整して、本格的な観測に入る予定です。ＪＷＳＴの見せてくれる宇宙の姿がいまから楽しみです。

10光年彼方のテレビも見える電波望遠鏡ＳＫＡ

▼山手線域相当の口径をもつアルマ望遠鏡

南米チリの標高５０００メートルに広がるアタカマ砂漠に設置されたアタカマ大型ミリ波サブ

ミリ波干渉計（アルマ望遠鏡）は２０１０年に科学観測を開始し、系外惑星誕生の現場や原始銀河候補の観測などで大きな成果を上げています。

名前からわかるように、この望遠鏡は可視光や赤外線よりも長い０・１〜10ミリメートル程度の波長の電波サブミリ波を観測します。

アルマ望遠鏡は、口径12メートルのパラボラアンテナ54台、口径7メートルのパラボラアンテナ12台の**計66台の情報を合成する（開口合成）ことで、山手線に囲まれる面積に相当する口径をもった電波望遠鏡と同じ性能をもつことができます。**

天体は宇宙にただよう水素を主成分とする、絶対温度で数度〜数十度の極低温のガスからできます。このガスには微量のチリ（シリケイトやグラファイトなどの固体微粒子）が混じっています。**このガスはミリ波とサブミリ波の電波を出すため、この波長帯で観測することで天体の誕生の場所や状態がわかる**のです。

▼１００万平米の集光面積となる超大型望遠鏡計画

ミリ波、サブミリ波よりも長い波長の電波望遠鏡も近い将来に実現します。

12カ国が数千億円をかけてオーストラリアと南アフリカに**数千個の電波望遠鏡を設置し、実質的な全集光面積として1平方キロメートル（１００万平方メートル）以上の電波望遠鏡をつくる**計画です。

この望遠鏡は「スクエア・キロメートル・アレイ（通称SKA《エスケーエー》）」という名称で、満月の200倍の面積を一度に観測できる超広視野、0・1秒角という高分解能をもった電波望遠鏡をめざしています。2012年から建設がはじまり、2020年代の完成を予定しています。

観測波長帯はセンチメートル波からメートル波でラジオやテレビ、携帯電話、航空レーダーなど生活に密着した波長帯です。天文学的にも重要な波長で、たとえば中性水素が出す21センチメートルの電波、グリシンやアラニンといった生命に直接関係するアミノ酸が出す電波、磁場中で加速された電子が出す電波などが、この波長帯に入ります。

この波長帯の特徴を生かして、宇宙の暗黒時代の観測をはじめいくつかの観測計画が考えられています。

▼遠くて古い「暗黒時代」の宇宙を調べる

宇宙の暗黒時代とは、宇宙の晴れ上がり（ビッグバン38万年後）から最初の星（ファーストスター）が生まれるまでの間をいいます。宇宙のまだ星が光っていない暗黒の時代ということです。この時期にダークマターがつくる高密度領域（ダークマターハロー）の中に普通の物質（ほとんど中性水素ガス）が大量に落ち込み星がつくられる状況ができています。この時期を観測することで、ファーストスターがどのような質量をもって形成されたのかを調べることができます。

また「130億年前に太陽質量の1億倍の質量の超巨大ブラックホールができていた」という

観測的な示唆《しさ》があり、暗黒時代を探ることでそんなブラックホールの形成が可能なのか、それと銀河形成との関係などが明らかになるでしょう。

このほか、銀河進化、パルサー、宇宙磁場、銀河系の構造、星間ガス、宇宙生命探査などさまざまな分野で、ＳＫＡは大きな成果を上げると期待されています。

ちなみにＳＫＡの集光面積は、10光年先のテレビ電波を受信できるほどの感度があります。逆にいえば、もし10光年先に高等文明があったとしたら、われわれのテレビを10年遅れで受信しているかもしれません。

土星探査機カッシーニの偉業

▼謎の衛星タイタンの映像を初めて見せた

２０００年代～２０１０年代にかけて最も成功した宇宙探査プロジェクトとして、ＮＡＳＡとＥＳＡ（欧州宇宙機関）による「土星探査衛星カッシーニ」の木星、土星とそれらの衛星探査があげられます。

１９９７年10月15日、３基の原子力電池、重量３２０キログラムの衛星着陸機ホイヘンスを搭《とう》

図72　土星の衛星タイタンの地表

カッシーニから放出された探査機ホイヘンスからの画像（2005年1月）

載《さい》した重さ5・8トンの土星探査衛星カッシーニが、米フロリダ州ケープカナベラルから打ち上げられました。カッシーニもホイヘンスも土星にちなんだ天文学者です。

ジャン・ドミニク・カッシーニはパリ天文台の初代所長であり、1675年、土星の輪が複数の輪でできていることを発見しました。イタリア出身で、のちにフランスに帰化した天文学者です。口径の小さな望遠鏡でも見える土星の輪の隙間《すきま》は「カッシーニの空隙《くうげき》」と呼ばれています。

クリスティアーン・ホイヘンスは、1655年に土星最大の衛星タイタンを発見した、オランダの天文学者・物理学者です。

探査機カッシーニはまず土星と正反対の金星に向かいました。１９９８年４月と１９９９年６月の２回、金星の重力を利用して速度を上げ（スイングバイ航法）、１９９９年８月、地球の重力を利用してさらに速度を上げて２０００年１月に小惑星帯を通過し、２０００年に木星に到達し、その重力を利用して土星をめざし、２００４年６月、土星軌道に入りました。

その後、13年間に土星を２０６回周回し、**土星の南極と北極に巨大なハリケーン**を発見したり、ボイジャーが発見した**土星の輪のスポークと呼ばれる構造が土星の真夏や真冬に消える季節的な構造**であること、数百メートルから数キロメートルの長さでプロペラのように見える構造を見つけたりしています。

その間、土星の衛星を７つ発見し、土星の衛星に１３２回接近し、タイタンやエンケラドスなどの詳細な調査をおこないました。

たとえば２００４年12月、**土星最大の衛星タイタンに探査機ホイヘンスを放出**、ホイヘンスは翌年１月にタイタンに着陸し、機能停止までの３時間40分の間、探査データを送ってきました。

地球の２倍の厚い不透明な大気に覆われて長年謎であったタイタンの表面を探査機ホイヘンスは見せてくれました（図72）。その映像は川が流れ、湖や海があるなど一見驚くほど地球に似ていたのです。ただしそれは液体のメタンやエタンが凍った氷でできた地殻につくられた極低温の世界です。

その後のカッシーニの観測から、**タイタンが土星を公転する間に地形が10メートルも上下運動**

をくり返すことが発見されました。

また衛星エンケラドスの南極付近のひび割れを観測し、そこから毎秒250キログラムの水蒸気が時速2000キロメートル程度で噴出していること、さらに水蒸気の中に塩化ナトリウムや炭酸塩を検出しています。

▼カッシーニ最後のミッション

13年におよぶ観測で燃料が尽きたカッシーニは、衛星に衝突して環境を汚染するのを避けるため2017年9月15日、土星の大気圏に突入し、燃え尽きて最期を迎えました。

突入前にカッシーニは、最後のミッションとして土星のまわりを本体と輪の最も内側の隙間を通り抜ける軌道を22回にわたって周回し、土星本体の近接撮影、土星の内部構造、輪の正確な質量の測定、土星の大気、土星本体に降り注いでいる輪の粒子のデータが得られました。

これらのデータはまだ解析《かいせき》が終わっていませんが、輪がいまから1000万年から1億年までの間につくられたこと、そして今後1億年程度で消えてしまうこと、土星の中心核の質量が地球の15倍から18倍程度であること、大気の回転速度が半径の15%程度の深さから外側では中心部よりも速いことなどが示されています。

史上初の冥王星探査機ニューホライズンズ

▼ボイジャーが行けなかった冥王星を初めて探る

１９７７年8月と9月に打ち上げられたボイジャー2号と1号は、木星、天王星、海王星に土星のような輪があることを発見したり、木星の衛星イオの火山や土星の衛星トリトンの大気を発見するなど大きな成果を残しました。

しかしボイジャーは当時の惑星間の配置の関係から冥王星を訪れることなく、現在１号は地球から２２２億キロメートル、２号は１８５億キロメートルのところを、果てのない旅を送っています。

ボイジャー打ち上げ後、太陽系の形成の理解が進み、太陽系の外縁部の小天体が太陽系形成時の情報を残していることがわかってきました（２６６ページ参照）。

そこでＮＡＳＡは、冥王星を含む太陽系外縁部の探査を目的とした衛星ニューホライズンズを２００６年に打ち上げました。

ニューホライズンズの本体は４６５キログラムとボイジャーの７２２キログラムより軽く、そのぶん速度が速くなっています。ボイジャー1号が打ち上げから16ヵ月かかって木星に到達したのに対して、ニューホライズンズは13ヵ月しかかっていません。

２００８年2月には土星を通過、２００９年12月に地球と冥王星のちょうど中間点に到達しました。２０１１年3月に天王星、２０１４年8月に海王星を通過し、２０１５年1月から冥王星の観測をはじめました。

そして２０１５年7月、冥王星まで1万３６９５キロメートルまで最接近し、その重力を用いて速度を上げ（スイングバイ）、冥王星を離れました。

▼極寒の星に水をもたらすメタンハイドレート

この間、**冥王星とその衛星カロンをくわしく観測**しました。その観測データから、冥王星の大きさがそれまでの推定よりも大きく、直径２３７０キロメートルで、これまで見つかっている準惑星エリスなどの海王星以遠天体のどれよりも大きいことがわかりました。

冥王星表面に地殻運動の証拠や予想外に厚い窒素《ちっそ》の大気の存在、１０００キロメートルにおよぶ窒素の氷河、氷でできた地殻に覆われた内部海が存在すること、衛星カロン表面に地殻運動でできた地形やかつて内部に海があった証拠など、予想外のことがいろいろわかりました。

冥王星の地表温度は摂氏マイナス２２０度。極寒の小天体になぜ液体の水があるのか不思議ですが、日本のグループによれば**メタンハイドレートの存在が重要な役割をしている**そうです。

ハイドレートとは「燃える水」と呼ばれ、いくつかの水分子が何かを包み込む籠《かご》のような配置となった状態です。その籠の中にメタン分子が入った状態がメタンハイドレートです。メタンハイドレートは地球の海底にも存在し、大量のメタンを閉じ込めているので石油に代わる新しい燃料として注目されています。このメタンハイドレートは氷と比べると熱を伝えにくいという性質があります。

内部海の上にメタンハイドレートの層があると、それが断熱材となって四十数億年前にできたときの熱がまだ残っているというのです。**これまで考えられていた以上に、惑星には水が存在しているのです。**

またメタンハイドレートは、メタンや一酸化炭素を取り込み窒素は通すことで、窒素が多い大気になったと考えられるのです。

ニューホライズンズは2019年1月、冥王星から7億キロメートル、地球から65億キロメートル彼方のエッジワース・カイパーベルト天体「ウルティマ・トゥーレ（のちにアロコスに変更）」に3500キロメートルまで最接近してスイングバイしました。

その際、ウルティマ・トゥーレの画像を送ってきました。その形は直径約19キロメートルと約14キロメートルの大小2つの球が、まるで雪だるまのようにつながっていたのです。

原始太陽系解明に挑む「はやぶさ」と「はやぶさ2」

▼S型小惑星イトカワのサンプルリターンに成功

２０１０年6月13日、日本中が感動した出来事がありました。小惑星探査機「はやぶさ」（図73上）が7年ぶり、60億キロメートルにわたる宇宙の旅を終えて地球に帰還したのです。はやぶさ本体は大気圏に突入して燃え尽きましたが、ほんのわずかな砂粒を収めた小さなカプセルは大気圏突入前に本体から切り離されて、無事、オーストラリアの砂漠《さばく》に落下し回収されました。

カプセルを分離した直後、地球から7万キロメートルの地点から姿勢制御もままならない満身創痍《そうい》のなかで、最後のミッションである地球の撮影がおこなわれましたが、その1枚だけに写ったブレた地球の姿（図73下）に多くの人が感動したのです。

ＪＡＸＡ《ジャクサ》（宇宙航空研究開発機構。打ち上げ時は宇宙科学研究所）が打ち上げたはやぶさの目的は、小惑星「イトカワ」に近づき、表面のサンプルを地球に持ち帰ること（サンプルリターン）でした。

小惑星は惑星に成長できなかった原始太陽系をつくっていた小天体で、現在までに数十万以上

図73　小惑星探査機はやぶさのイトカワ着陸図（上）と地球の画像

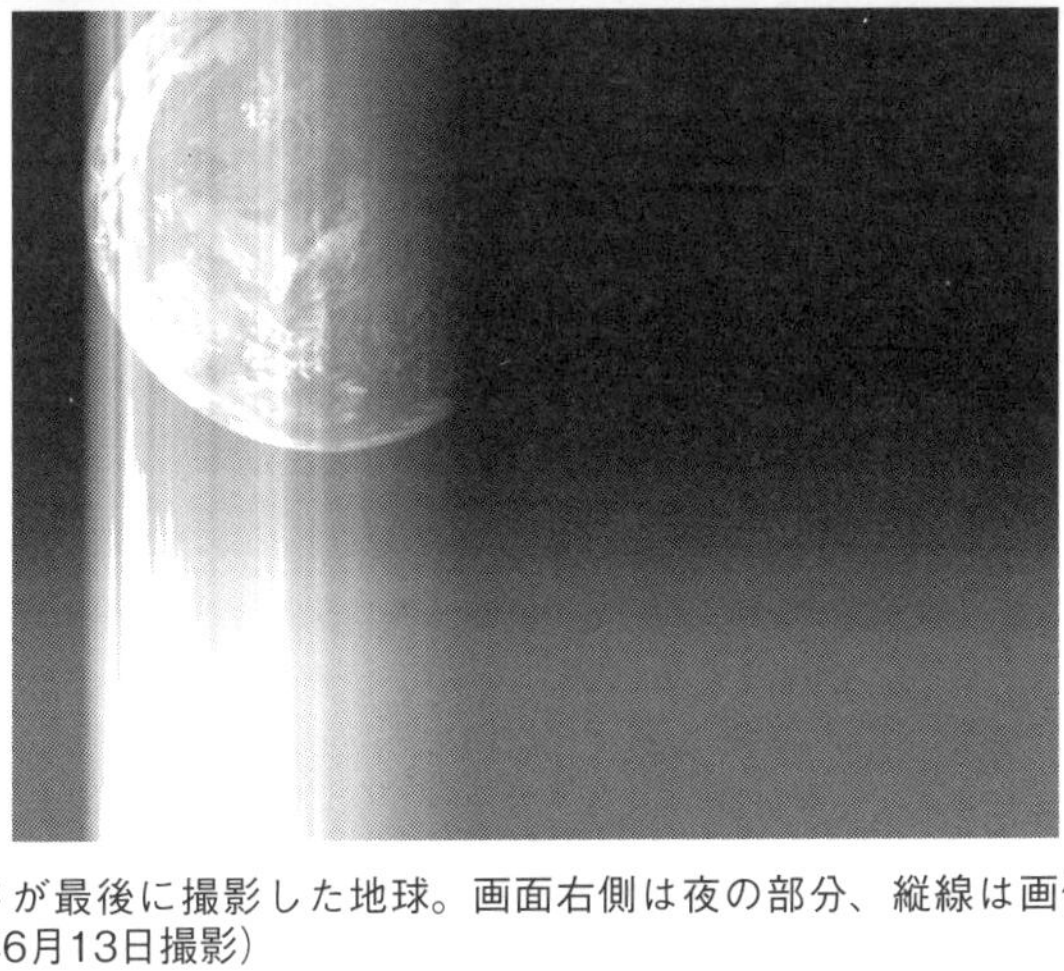

はやぶさが最後に撮影した地球。画面右側は夜の部分、縦線は画像の乱れ（2010年6月13日撮影）

も発見されています。その多くは火星と木星の間の小惑星帯と呼ばれる領域に分布していますが、地球の公転軌道に近づくものもあります。小惑星イトカワも、そのような地球近接型小惑星のひとつです。

小惑星はその組成から大きく分けてS型とC型に分類されます。S型は小惑星の17％程度を占め、石質《せきしつ》（ケイ素質）の物質からできています。一方、C型小惑星は炭素系の物質を主成分とする天体で、小惑星の約75％を占めています。残りの数％はX型と呼ばれますが、特定の特徴をもっているわけではありません。

イトカワはS型小惑星に属し、近日点が０・９５３天文単位、遠日点が１・６９５天文単位という太陽のまわりの楕円軌道を1年半かけて回っています。その形状は、はやぶさが初めて明らかにしましたが、ラッコのような形状で半径１６０メートル、長径５００メートル程度です。

こうした小惑星は原始太陽系円盤の遺跡のようなもので、その性質を調べることは、原始太陽系の性質、惑星形成の過程、生命誕生の謎を探ることになるのです。

はやぶさによる観測から、イトカワの表面が多くの岩や石で覆われていて、その密度が1立方センチメートル当たり１・９グラムと非常に軽く、内部に空隙が多いがれきの寄せ集めの天体であることがわかりました。

これは原始惑星に成長する前段階の直径20キロメートル程度の微惑星がほかの微惑星との衝突

図74　小惑星リュウグウに到着する探査機はやぶさ２

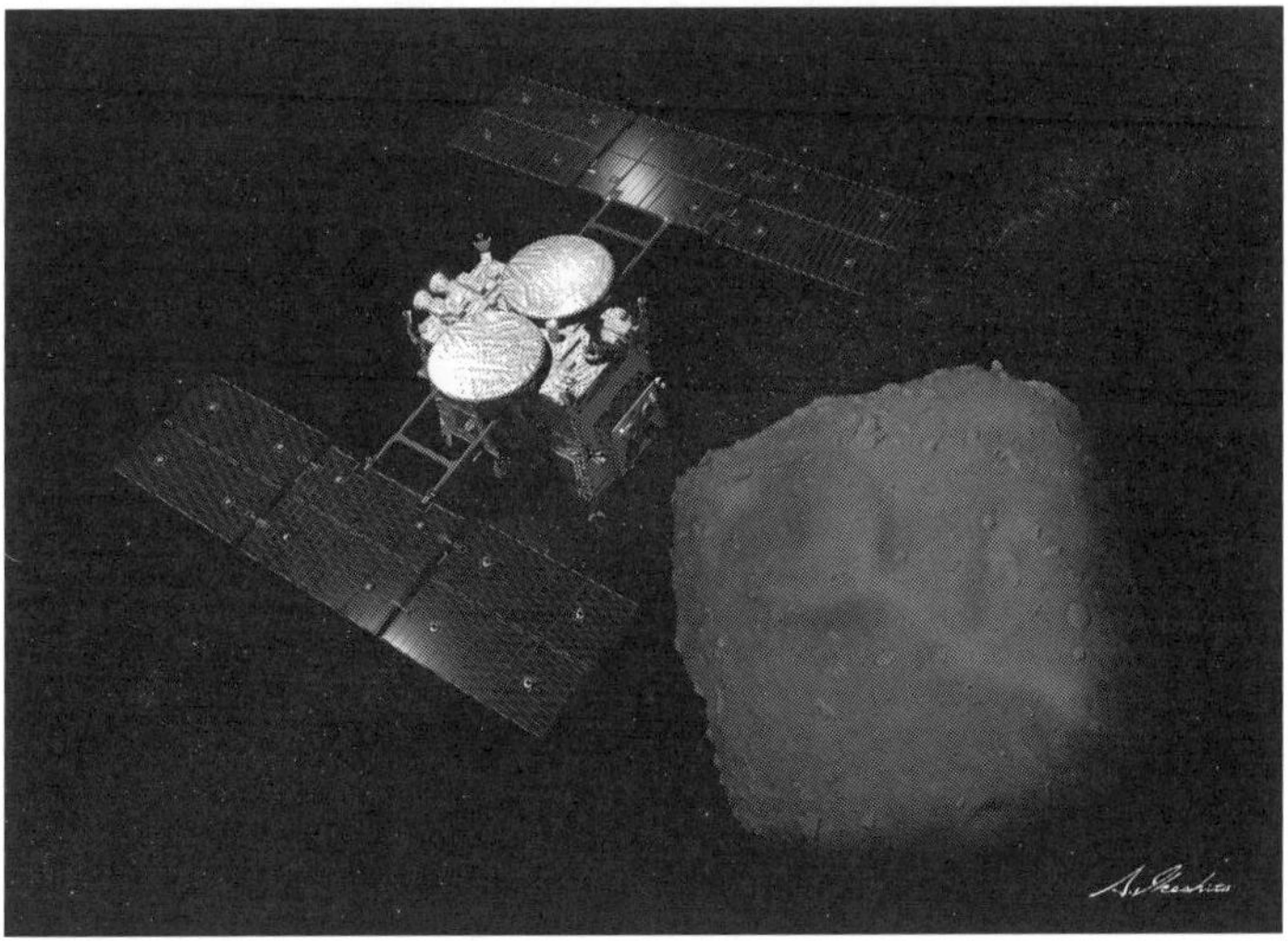

で破壊され、その破片が再び集まってできたものがイトカワであることを示唆しています。

また持ち帰ったイトカワ表面のサンプルから、**地球に落下する石質隕石のほとんどが、イトカワのようなS型小惑星**であることがわかりました。

さらに宇宙には太陽などからの高エネルギー粒子が飛び交っていますが、イトカワ表面にそれらが衝突することで表面の風化が進み、あと10億年ほどでイトカワもなくなってしまうこともわかりました。

▼C型小惑星リュウグウを探査する

はやぶさの成功を受けて、もうひとつの種類の小惑星であるC型小惑星に対するサンプルリターン計画が進行し、「はやぶさ２」（図74）が２０１４年12月３日に、小惑星「リュウグウ」をめざして種子《たねが》島《しま》宇宙センターから打ち上げられました。

リュウグウもやはり地球近接型小惑星で、C型のなかでも、はやぶさ2の推進力でタッチダウン可能な小惑星として選ばれました。**C型小惑星は原始太陽系における水や有機物が残されている可能性があり**、**太陽系における生命誕生の謎の解明**につながると期待されています。

２０１８年６月27日にはリュウグウの上空20キロメートルの地点に到着し、同年９月21日、探査機２台を小惑星に向かって落下させ着陸させました。

２０１９年２月22日には探査機本体がリュウグウへの１回目のタッチダウンに成功しています。同年４月５日には、重さ2キログラムの銅製の衝突物を秒速2キロメートルでリュウグウ表面に衝突させ、直径14・5メートル程度の人工クレーターを世界で初めてつくりました。

この**クレーター生成の様子からリュウグウ表面は、砂地であることがわかります**。またこの結果とリュウグウ表面のクレーターの分布などから、リュウグウが火星と木星の間の小惑星帯に滞在していた時間が１０００万年前後と推定されました。

そして７月11日に２回目のタッチダウンをおこない、クレーター生成の際に表面に舞い上がったリュウグウ内部の物質を採取しています。

これまでの観測から、リュウグウは、内部はスカスカで表面は温まりやすく冷めやすい物質で覆われていることがわかりました。このことから微細な鉱物や水、有機物からできた密度の低い微惑星が成長する過程で衝突によって破壊され、その破片が集まってリュウグウをつくったと考えられます。

２０１９年11月13日、はやぶさ2はリュウグウを離れ、地球への帰途につき、２０２０年12月、地球にサンプル入りのカプセルを届け、新たな小惑星を目指す予定です。採取されたリュウグウ内部のサンプルからどのようなことがわかるのかが楽しみです。

これからわかる宇宙の謎

- 複数の重力波望遠鏡の共同観測で重力波源を探る
- 30メートル級の巨大望遠鏡でさらなる遠方・初期宇宙の観測
- ジェームズ・ウェッブ宇宙望遠鏡の観測
- 電波望遠鏡ＳＫＡによる宇宙の暗黒時代の観測
- ニューホライズンズの太陽系外縁部探査
- はやぶさ＋はやぶさ2の小惑星サンプル解析

宇宙おもしろコラム7

時間を逆行する反粒子

これまでの2回のコラムでワームホールを使ったタイムマシンを紹介しました。このほかにも宇宙ひもを用いたタイムマシンが、提案されています。ワームホールはまったくの空想の産物に近いのですが、宇宙ひもは実際にこの宇宙に存在していると考えている研究者もいて、ワームホールを用いるより実用的かもしれません。

しかし、これを説明しはじめるといくら紙面があっても足りないので、ここではタイムマシンについて日頃私が考えていることを述べてみましょう。

▼物理法則は過去と未来を区別しない!?

私は時間旅行することは、原理的には可能だと考えています。それは**現在知られている物理法則のほとんどが、時間の過去と未来を区別するようにできていない**からです。いい換えれば、**「ある運動が起これば、それと逆の運動も許される」**ということです。

たとえばボールが床に落ちる運動の場合、床でボールに上向きの初速度を与えれば、ボールは上に上がっていき、落ちてきたときと逆の運動をします。したがってボールが床に落ちる運動だ

図75　反粒子は時間を逆行している状態

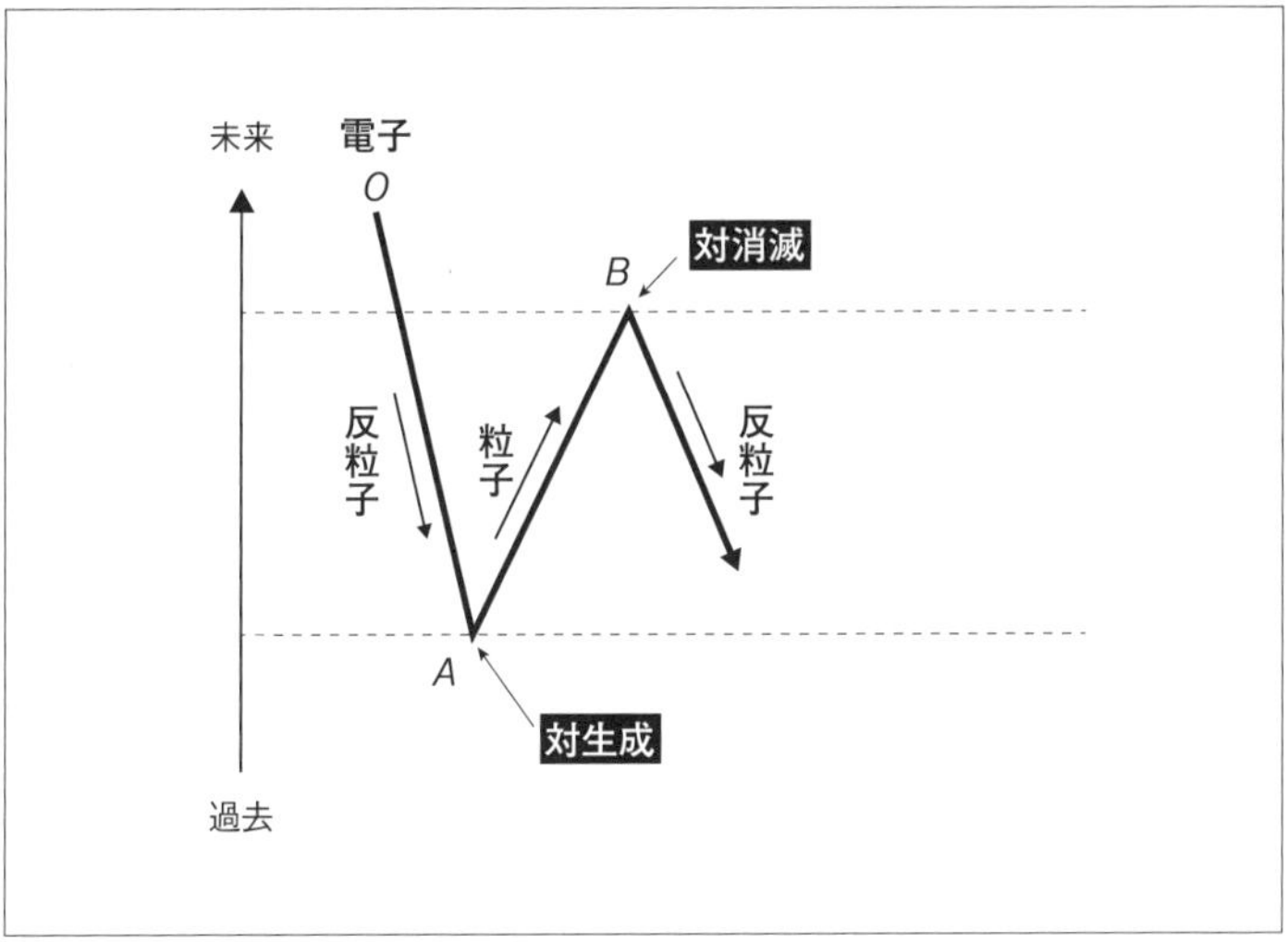

けを見て、ボールが上にあったときが過去で、下に落ちたときが未来とはいえません。どちらの状態が過去でも未来でもよいのです。

物体の運動ばかりでなく、たとえば光も過去から未来へと伝わりますが、光のしたがう方程式上からは、未来から過去に伝わっても何の不思議もありません。このことを物理法則は、**「時間対称にできている」**とか**「時間の過去と未来を区別しない」**というのです。

物理法則が過去と未来を区別しないとすれば、過去とか未来に絶対的な違いはないので、時間旅行も可能でしょう。実際に時間を未来から過去にさかのぼっていると解釈できる粒子も存在します。それは反粒子《はんりゅうし》です。

たとえば、電子の反粒子は陽電子です。陽電子とは、電子が未来から過去に向かって運動している状態と考えてよいのです。電子ばかりでなく、あらゆる素粒子には対応する反粒子があり、それは時間を逆行している状態なのです。

陽電子で考えてみましょう。陽電子のひとつの見方は、電子が時間を逆行している状態です。これは図75を見れば納得できます。

たとえば図のように電子Oが未来からやってきて、ある事象（時刻と場所のこと）Aで反転して方向を変えて未来方向に進み、そしてある事象Bでまた反転して過去に戻ったとします。

これを人間が見たらどう見えるでしょう。人間は時間が進む順でしか物事を見ることができません。すると事象Aでは、そこで陽電子と電子が対《つい》でできた（対生成《ついせいせい》）とみなし、事象Bで電子と陽電子が衝突して消えた（対消滅《ついしょうめつ》）とみなすのです。

このように考えると、あらゆる素粒子にその反粒子が存在する理由がわかります。それは反粒子とは時間を逆行している自分自身だからです。

そうはいっても、実用になるようなタイムマシンがつくれるとは、私は思っていません。原理的に可能ということは、実際につくれることとは違います。つくるのが非常にむずかしいのであれば、何百年後かの非常に進んだ文明をもってすれば可能かもしれません。単にむずかしいだけではありません。ほとんど確実に不可能なのです。

最初は原理的に可能といっていたのに、今度はほとんど確実に不可能といったので、「見識のないヤツだ」と思うかもしれませんが、まあ最後まで読んでください。

▼時間の流れとは何か?

時間は「光陰《こういん》矢のごとし」といって、飛び去っていく矢にたとえられるように、過去から未来に流れ、けっして逆戻りしないように見えます。しかし最初に、「物理法則は過去と未来を区別しない」といいました。それではなぜ、われわれの身のまわりの現象では、過去と未来の歴然とした区別があるのでしょうか。

先ほど床にボールを落とすことを考えましたが、水をこぼすことを考えたらどうでしょう。**水が床一面に広がった状態から、ひとつにまとまって上に上がるという運動は自然界ではけっして起こりません。**水分子1個を上に飛ばすのは、何の問題もありません。床の上で適当に初期条件を与えて運動させれば、上に上がっていきます。

ところが、水の1グラムには、10億の10億倍のそのまた10億倍以上の水分子が詰まっています。そのすべての水分子にうまく初期条件を与えなければ、広がった水を集めてひとかたまりにして上に上げる、という望みどおりの運動をさせることはできません。そんなうまい条件を個々の粒子すべてに与えることなど、不可能ではありませんが、実際上はできない相談です。

要するに、**粒子1個の運動は過去と未来を区別しなくても、莫大な数の粒子の運動を問題にするなら、起こりやすい運動と、起こりにくい運動の区別が出てくる**のです。それは、最初の条件の与えやすさ、与えにくさといってもよいでしょう。

最初の条件の与えにくい運動は、起こりにくいのです。その特別の条件を与えることが絶対に不可能だというわけではありませんが、自然にそのような条件をもつ確率は、ほとんどゼロといっていいほど小さく、それに対応する運動は「ほとんど確実に起こらない」のです。

考えている対象に含まれる粒子の数が多ければ多いほど、起こりやすい運動と起こりにくい運動の区別は、はっきりと出てきます。**時間が過去から未来に流れるとわれわれが感じるのは、日常経験でいつもある方向の運動だけが起こり、それと逆の運動はけっして起こらないから**です。

このように、物理法則が時間の過去と未来の区別をせず、したがって過去と未来に絶対的な違いはなくても、われわれの経験する世界ではつねに莫大な数の粒子が関与しているので、ほとんど確実に時間は過去から未来へと一方向に流れるのです。

▼ミクロの世界ならタイムマシンは可能?

同じようなことがタイムマシンについても当てはまるのではないかと、私は思っています。

つまり、**小さなものを時間旅行させるのは比較的容易だが、大きなものになればなるほどむずかしくなる**。ここでいう「小さなもの」とは、アリのようなわれわれの感覚で小さなものではなく、電子のような素粒子がほんの数個だけという意味です。

さらに、**ほんのわずかな時間間隔なら時間旅行をするのは容易だが、長い時間になればなるほ**

どむずかしくなる。絶対に不可能というわけではないので、原理的に時間旅行は可能です。しかし、むずかしくなる度合いは加速度的で、たとえば人間を過去に送り込めるようなタイムマシンをつくるのは、ほとんど確実に不可能だと思います。

以上は私の考えで、反対する人もいるでしょう。

「われわれがまだ知らないだけで、物理法則は本質的に時間の過去と未来を区別するようにできているのだ」

という人もいます。その立場に立つと、タイムマシンをつくることは原理的に不可能でしょう。いずれにせよ大多数の物理学者はタイムマシンの存在を否定しています。あのホーキングは、未来からの観光ツアー客がいまだかつていなかったことを、タイムマシンが存在しない証拠として挙げています。

しかしいまのところ、タイムマシンの存在を頭から否定することはむずかしいでしょう。

口絵・図版クレジット

口絵①：ALMA (ESO/NAOJ/NRAO)/T. Kitayama (Toho University, Japan)/ESA/Hubble & NASA
口絵②：Hubble Legacy Archive, NASA, ESA; Processing & License: Judy Schmidt
口絵③：ESO/Juan Carlos Muñoz
口絵④：NASA, ESA, Hubble; Processing & License: Judy Schmidt
口絵⑤：NASA; ESA; L. Bradley (Johns Hopkins University); R. Bouwens (University of California, Santa Cruz); H. Ford (Johns Hopkins University); and G. Illingworth (University of California, Santa Cruz)
口絵⑥：Hubble, NASA, ESA; Processing & License: Judy Schmidt
口絵⑦：ESO/L. Calçada
口絵⑧：NASA, ESA, ESO, CXC & D. Coe (STScI)/J. Merten (Heidelberg/Bologna)
図21下：NASA
図27：東京大学宇宙線研究所 神岡宇宙素粒子研究施設
図29下：GALEX, JPL-Caltech, NASA
図39：新華社/共同通信イメージズ
図40上：EHT Collaboration
図57：NASA/JPL/University of Arizona
図58：NASA/JPL-Caltech
図59：NASA
図70：TMT International Observatory
図71：Northrop Grumman
図72：NASA/JPL/ESA/University of Arizona
図73上：池下章裕
図73下：JAXA
図74：池下章裕

索引

著者略歴

一九五三年、北海道に生まれる。京都大学理学部を卒業後、ウェールズ大学カーディフ校応用数学・天文学部博士課程を修了。マックス・プランク天体物理学研究所、米・ワシントン大学研究員、東北大学大学院教授などをへて、京都産業大学理学部宇宙物理・気象学科教授。東北大学名誉教授。一般相対性理論、宇宙論が専門。

著書には『ブラックホールに近づいたらどうなるか?』『宇宙人に、いつ、どこで会えるか?』『宇宙の謎 暗黒物質と巨大ブラックホール』(以上、さくら舎)、『やさしくわかる相対性理論』『宇宙の始まりと終わり』(以上、ナツメ社)、『重力で宇宙を見る』(河出書房新社)、『宇宙用語図鑑』(共著、マガジンハウス)などがある。

宇宙大全《うちゅうたいぜん》 これからわかる謎《なぞ》の謎《なぞ》

二〇二〇年一〇月一四日 第一刷発行

著者 二間《ふたま》瀬《せ》敏史《としふみ》

発行者 古屋信吾

発行所 株式会社さくら舎 http://www.sakurasha.com

東京都千代田区富士見一-二-一一 〒一〇二-〇〇七一

電話 営業 〇三-五二一一-六五三三 FAX 〇三-五二一一-六四八一

編集 〇三-五二一一-六四八〇 振替 〇〇一九〇-八-四〇二〇六〇

装丁 アルビレオ

本文組版 朝日メディアインターナショナル株式会社

印刷・製本 中央精版印刷株式会社

ISBN978-4-86581-267-1